잃어버린 야생을 찾아서

잃어버린 야생을 찾아서

어제의 세계와 내일의 세계

제임스 매키넌 지음 · 윤미연 옮김

한길사

잃어버린 야생을 찾아서
어제의 세계와 내일의 세계

지은이 제임스 매키넌
옮긴이 윤미연
펴낸이 김언호

펴낸곳 (주)도서출판 한길사
등록 1976년 12월 24일 제74호
주소 10881 경기도 파주시 광인사길 37
홈페이지 www.hangilsa.co.kr
전자우편 hangilsa@hangilsa.co.kr
전화 031-955-2000~3 **팩스** 031-955-2005

부사장 박관순 **총괄이사** 김서영 **관리이사** 곽명호
영업이사 이경호 **경영담당이사** 김관영
편집 안민재 원보름 백은숙 노유연 김광연 신종우
마케팅 윤민영 양아람 **관리** 이중환 문주상 이희문 김선희 원선아
디자인 창포 **CTP출력 및 인쇄** 천일문화사 **제본** 광성문화사

제1판 제1쇄 2016년 10월 21일

값 19,000원
ISBN 978-89-356-6978-3 03400

나의 어머니에게
그리고 이 책을 생애 마지막 책으로 읽고 떠나신
내 아버지를 추억하며

1
문제의
본질

까마득한 시간이 흐른 지금도 에덴동산 어딘가에
소름 끼치는 대못으로 출입구를 막아놓고
폐허의 도시처럼 버림받은
그 불운한 정원이 아직도 그대로 남아 있을까?
아이나 루소(Ina Rousseau, 남아프리카 시인)

우리는 자연을
착각하고 있다

　　당신이 태어나서 제일 처음 자연이라고 생각했던 장소를 머릿속에 떠올려보라. 그곳은 어쩌면 도심 한복판 공터나 키 작은 잡목들이 우거진 강둑길 같은 곳에 지나지 않을지도 모른다. 아니면 당신이 휴가철마다 찾아간 오두막이나 캠프장일 수도 있고, 어린 시절 당신이 살던 집 근처 숲이나 해변 또는 산일 수도 있다. 당신이 지닌 자연에 대한 최초의 이미지가 어떤 것이든 간에, 마음속으로 그곳을 떠올려보라.

　　나는 이름도 없는 어느 초원지대에서 태어나 자랐다. 내가 자란 초원도 지금은 사라진 다른 곳들처럼 '조의 뱀 밭' '오, 아름다운 아가씨' '뼈의 샘' 같은 재미있는 이름이 붙어 있었을 거라고 생각하면서 열심히 기억을 더듬어보았지만 끝내 아무 소득도 없었다.

　　내 고향 초원에는 왜 아무 이름도 붙어 있지 않았는가라는 의문에 대해 내가 생각해낸 가장 그럴듯한 답은 그곳에는 기억에 남을 만한 이야깃거리가 전혀 없었기 때문이라는 것이다. 아무런 일도 일어난 적 없는 풀만 우거진 땅에 무엇하러 이름을 붙이겠는가?

　　사실 그곳을 초원이라고 부르는 것조차 합당하지 않을지도 모른다.

그곳은 평탄하거나 완만하게 펼쳐진 곳이 아니라, 높은 산등성이 위에서 강의 계곡 쪽으로 급경사를 이루고 있었기 때문이다. 그렇지만 온 사방은 하늘을 가리는 것 하나 없이 끝없는 풀밭으로 펼쳐져 있었다. 어린 시절 내가 살던 그곳은 북아메리카 서쪽 지역이 대부분 그렇듯이 무질서하게 솟아 있는 산맥들로 가로막혀 비가 거의 내리지 않는 비 그늘 건조지의 최북단에 있었다. 그래서 만일 내가 집에서 나와 멕시코까지 끝없이 걸어간다면 가는 내내 물 한 모금 마시지 못할 수도 있었다. 그곳은 방울뱀과 검은과부거미라는 무시무시한 독거미가 출몰하는 지역이었다.

하지만 어린 시절 온몸이 까맣게 그을린 금발의 개구쟁이였던 나는 그 들판을 가로질러 달리다가 아무것도 걸치지 않은 내 어깻죽지에 어른 손가락만 한 메뚜기가 느닷없이 풀쩍 날아와 앉는다 해도 눈 하나 깜빡이지 않을 정도로 햇살에 탄탄하게 단련이 된 강인한 대지의 아들이었다. 나는 어린아이만이 알 수 있는 그 초원의 구석구석을 손바닥 보듯 훤히 꿰고 있었다. 그리고 그곳은 무엇보다 나에게 신비로운 마법의 장소였다. 형체가 전혀 흐트러지지 않은 채 그대로 남아 있는 들쥐의 해골 속에 동글동글하고 딱딱한 올빼미 똥이 가득 들어 있는 것을 본 그 순간의 경이로움! 강도래들이 얼음 위에 알을 낳는 그 신비로움!

어느 해 겨울 아버지는 달리던 트럭을 갑자기 멈춰 세우고는 차에서 내려, 바람개비처럼 빙글빙글 돌며 굴러가는 나무뿌리와 잡초가 뒤엉킨 거대한 회전초를 뒤쫓아가기 시작했다. 아버지는 엄청나게 커다란 그 가시뭉치를 우리 집 뒤뜰 테라스에 옮겨다 놓고는 물을 뿌려 고드름이 주렁주렁 매달리게 한 뒤, 밤이면 불빛을 비추어 황금빛으로 반짝이게 했다. 그것은 지금까지 내가 살아오면서 본, 가장 아름다운 크리스마스트리였다.

그 초원에서 제일 힘이 세고 사나운 동물, 그러니까 나의 어린 시절에 야생의 상징처럼 남아 있는 동물은 붉은여우(Vulpes vulpes)였다. 누구보다 날렵하면서도 때로는 만사가 귀찮다는 듯 나른하게 널브러져 있다가 깽깽거리며 우는 붉은여우. 그 녀석들은 정말 놀라운 동물이다. 다 자란 붉은여우는 시속 70킬로미터로 달릴 수 있다. 마치 개들이 달리는 자동차 뒤를 쫓아가듯 하늘을 나는 비행기 그림자를 뒤쫓아 달리는 그 여우들의 모습을 이따금 볼 수 있었다. 또 사냥을 할 때 여우는 7~8미터 높이까지 공중으로 날아올랐다가 목표물인 생쥐를 정확히 앞발로 움켜잡으면서 착지할 수도 있다. 그것은 붉은여우가 도약할 때 "실제로 먹잇감을 전혀 보지도 않고" 바람과 지표식물 같은 요인들을 고려해 자신의 속도와 궤적, 생쥐의 속력과 궤적을 미리 정확하게 계산해놓았다는 것을 의미한다. 공중으로 뛰어오른 여우는 움직이는 목표물을 덮치기 위해 때때로 꼬리를 좌우로 움직이며 비행 방향을 미세하게 조정하기도 한다. 내 고향 초원에서는 여우 굴을 어디서든 쉽게 볼 수 있었다.

고등학교를 졸업한 나는 대부분의 사람이 그러하듯 자연스럽게 집을 떠났고 그 이후로 고향에 거의 들르지 않고 지냈다. 그러던 어느 날 고향을 다시 찾아간 나는 그 이름 없는 초원이 마침내 이름을 얻었다는 사실을 알게 되었다. 로열 하이츠 주택단지. 태어나서 처음으로 눈이 내리는 광경을 봤을 때의 기억, 아무도 없는 야생지역에서 처음으로 텐트를 치고 혼자 보낸 밤, 그 외에도 수많은 모험을 간직한 그 땅에는 이제 전원주택이 들어서 있었다.

후미진 작은 등성이에는 초원 일부가 여전히 남아 있어서, 나는 혹시나 여우 굴을 발견할 수 있지 않을까 하는 기대를 하고 그곳에 가보았다. 하지만 여우 굴은 하나도 보이지 않았다. 그날 꽤 먼 곳까지 걸어가면서, 나는 그 붉은여우는 곧 인류가 야생에 저지른 온갖 해악의 순교

자이자, 송곳니와 발톱이 꾸준히 퇴화하면서 점점 더 온순하게 길들고 있는 야생동물의 아이콘이라는 생각이 들었다. 매년 점점 더 많은 초원이 잔디구장이나 쇼핑센터에 자리를 내어주었고, 그럴수록 여우들은 그 옛날 로키 산맥 동부의 대초원지대에서 사라진 버펄로나 바다에서 사라진 고래와 마찬가지로 그 이름 없는 언덕들에서 점차 사라져간 게 분명했다. 내 고향은 나의 잃어버린 에덴동산이 되어버렸다.

세상의 거의 모든 사람은 저마다 자신만의 버전으로 여우 이야기와 비슷한 사연, 즉 파괴되어버린 어린 시절의 야생을 갖고 있을 거라 생각한다. 그리고 내 경우에는, 그것을 계기로 자연계를 지금과는 전혀 다른 시각으로 바라보게 되었다. 다시 말해 우리가 우리를 둘러싸고 있는 것을 바라보고 또 심지어 야생을 추구하면서도 '자연'이라 부르는 그것을 제대로 이해하지 못했다는 사실을 깨달았다. 사실상 그것들은 진정한 자연이 아니기 때문이다.

오히려 과학이 인정하기 시작했듯이, 우리는 기억을 더듬어 과거—몇 십 년, 몇백 년, 몇천 년 전의 과거—를 돌이켜봐야 할 필요가 있다. 과거에서 우리는 오늘날 우리가 알고 있는 지구와는 너무도 달라서 우리의 예상을 뒤엎는, 놀랍고도 신비한 생명체가 살아 숨 쉬는 행성을 발견하게 될 것이다. 한 가지 다행스러운 점은, 시간을 거슬러 올라가보면 우리가 상상하는 그대로의 세계를 만나볼 수 있다는 사실이다. 경이와 놀라움으로 가득 찬 세계, 이상한 동물들과 태고의 신비, 그리고 인간의 발이 한 번도 닿은 적 없는 땅으로 가득 찬 세계를 말이다. 그런 한편 자연의 역사를 들여다보기 위해서는 용기가 필요하다. 자연의 역사는 우리가 야생을 잃어버렸을 뿐만 아니라 우리 자신의 내면에서도 뭔가를 잃어버렸다는 것을 일깨워준다. 과거는 우리에게 묻는다. 무엇을,

어떻게, 그리고 왜 우리는 자신에게 망각을 허용했는지.

여우 이야기를 살펴보기 시작했을 때, 나는 흔하고도 슬픈 쇠락의 연대기가 밝혀질 거라고 예상했다. 도시의 불빛에 가려진 별들처럼 하나씩 하나씩 사라져간 생물체들이 드러나게 될 거라고 말이다. 하지만 나는 어린 시절 내가 보았던 그 여우들이 다섯 살이었던 내가 태어나기 불과 몇십 년 전에야 종종걸음으로 그곳으로 들어왔다는 사실을 알게 되었다. 그들은 사실, 그들을 몰아낸 주택단지처럼 처음부터 그곳의 자연계에 속해 있던 존재가 아니었다. 만일 당신이 북아메리카에 살면서 붉은여우를 본 적이 있고, 또 그 동물의 활기찬 움직임, 지능적인 행동이나 표정에서 즐거움을 느꼈다 하더라도, 당신이 실제로 본 그 여우는 십중팔구 원래의 야생적 생태계에 속해 있던 동물이 아닐 것이다.

북아메리카에 처음 도착한 유럽인들이 동쪽 해안에 정착했을 때, 그곳에서는 붉은여우를 전혀 찾아볼 수 없었다. 그들은 말을 타고 붉은여우를 사냥하던 영국식 사냥을 즐기기 위해 1700년대 초부터 붉은여우를 들여오기 시작했다. 사냥감으로 풀어놓은 붉은여우들 가운데 일부는 사냥꾼들을 피해 멀리 달아나, 유럽 식민지 개척자들이 이동했던 것처럼 서쪽으로 이동하기 시작했다. 그 후로 사람들은 곳곳에서 붉은여우들을 사육하기 시작했고, 그로 인해 붉은여우가 대륙 전역으로 빠르게 퍼져나가게 되었다[1]. 1980년대 무렵, '불페스 불페스'(Vulpes vulpes,

---

1 출처가 확실치 않지만, 내 고향에 전해 내려오는 이야기 가운데 여우 털을 얻기 위해 여우를 사육하던 한 농장 주인에 관한 이야기가 있다. 그 농장주는 울타리와 우리를 설치하는 비용을 절약할 요량으로 거대한 내륙호 안의 섬에서 여우를 키웠다. 그러던 어느 해 겨울, 갑자기 몰아친 극심한 한파로 인해 호수의 수면이 꽁꽁 얼어붙었고, 그 틈을 이용해 여우들이 모조리 달아나버렸다고 한다.

붉은여우의 라틴어 학명)라고 과학계에 알려진 갯과에 속하는 포유동물이 북아메리카 대륙의 동쪽에서부터 서쪽까지 광범위한 지역을 차지하며 서식하게 되었다.

생물학자들은 붉은여우를 외래종으로 분류하고 있다. 외래종은 자신들이 속해 있지 않던 자연계로 이동한 경우 그곳의 생태계를 심각하게 교란시킬 수 있다. 붉은여우들은 산타크루즈긴발톱도룡뇽, 작은 붉은띠호반새, 납작코레오파드도마뱀, 자이언트캥거루쥐 등과 같이 미 연방정부가 지정한 멸종위기에 처한 생물 종(種)을 포함해서 캘리포니아 주의 20종 이상의 희귀종들을 위협하고 있다. 오스트레일리아의 경우 외지에서 유입된 붉은여우 때문에 바위왈라비와 솔꼬리쥐캥거루부터 쿼카 같은 유대류, 주머니개미핥기에 이르기까지 멋진 이름을 가진 많은 작은 토종 동물의 개체 수가 감소했다. 붉은여우는 포유류에게 발생하는 공수병, 개 홍역, 옴과 같은 전염성 질병들을 퍼뜨릴 수 있다. 모든 외래종이 문제를 일으키는 것은 아니지만, 세계 악성 외래생물 데이터베이스는 붉은여우를 세계 100대 악성 외래생물 가운데 하나로 지목하고 있다.

지역에 따라서는 외지에서 들어온 붉은여우들이 토종 여우 종을 그 지역에서 몰아내기도 했는데, 논점이 흐려지는 건 바로 이 부분이다. 밝혀진 바에 따르면, 북아메리카는 사실 유럽인들이 붉은여우를 들여오기 전부터 이미 붉은여우들의 서식지였다. 그러나 토종 여우들은 북방 수립지대와 서부 산간지역 일부에만 살았다고 한다. 나는 어린 시절 내가 토종 여우들과 함께 성장했다는 증거를 발견할 수 있기를 바라지만, 생물학자들은 그럴 가능성이 거의 없다고 생각한다. 그리고 내가 찾아낸 단서들도 하나같이 그 여우들이 과거에 존재하지 않았다는 사실을 뒷받침해주고 있다.

예를 들어, 1860년대에 두 명의 영국 이민자가 내 고향의 돼지풀이 무성한 언덕에서 영국식 사냥을 개최하기 시작했다. 그 행사는 유럽에서 공수한 사냥개와 사냥개를 부추기기 위한 쉭쉭거리는 외침 등 아주 세세한 부분에 이르기까지 영국에서 하던 것과 똑같이 재현되었다. 그러나 그 여우 사냥이 전통적인 영국식 여우 사냥과 다른 유일한 점은 애석하게도 그들이 정작 여우를 사냥하지 못했다는 사실이다. 그 지역에서 단 한 마리의 여우도 찾지 못한 사냥꾼들은 꿩 대신 닭으로 여우가 아닌 코요테를 뒤쫓기 시작했다.

개인적으로 내게는 야생의 상징이었던 붉은여우가 그 지역의 토착종도, '야생종'도 아니라는 사실을 알게 되었을 때 나는 자존감에 큰 타격을 입었다. 내가 알게 된 사실을 내 형제들 가운데 한 명에게 말했더니, 그는 "말도 안 되는 헛소리"라며 콧방귀를 꼈다. 내가 증거를 하나하나 내밀자 그는 이렇게 말했다. "네가 하는 말을 한마디도 못 믿겠어." 우리는 늘 스스로 어떤 지역의 진실을 알고 있다고 생각한다. 그런데 알고 보면…… 우리는 전혀 모르고 있었다. 그리고 여우는 단지 이러한 오해의 시작일 뿐이었다.

자연은 혼동을 불러일으킨다. 인간은 자연의 일부인가 아니면 자연과 분리된 존재인가라는 문제는 아마도 우리가 태어나 처음 야영을 하면서 모닥불 앞에 둘러앉아 토론해봤던 흔한 주제 가운데 하나일 것이다. 어떤 의미에서 그 대답은 매우 명백하다. 인간이라는 존재가 오랜 세월 계속되어온 진화과정의 결과라고 생각하든, 아니면 신이 갑자기 은총을 내려 인간을 만든 거로 생각하든 간에, 우리 인간이 육신을 가진 동물이며 다른 창조물들과 똑같이 우주먼지인 탄소를 기반으로 한 생명체라는 사실만큼은 의심의 여지가 없다. 그와 동시에, 다른 생물체들과는 달리 인간에게는 자기인식능력과 이성적 사고능력이 있다는 사실을 통해서건, 아니면 인간에게는 영혼이 있다는 생각을 통해서건 간에, 우리는 항상 다른 모든 생물과 분리된 존재라고 우리 자신을 규정하기 위해 애써왔다. 그런 노력은 너무 필사적이라 종종 애처롭기까지 하다. 심지어 한 철학자는 인간의 얼굴에 코가 "두드러지게 튀어나와 있다"는 사실이 인간이 특별하고 예외적인 존재임을 보여주는 증거라고 주장하기도 했다. 아마도 그는 코가 엄청나게 튀어나와서 입 아래까지 축 늘어진 주먹코를 가진 긴코원숭이의 존재를 모르고 있었던 게 분명하다.

이런 모순은 자연환경과 우리의 관계에도 만연해 있다. 1866년 독일 생물학자 에른스트 헤켈(Ernst Haeckel)이 자연계에 관한 연구를 지칭하는 생태학(ecology)이라는 용어를 처음 사용했는데, 이는 '집'(house)이라는 뜻의 고대 그리스어 '오이코스'(oikos)를 토대로 만든 말이다. 사실 살아 있는 지구는 우리의 집이다. 그렇지만 전 세계 사람들이 급속도로 도시로 몰려들어, 마침내 2008년 이후에는 세계 인구의 절반 이상이 도시에 살게 되었다. 그리고 그들이 사는 도시에서 '살아 있는 지구는 우리의 집'이라는 개념은 점점 더 희미해지고 추상화될 따름이다. 우리 스스로 말하듯 우리는 '인간이 만든' '인공적인' 세계에 둘러싸여 있다. 크고 작은 도시들의 외곽 또는 자연이 인간의 손에 완전히 파괴되지 않은 곳이라면 자연은 어디서나 자생한다. 우리는 자연과 비(非) 자연이 대립한다고 생각한다. 그래서 그 두 가지를 따로 떼어낼 수 있다고 상정하면서 전자를 보존할지 아니면 후자에 자리를 내어줄지를 저울질한다. 이것은 우리가 생각하는 가장 일반적인 의미의 자연이다. 우리는 인간이 아닌 것, 즉 인간과 반대되는 것 그리고 우리의 상상력이 만들어낸 것을 제외한 모든 것이 곧 자연이라고 생각한다.

도도새의 멸종부터 대서양 대구어업의 몰락이나 아마존 열대우림지대의 벌목에 이르기까지, 자연계에 대한 인간의 무분별한 개입으로 심각한 사태들이 발생한다는 사실을 우리는 익히 알고 있다. 그렇지만 언제나 콘크리트의 갈라진 틈새에 뿌리를 내리는 한 포기 잡초로 그 모습을 드러내는 자연은 그런 역사와는 무관한 것처럼 보이기도 한다. 자연에게 조금이라도 기회를 준다면 자연은 이집트 파라오의 무덤들을 사막의 모래 속에 묻어버리거나 마야의 신전들을 덩굴 숲속에 가두어버린 것만큼이나 확실하게 우리의 보잘것없는 흔적들을 지워버릴 것이다.

우리는 끝없이 뻗어 있는 야생의 해안에 서 있거나 나무로 뒤덮인 산을 보면서 인지심리학자 개리 마커스(Gary Marcus)가 말했던 "역사적 현재의 오류"를 범한다. 다시 말해, 우리는 적어도 인간이 가늠할 수 있는 시간의 척도 안에서 자연은 늘 있는 그대로 존재한다고 생각한다. 우리가 존재하기 오래전에 이미 그곳에 그대로 존재했고, 우리가 사라진 뒤에도 아주 오랫동안 그대로 남아 있을 것이라고 말이다.

하나의 학문으로서 자연사는 역사가 아주 짧다. 심지어 정식명칭조차 없었다. '자연사'는 오래전부터 자연과학들(식물학, 지질학, 고생물학)을 위한 잡낭 정도로 치부되었고, 그래서 우리는 '환경사' '생태사' '역사생태학' '녹색역사' 같은 새로운 전문용어와 씨름해야 했다. 이 용어 가운데 50년이 넘은 것은 하나도 없다. 그리고 대부분의 연구는 역사가 더 짧다. 북아메리카 최초의 생태사 관련 연구서—세계적으로 잘 알려진 환경학자 팀 플래너리(Tim Flannery)의 『영원한 국경』(The eternal frontier)—는 최근 21세기에나 출간되었다.

이 학문의 뿌리를 찾기 위해서 뉴잉글랜드 출신의 학자 조지 퍼킨스 마시(George Perkins Marsh)가 『인간과 자연』(Man and Nature)이라는 책을 출간한 1864년으로 거슬러 올라가보자. 마시는 흥미로운 인생을 살았다. 늑대와 퓨마들이 여전히 돌아다니던 시절 버몬트 농부의 아들로 "숲에서 태어났다"고 자신을 묘사한 그는 20개국의 언어에 유창했고 워싱턴 D.C에서 워싱턴 기념탑보다 높은 건물을 지을 수 없도록 고도를 제한하는 법안을 발의했으며 오스만제국의 대사를 역임하기도 했다.

마시가 살던 시절, 오스트랄라시아[2]와 아메리카 같은 지역들에서 완전히 새로운 문명들이 발견되고 있었다. 이 시기 동안 그 지역들의 자원 덕분에 아시아와 유럽의 제국들은 다시 부흥하게 되었다. 마시가 『인간과 자연』을 쓰던 당시 사람들은 그 지역들의 천연자원이 무한하다고 믿고 있었다. 그렇지 않다면 그 당시 북아메리카에서 수십만 마리의 버펄로 떼가 여전히 대평원을 이리저리 돌아다니고 회색곰들이 서쪽의 산악지대 곳곳에 숨어 있으며 동부 해안지역[3]의 강에서 450만 톤의 청어 떼를 다 잡으려면 50년이 넘는 세월이 걸릴 것으로 생각했을 이유가 없다. 마시의 공적은 동시대인이 보지 못했던 것을 보았다는 사실

---

2 오스트레일리아, 태즈메이니아, 뉴질랜드와 그 부근의 남태평양 제도를 통틀어 이르는 말 — 옮긴이.

3 보스턴에서 필라델피아까지의 연안 정착지. 유럽에서 온 이민자들이 맨 처음 정착한 곳으로 서부 개척의 출발점이기도 하다 — 옮긴이.

에 있다.

마시는 인류가 자연의 풍요로움을 보존해줄 구세주가 아니라 오히려 자연의 조화를 해치는 방해자이자 지구의 생명을 위협하는 존재라는 생각을 최초로 대중화한 사람이다. 오늘날의 독자에게 그 메시지— 그 책의 종말론적인 어조와 함께—는 낯설지 않을 뿐만 아니라 오히려 진부하게 느껴질 수도 있다. 하지만 그 당시의 사람들에게 그것은 충격 그 자체였다. 『인간과 자연』은 19세기 후반에 야생지대 보존에 대한 관심을 불러일으키면서 대중의 인식을 일깨우는 데 크게 공헌했고, 그리하여 1872년 세계 최초의 국립공원인 옐로스톤(오늘날 와이오밍, 몬태나, 아이다호의 일부분을 포함하고 있다)이 설립되기에 이르렀다. 이 책은 또한 미국 내에서 가장 큰 자연보호구역으로 남아 있는 애디론댁 국립공원의 설립에도 직접적인 영향을 미쳤다. 그렇지만 비교적 학문적인 마시의 책은 헨리 데이비드 소로(Henry David Thoreau)와 존 뮤어(John Muir) 같은, 더욱 문학적인 글을 쓰는 동시대인들 때문에 곧 빛을 잃었다. 미국 야생에 바치는 그들의 축사는 자연을 훼손하는 인간의 손길로부터 원시적인 자연을 지켜내기 위한 일종의 투쟁으로 자연보호운동의 풍조를 만들어냈다.

그러나 사람들은 『인간과 자연』에 담겨 있는 더욱 미묘한 시각을 간과했다. 아마도 마시의 시대에 그것은 시기상조였던 듯하다. 150년 전에 세계 전역을 여행한 마시는 지구의 야생지역 대부분이 위협받고 있는 것이 아니라, 이미 "형태와 생산의 측면에서 많은 변화"를 겪어온 것이라고 결론을 내렸다. 예를 들어, 그는 고대 이집트인들이 필기용지로 만들어 썼던 파피루스 나무가 그의 시대에는 나일 강 유역에서 거의 사라지고 없다는 사실에 주목한다. 이탈리아 동북부의 도시 라벤나에서 그는 고대 성당의 문들을 살펴보고 그것들이 지금도 존재하는 여느 덩굴 식물보다 더 우람한 포도나무로 만들어졌다는 사실을 밝혀냈다.[4]

마시는 과거에는 중앙아프리카와 남아프리카뿐만 아니라 지중해 북쪽 지역 전체와 아라비아 반도에서 2,000마일(약 3,200킬로미터)을 가로질러 아라비아 남동부의 독립국인 오만에 이르기까지 타조가 살았다는 사실에 주목했다. 그리고 그는 고대 전쟁사를 연구하면서 유럽과 아시아의 버려진 불모지 가운데 대부분이 과거에는 아주 비옥해서 대규모의 병력이 기나긴 행군을 할 때 그 지역의 산물만으로도 군량을 충분히 조달할 수 있었다는 사실을 알게 되었다. 또 마시는 생전에 유럽에서 뉴잉글랜드로 들여온 지렁이가 처음에는 일부 낚시꾼들만 그 서식지를 은밀하게 알고 있었을 정도로 귀했으나, 어느새 개체 수가 늘어나 썩어가는 지렁이 사체 때문에 물맛이 시큼해진 민물 샘이 흔해진 것을 목격했다. 그는 북아메리카 동부 해안으로 온 개척자들이 거대한 참나무 숲을 처음 발견했을 때 원주민들이 그 삼림지대를 '공원처럼' 관리하고 있었다는 사실과 과거 한때는 물개들이 버몬트 주의 담수호인 챔플레인 호수에 출몰하곤 했지만 이제는 그곳에서 물개를 전혀 찾아볼 수 없게 되었다는 사실 또한 눈여겨보았다. 마시는 로마제국의 붕괴가 넓은 견지에서 생태학적 붕괴였다는, 오늘날에는 일반화된 생각을 최초로 주장하고 널리 알린 사람이었다—"역사와 노래에 등장했던 유명한 강은 모두 결국 작은 지류로 변했다."—그리고 그는 고대 그리스 로마 시대의

---

4 성당 문에 사용된 나무판자들은 너비가 1.5피트(약 0.5미터), 길이가 13피트(약 4미터)였는데 마시는 "내가 꽤 시간을 들여 조사해봤지만" 그것이 지금까지 그가 발견한 그 어떤 포도나무보다 훨씬 더 컸다고 말했다.

작가들이 바다의 인광현상에 대해 묘사하지 못한 이유는 그것을 한 번도 본 적이 없기 때문이라는 생각을 최초로 한 사람이기도 했다. 그 이후로 발광성 플랑크톤이 환하게 빛을 발하며 파도 위를 자유롭게 떠다니는 것을 볼 수 있을 정도로 문명이 발달했다.

『인간과 자연』은 오늘날 환경운동의 기틀을 세운 텍스트 가운데 하나로 평가받고 있다. 당연한 이야기지만 마시는 야생 보존 지지자다. 그러나 그는 거기서 멈추지 않았다. 지구의 날이 제정되기 무려 한 세기 전에 마시는 기진맥진한 상태의 지구를 혁신할 것, 말 그대로 지구를 "새롭게 만들 것"을 촉구하고 있었다. 이곳저곳에 국립공원이나 보호구역을 얼마나 많이 만들고 얼마나 많은 땅을 확보하느냐 하는 것—이 세상에서 마지막 남은 최고의 야생지역들을 위한 100년간의 투쟁을 시작한 문제—은 그의 가장 중요한 관심사가 아니었다. 마시는 우리가 자연 그 자체를 새로운 모습, 점점 더 보잘것없는 모습으로 만들어서 우리 선조들이 알아볼 수조차 없게끔 변화시키고 있는 건 아닌지 물었다. 그는 역사생태학의 기본 원리라고 할 만한 말을 남겼다. "현재가 어떤지를 알기 위해서는 과거가 어땠는지를 알아야만 한다."

───────

그것은 생각만큼 쉽지 않다. 나는 앞서 내가 어린 시절을 보낸 곳에 기억할 만한 과거가 거의 없는 것 같았다고 말했다. 이는 교과서적인 의미에서는 사실이다. 1811년이 되어서야 유럽인들이 그 지역에 발을 들여놓기 시작했다. 그 무렵 이미 뉴욕과 뉴저지 사이에 증기기관을 이용한 정기선이 운항되고 있었고, 런던의 인구가 100만 명을 넘어섰으며,

제임스 쿡(James Cook) 선장은 남극권을 항해했다. 나의 고향은 전쟁이나 혁명을 한 번도 겪지 않았고 백인과 인디언의 피비린내 나는 싸움도 한 번 일어난 적이 없었다. 기록된 역사로 따지자면, 내 고향의 역사보다는 조지 워싱턴(George Washington)의 틀니가 더 유구한 역사를 갖고 있을 것이다.

그렇지만 내 고향의 역사에도 범상치 않은 한 가지가 있다. '카리부'라고 불리는 북아메리카 순록이 바로 그것이다. 대부분의 사람은 카리부를 북극의 척박한 지역에서 사는 기괴하고 거대한 뿔을 가진 동물쯤으로 알고 있다. 하지만 카리부는 우리 집 부엌 창에서도 보이는 계곡 너머 고원에서 살던 사람들이 여전히 기억하고 있는 사냥감이었다. 1926년 한 탐사자가 "잔인하게 도살된" 동물들을 목격했던 곳이 바로 그곳이었던 듯하다. 내 부모님은 두 분 다 카리부 대학교[5]에서 근무했지만, 나는 성년이 될 때까지 옛날에 그 동물이 실제로 살았다는 말을 한 번도 들은 적이 없다.

어느 보고서에서 "엄청난 개체 수가 광범위한 지역에 서식하고 있다"—20세기 초만 해도 그들의 웅장한 뿔은 초원이나 언덕 위에서 색이 바랜 채 나뒹굴고 있었다—고 묘사된 엘크[6]에 대해서 말하는 사람도 아무도 없었다. 초기의 어느 동식물학자는 미 서부 지역에서 다이아몬드방울뱀이 "산비탈이나 바위, 나대지 같은 곳에서 똬리를 틀고 있는

---

5 나는 술 취한 카리부가 그려진 그 유명한 "CARIBOOZER" 스웨터를 기억한다. 그러나 그 대학교는 이후로 과거 생태계와의 희미한 연결고리마저 완전히 끊어버리면서 이름을 바꾸었다.
6 북유럽이나 아시아에 사는 거대한 사슴으로, 북아메리카에서는 무스라고 불린다—옮긴이.

모습"을 쉽게 발견할 수 있다고 썼다. 하지만 나는 어린 시절에 방울뱀을 딱 두 번 보았을 뿐이다. 내가 다닌 학교에서는 뇌조, 흰꼬리산토끼, 피그미짧은뿔도마뱀, 바이스로이나비 같은 종들이 언덕들에서 사라졌다는 사실을 가르쳐준 적이 없다.

나는 현상금 사냥꾼들이 북아메리카의 많은 지역에서 늑대를 사라지게 한 결정적인 요인들 가운데 하나라는 사실을 알게 되었다. 하지만 내가 살던 지역에서 그런 일이 벌어졌다는 이야기는 전혀 듣지 못했고, 늑대는 고사하고 올빼미와 독수리부터 참새와 프레리도그[7]에 이르기까지, 닭을 훔치거나 밀알을 먹거나 그 외에 여하한 인간에게 손해를 입히는 동물들도 학살의 대상이 되었다는 말을 들은 적도 없었다. 어떤 동물들은, 18세기 펜실베이니아에서 일어났다고 기록된 거대한 규모의 총 사냥은 아니었지만, 그에 못지않은 '링 사냥'[8]을 통해 학살됐다. 펜실베이니아 주의 동물 학살을 이끈 것은 블랙 잭 슈워츠(Black Jack Schwartz)라는 이름의 남자로, 그는 정착민 200명을 동원해 반경 50킬로미터를 포위하고 그 지역에 사는 모든 곰, 버펄로, 엘크, 사슴, 쿠거(퓨마), 늑대, 보브캣[9], 울버린[10], 아메리카담비, 수달, 비버 등 약 1,000마리에 이르는 동물들을 그 안에 몰아넣어 몰살시켰다.

"총과 쟁기, 톱과 젖소, 댐과 배수로." 내 고향의 역사도 그렇게 요약할 수 있을 것이다. 1850년까지 그곳에서는 정착민들의 소와 인디언조

---

7 북미 대초원지대에 사는 다람쥣과 동물 – 옮긴이.
8 사냥감을 불로 에워싸서 잡는 사냥법 – 옮긴이.
9 북아메리카의 야생 고양잇과 동물 – 옮긴이.
10 북아메리카의 족제빗과에 속하는 오소리 – 옮긴이.

랑말이 지평선 끝까지 초원을 가득 채운 채 풀을 뜯어 먹었다. 선박들
은 부족한 사료를 실어 날랐고, 사료에 딸려온 켄터키블루그래스[11], 스
무드브로옴[12], 수레국화, 마초풀 같은 외래종 식물들의 씨앗이 빠르게
퍼져나가 내 고향의 대초원을 뒤덮으며 어린 시절의 내게도 친숙한 식
물이 되었다. 내가 아주 정겹고 아름다운 추억으로 간직하고 있는 크리
스마스의 회전초도 러시아 무역선에 몰래 숨어들어온 것이었다.

모피 교역은 훨씬 더 역사가 길다. 폭발적으로 증가한 모피 수요로
야생 포유류가 거의 절멸하게 되어, 그 동물들을 포획하던 지역들은 때
때로 '모피 사막'이라고 불릴 지경에 이르렀다. 그 당시 모피 수송에는
대부분 말을 이용했는데 일반적으로 300마리의 말이 하나의 대형을
이루었고, 말 1마리당 160파운드(약 72.5킬로그램)씩 모두 4만 8,000파
운드(약 2만 2,000킬로그램)의 모피를 한 번에 실어 날랐다. 어떤 지역
에서는 털가죽이 있는 얼룩다람쥐보다 큰 동물들이 완전히 사라져버
렸다. 이에 격분한 스코틀랜드의 동식물학자 데이비드 더글러스(Da-
vid Douglas)는 훗날 내 고향이 된 교역지의 거래책임자에게 "비버 가
죽보다 더 값어치 있는 영혼을 가진 장교는 없다"고 모욕하듯 말했다.

그러나 야생 포유류가 감소하기 시작한 것은 모피 교역 때문이 아니
었다. 그 지역에 처음 발을 들여놓은 유럽인들 가운데 한 사람은 곳곳에
서 끝없이 피어오르는 모닥불 연기에 놀랐다고 전했다. 모피 교역이 시
작되기 전 1,000년 이상을 그곳에 정착해 살아온 원주민들의 인구는 엄
청나게 불어났고 그들은 수많은 부족을 형성하며 다양한 문화를 꽃피

---

11 서양 각국의 정원이나 공원의 잔디밭에 사용되는 대표적인 품종 – 옮긴이.
12 목참새귀리속의 목초. 초지용으로 가장 많이 재배되는 품종 – 옮긴이.

웠다. 그 지역에는 전설도 전해 내려오는데, 버펄로가 자기 조상들의 뼈를 무례하게 발로 걷어차고 있는 코요테를 향해 돌진하며 이렇게 말했다고 한다. "내 선조들은 모두 죽임을 당했고 내 형제자매들도 모두 목숨을 잃었다. 살아남은 건 나 하나뿐이다." 고고학적 기록을 보면 들소라고도 알려진 버펄로는 내 고향 초원과 가까운 곳에서 돌아다녔는데 그곳은 버펄로 무리가 2~3일이면 닿을 수 있을 만큼 가까운 거리였다고 한다. 그러나 어렸을 때 나는 내 고향 초원이 버펄로의 서식지였을 수도 있다는 이야기를 한 번도 들어본 적이 없었다.

2000년에 데이비드 스팔딩(David Spalding)이라는 지역 생물학자는 아주 많은 종이 사라진 이유를 되도록 쉬운 말로 표현하려 애쓰면서, 그것은 "전반적으로 인간들의 수가 증가"했기 때문이라고 밝혔다. 그 지역의 토양은 한때 지의류와 미생물로 온통 뒤덮여 있었다. 그러나 수백 년 동안 토양을 덮고 있던 이끼들은 대부분 가축들에 짓밟혀 가루가 되어버렸다. 그런 민꽃식물종 가운데 하나인 디플로스키스테스무스코룸(Diploschistes muscorum)이 살아 있는 것은 아이러니다. 쇠똥같이 생긴 이 식물은 풀을 뜯어먹는 소들에게 쉽게 짓밟히기 때문이다. 이 식물은 쇠똥과 매우 유사해서 나는 현지의 환경보호활동가와 함께 어느 초원을 산책하다가 애벗과 코스텔로[13]가 나눌 법한 대화를 하기도 했다. "이끼가 있군! 아니 쇠똥인가?"

요즘 나는 획기적인 사실 하나를 깨달았다. 지구의 별 볼 일 없는 한 귀퉁이, 역사라고는 찾아볼 수 없을 것 같은 이 장소에서 어린 시절 날마

---

13 1940~50년대에 활동한 미국의 유명 코미디언 2인조 – 옮긴이.

다 들판을 달리며 뛰어노느라 발에 항상 진흙을 달고 살던 나 같은 사람조차 원래의 초원에서 편안함을 느끼지 못할 정도로 불과 100년 사이에 이곳의 자연계가 너무도 많이 변해버렸다는 사실을 말이다. 원래의 초원은 내게도 낯선 곳이다.

그러나 만일 지금 내 고향 인근에 남아 있는 초원으로 당신을 데려간다면, 당신 눈에 그곳은 지구의 다른 어느 곳과 마찬가지로 아무것도 변하지 않은 오래된 초원으로 보일 것이다. 당신은 샐비어 향과 폰데로사 소나무 껍질에서 나는 바닐라 향을 맡을 수 있고 들종다리들의 노랫소리를 들을 수도 있다. 그리고 다발풀[14]은 저세상으로 가지 못하고 떠도는 유령처럼 바스락거릴 것이고, 매미들은 사시나무가 무성하게 우거진 습지대에서 맴맴 소리를 내며 울 것이다. 그리고 만일 해와 계절이 운 좋게 맞아떨어진다면, 연약한 가시로 뒤덮인 배나무에 담황색 꽃이 피어 있을 것이다. 산들바람이 헐벗은 언덕 꼭대기를 훑고 지나가면서 언덕의 흙을 휩쓸어가면 당신은 흙먼지 때문에 눈을 껌뻑거릴 것이다. 먼지 속에서 당신은 아침 햇살에 몸을 데우려고 길게 누워 있는 인디고뱀들의 줄무늬를 볼 수도 있을 것이다. 개미귀신이 모래구덩이 함정에 걸려든 벌레들이 달아나지 못하게 모래를 쏘아대는 모습을 볼 수도 있고 여우 발자국을 발견할 수도 있을 것이다. 하늘부터 땅까지, 그 경관 전체에 우리가 자연이라 부르는 것의 모습과 냄새와 느낌이 있을 것이다. 하지만 그것은 우리 사회가 다각적으로 만들어낸 환상일 뿐이다.

---

14 볏과 쇠풀속. 잎이 무더기로 나는 풀 – 옮긴이.

지식의
소멸

2010년 4월 멕시코 만에서 석유시추선 딥워터호라이즌호가 폭발하며 침몰했고, 그로 인해 해저 1,500미터에 있던 파이프에서 원유가 대량으로 유출되었다. 이 유출사건은 이미 우리의 기억 속에서 희미해지고 있다. 그렇지만 사고 발생 후 몇 주일 동안 세계는 퍼져가는 거대한 기름띠를 공포에 떨며 지켜보았다. 기름에 흠뻑 젖은 펠리컨, 오염된 맹그로브 숲, 기름을 해상에서 태워 없애자는 사람들과 그에 반대하는 사람들 사이의 격렬한 논쟁. 그 재앙이 일어나고 두 달 뒤, 미국 대통령 버락 오바마(Barack Obama)는 유출된 기름을 정화하면 조만간 이 "순간의 위기"에서 벗어나게 될 거라고 발표했다. 그는 멕시코 만과 바다를 '정상'으로 되돌려놓을 장기 복구 프로젝트를 약속했다.

자연에 관한 한 '정상적'이라는 것은 그것을 바라보는 사람의 시각에 달려 있다. 그리고 어쩌면 생물계와 우리의 관계에서 가장 중요한 사실은 아동심리학이라는 의외의 학문에 그 뿌리를 두고 있는지도 모른다. 1995년 메인 주 콜비 대학교의 피터 칸 주니어(Peter Kahn Jr.)와 바트야 프리드먼(Batya Friedman)은 텍사스 주 휴스턴의 가난한 흑인 공동체 아동을 대상으로 그들이 환경을 바라보는 시각과 가치관에 관한 연구논문을 발표했다. 멕시코 만 연안 평야에 있는 휴스턴은 미국의 그 어떤 도시보다 환경오염이 심각한 도시 가운데 하나다. 그러나 이 아동들 가운데 3분의 1만이 환경문제가 자신들에게 직접적으로 영향을 미쳤다고 대답했다. 이 예상치 못한 결과를 설명하기 위해 그들은 다음과 같이 말한다.

한 가지 가능한 답은 환경오염에 대한 개념을 이해하기 위해서는 현재의 오염된 상태와 덜 오염된 상태를 비교할 필요가 있다는 것이다. 달리 말해서 만약 어떤 사람이 태어나서 경험한 자연이 일정 수준 오염된 상태의 자연뿐이라면, 그 사람에게 그 수준의 오염은 오염 상태가 아니라 그것보다 더 많이 오염된 상태를 측정하는 규준이 된다. ……우리가 인터뷰한 어린이들에게서 확인한 이런 현상은 사실 인류가 세대를 이어오면서 우리 모두에게 영향을 미치는 그런 심리현상일 수도 있다. 사람들은 자신들이 어린 시절에 경험한 자연환경을 후일 그들의 인생에서 환경오염을 가늠하는 기준으로 삼을 수 있다. 여기서 가장 난감한 점은 세대를 거치면서 환경오염의 수준이 점점 더 높아지지만, 각 세대는 자기 세대의 수준을 일반적인 기준점으로 받아들인다는 사실이다.

이질적인 영역에서 동시다발적으로 어떤 개념들이 쏟아져 나올 때가 종종 있다. 아동발달 연구논문이 출간된 그 달에, 해양생물학자 다니엘 파울리(Daniel Pauly)는 '기준선 이동 증후군'(shifting baseline syndrome)이라고 자신이 명명한 개념을 설명하는 책을 출간했다. 파울리는 1984년에 발표된 『대학살의 바다』(Sea of Slaughter)에서 부분적으로 영감을 받았다고 한다. 이 책의 저자 팔리 모왓(Farley Mowat)은 500년 동안 탐험가들이 남긴 일지와 개척자들의 서류를 검토하여, 북대서양에서 마구잡이로 사냥과 낚시를 한 사람들 때문에 엄청난 양의 생물들이 희생되었다는 사실을 폭로했다. 최근에 이 책을 다시 살펴본 세 명의 생물학자들은 모왓의 연구에 기초하여 북아메리카 동부 연안의 생물량―생물들의 총량―이 문서기록을 남기기 시작한 이래 97퍼센트까지 감소했다는 결론을 내렸다. 파울리는 연안 주민들과 과학자들이 이렇게 충격적인 감소상황을 인지하지 못한 이유를 장기적인 건망증으로밖에 설명할 수 없다고 보았다. 각 세대의 사람들은 자신들이 성장한 해안을 정상적인 상태의 자연이라고 여겼고, 이를 기준선으로 삼고 해양생물의 감소를 가늠했지만 새로운 세대가 나타날 때마다 그 기준선은 변했다. 파울리는 이것을 "눈치채지 못할 정도로 서서히 감소하는 것에 대한 점진적인 적응"이라고 말했다. 인간들은 과거의 세계가 어떤 모습이었는지 망각해가고 있었다.

그 이후로 연구자들은 적도기니의 야생동물 사냥꾼들, 영국 요크셔의 조류관찰자들, 중국 양쯔 강변의 마을사람들 등 광범위한 장소와 사람들 사이에서 '기준선 이동 증후군'의 증거를 찾아냈다. 마침 다행스럽게도 깜짝 놀랄 만한 연구 하나가 멕시코 만과 카리브 해 부근에서 실시되었다. 콜비 대학교의 환경연구학과 부교수로 재직 중인 해양생물학자 로렌 매클레나칸(Loren McClenachan)은 1950년대부터 최근까지 플로리다키스 제도에서 개최된 빅게임 낚시대회 우승자들의 사진을 비교·분석했다. 과거 흑백사진을 보면 우승을 차지한 큰 물고기들은 갑판에 걸려 있었는데 이것들은 낚시꾼만큼이나 크고 우람했다. 그리고 그 옆에는 그날 잡은 나머지 물고기들—이 물고기들의 평균 길이는 약 1미터다—이 산더미처럼 쌓여 있었다. 그러나 2007년경에는 초등학교 학생들이 사용하는 자보다 조금 더 큰 물통돔이 주종을 이뤘다. 과거에는 '작은' 물고기였던 것들이 요즈음 낚시대회에서 우승트로피를 차지하는 물고기보다 더 컸던 것이다. 그 가운데 가장 눈에 띄는 점은 시대와는 상관없이 어떤 세대의 낚시꾼이든 자신의 전리품에 만족한 것처럼 보인다는 사실이다. 그들은 하나같이 헤밍웨이처럼 자부심에 가득 차서 만면에 미소를 지으며 물고기의 몸통을 툭툭 두드리고 있었다. 오늘날 낚시꾼 가운데 많은 사람은 매클레나칸의 연구결과에 대한 불신을 노골적으로 드러냈다. 매클레나칸은 또 다른 연구에서 카리브 해와 멕시코 만을 가로지른 산호초가 과거에는 지금보다 적어도 1에이커당 1.5톤이나 더 많은 어류들이 몰리던 서식처였다는 사실을 확인했다. 이 수치를 다른 시각에서 본다면, 1.5톤의 어류는 5,000명이 한 끼 식사로 배불리 먹고도 남을 양이다. 그 산호초의 전성기를 확인하기 위해서는 17세기로 거슬러 올라가야 할 것이다. 당시 그 해역은 30만 마리로 추산되는 카리브해몽크물범의 서식처이기도 했다(1952년 마지막으로 목격된 이 물범들은 현재 멸종된 상태다). 또 몇백 년 전만 해도 무려 9,300만 마리에 이르는 푸른바다거북들이 그 바다 위를 휘젓고 돌아다녔지만 현재는 당시의 1퍼센트도 되지 않는다.

하지만 가장 주목해야 할 연구는 두 종류의 해면 변종과 관련된 연구일 것이다. 20세기 초에 이 해면들은 플로리다와 카리브 북해, 두 곳에서만 연간 약 2만 톤이 해안으로 밀려올 정도로 과거에는 아주 풍부한 해양자원에 속했다. 해면은 설거지용 스펀지부터 피임 도구에 이르기까지 다양하게 이용되면서 1939년에 이르러 개체 수가 심각한 수준으로 감소했다. 이후 수산동물 전염병 때문에 큰 피해를 입어 회복 불가능한 상태가 되었다. 해면은 물에서 미생물들을 빨아들이는 놀라운 능력을 갖고 있다. 축구공만 한 크기의 해면이 단 하루 만에 당신이 평생 동안 마시게 될 물의 양보다 더 많은 물에서 90퍼센트의 박테리아를 걸러내 수질을 정화시킬 수 있다. 해면이 감소하자 카리브 해와 멕시코 만의 수질이 나빠졌고, 그로 인해 바닷가재의 개체 수가 급감했으며 해면과 바닷가재를 잡아 생활하던 어부들도 몰락하게 되었다.

매클레나칸은 이제 그 주변 해역에서 잠수를 할 때 더 이상 예전과 같은 눈으로 그 바다를 보지 않는다. "마치 모든 생물의 유령이 바닷속에 도사리고 있는 것 같아요"라고 그녀는 말했다. 그리고 자기가 마치 사람들의 즐거운 "가족 휴가를 망가뜨린 사람"이 된 것 같은 기분이 든다고 했다.

기억은 자연을 왜곡하기 위해 음모를 꾸민다. 어떤 변화가 일어나는 순간 망각이 시작될 수 있다. 인간의 정신은 자연환경—현재 우리가 일반적으로 '환경'이라 부르는 것—을 관심의 대상에 두기보다는 더 흥미로운 일들이 일어나는 배경 정도로 생각하게끔 진화해왔다. 일반적으로 우리는 작거나 점진적인 변화들을 알아차리지 못한다. 그렇지 않으면 우리의 정신은 시시각각으로 변해가는 나뭇잎들이나 하늘 위의 변화무쌍한 구름들로 혼잡을 이룰 것이다(묘한 매력이 있긴 하지만 그것은 분명한 정신착란이다).

인간의 정신은 '변화맹' 또는 '주의맹'이라는 현상 때문에 매우 극적인 사건도 알아차리지 못하고 지나친다. 변화맹에 관한 유명한 연구 실험에서 농구선수들이 주고받는 공을 눈으로 계속 쫓으라는 지시를 받은 피실험자들은 하나같이 시합 중간에 고릴라 분장을 한 사람이 나와 춤을 추었는데도 전혀 알아차리지 못했다. 이것은 당신이 관심을 어디에 두고 있느냐의 문제다. 즉 눈으로 계속 공을 보고 있는 사람은 춤추는 고릴라를 보지 못할 가능성이 높다. 나 역시 일리노이 대학교의 심리학자인 대니얼 사이먼스(Daniel Simons)의 실험을 따라가는 동안 어떤 장면의 배경에서 일어나는, 느리지만 지속적인 변화를 전혀 알아차리지 못했다. 바로 이것이 그 비디오의 목적이라는 것을 의식하고 있었는데도 말이다. 사실 나는 그 변화를 연이어 세 번이나 놓쳤다. 인내심을 갖고 지켜보던 사이먼스는 나에게 그 비디오를 앞으로 빨리 되돌려보라고 했다. 그가 시키는 대로 하자 갑자기 그 변화가 느껴지면서 내가 보고 있는 밀밭의 약 5분의 1이 천천히 그루터기로 변하는 것을 마침내 볼 수 있었다.

대부분의 사람은 자신은 그런 실험들에 속아 넘어가지 않을 거라고 생각한다. 그러나 사실 전문가들도 변화맹을 겪는다. 축구 팬들에 대한 한 연구에서, 축구 팬이 아닌 사람들보다 축구 팬인 사람들이 경기 중에 일어나는 어떤 변화들을 알아차릴 가능성이 110퍼센트나 더 높다는 사실이 확인되었다. 이것은 그 변화들이 축구 경기와 관련된 것일 때만 해당된다. 배경에 축구 경기와 무관한 한 가지 변화를 줄 경우, 팬이든 팬이 아닌 사람이든 양쪽 모두가 그 변화를 알아차리지 못할 가능성이 아주 높다. 그러나 자신의 눈은 절대로 변화를 놓치지 않을 거라는 사람들의 믿음 역시 변함이 없기 때문에 심리학자들이 그런 양상을 '변화맹맹'(change blindness blindness, 변화맹에 대한 맹, 즉 자신이 변화맹이라는 사실을 알아차리지 못하는 것)이라는 용어로 규정했을 정도다. 만일 당신이 어떤 장면에서 의미 있는 변화들을 놓칠 수 있다는 것을 믿지 않는다면, 당신은 그 변화들을 놓치지 않기 위해 의식을 집중하지 않을 것이다. 따라서 당신은 오히려 그 변화들을 놓치기 쉬울 것이다. '변화맹 맹'은 자신이 어떤 변화들을 알아차리지 못할 때가 아주 많다는 사실 자체를 알아차리지 못하는 것을 말한다.

우리는 믿을 수 없을 정도로 적응력이 뛰어난 종(種)이다. 우리가 주변 환경에서 어떤 변화를 알아차리든 알아차리지 못하든 간에 변화 그 자체는 실제이며, 우리는 새로운 상황들에 빠르게 적응한다. 그리고 일단 적응을 하면 이전의 상황이 어떠했는지 계속 기억하는 것은 무의미하다. 우리가 10년 전의 주택 가격이 얼마였는지 잊어버리거나 패스트푸드 일인분 양이 1970년대 이후로 세 배나 늘었다는 사실을 인지하지 못하는 것처럼 자연계에 대해서도 '기준선 이동 증후군'이 똑같이 적용된다. 보이지 않으면 잊힌다. 그것은 자연스러운 망각이다.

역사가 클라이브 폰팅(Clive Ponting)은 우리가 우리를 둘러싼 세상을 점점 더 살기 힘든 곳으로 만들어나가면서 우리가 어쩔 수 없이 해야만 했던 일련의 적응과정을 통해 인간문명이 태어나고 발전해온 것이라고 말한다. 그가 "최초의 위대한 변천"이라 부르는 것—수천 년에 걸쳐 인류가 수렵과 채집 생활에서 농경 생활로 변화한 시기—이 그 한 예다.

인간 사회가 처음부터 농업을 발명하고 한 곳에 영구적으로 정착했던 것은 아니다. 그보다는 오히려 식량을 얻는 기존의 방법들이 특별한 지역 조건에 따라 조금씩 변해오면서 점진적으로 그런 결과가 이루어졌다. 다양한 변화들이 톱니바퀴처럼 맞물려 나아와서 다시 이전으로 되돌아갈 수 없게 되었기 때문에, 그 변화들의 누적된 결과가 중요했다. 생계를 위한 방법의 변화들은 더 많은 인구를 부양할 수 있게 해주었지만 그로 인해 수렵과 채집 생활로 되돌아가는 것이 더 어려워졌고 마침내 불가능하게 되었다. 만일 이전 생활로 돌아간다면 그처럼 많은 사람이 먹고 살 수 없기 때문이었다.

폰팅은 흔히 자신들이 자초한 환경문제들에 대응하기 위해 과학기술을 발전시키고 조직의 규모를 확대하던 사회로 인해 이 "톱니바퀴 효과"가 계속되었다고 주장한다. 과학기술이 발전하고 조직의 규모가 커질수록 자연은 더 많이 훼손된다. 한편 더 많은 인구는 자연을 더 많이 훼손하면서 이미 훼손된 자연에서 살아가는 역설적인 결과가 나타나게 된다. 저술가 로널드 라이트(Ronald Wright)는 이것을 로마 문명과 마야 문명처럼 고도로 발전된 사회의 붕괴를 이끈 "진보의 함정"이라고 일컫는다.

"적응과 망각" 양상은 현대 생활로 인해 더욱 증폭된다. 당신도 나처럼 도시 생활자라면 당신은 자연계의 변화들에 변화맹을 겪을 가능성이 낮다. 당신이 그런 변화들을 목격할 수 있는 자연환경 속에서 살지 않기 때문이다. 애당초 자연에 대한 기억이 별로 없기 때문에 자연환경에 대한 망각도 별로 겪지 않을 것이다. 당신의 경우 변화하는 기준선들은 주로 도시적이고 과학기술적인 기준선일 것이다. 당신의 부모가 적응하기 위해 애쓰는 것들을 당신 세대는 자연스럽게 받아들일 것이다. 그리고 당신의 자녀들은 당신이 알았던 도시에 대해 별로 기억하지 못하게 될 것이다.

기억은 우울한 지대다. 특히 기억이 한 세대에서 다음 세대로 전해질 때는 더욱 그러하다. 그런 기억에 대한 연구에는 홀로코스트와 관계된 것들이 많다. 제2차 세계대전 동안 나치가 유대인들과 그 외 표적이 된 유럽의 소수집단들에게 가한 집단학살을 기억해야 할 절실한 이유들이 있다. 가장 확실한 이유는 같은 일이 다시는 일어나지 않도록 하기 위해서다. 그러나 홀로코스트 연구자들은 생존자들의 이야기가 불과 3세대, 즉 약 90년을 전해 내려오는 동안 대개는 잊힌다는 사실을 비롯해서 기억의 난감한 실체를 직면해야 했다―홀로코스트를 직접 체험한 생존자들의 증손자들은 우리 대부분이 그렇듯 주로 책과 영화를 통해 그 사건을 알게 될 것이다. 홀로코스트는 "아주 먼 이야기", 즉 현재 살아 있는 사람이 기억하긴 하지만 직접 경험하지는 않은 먼 옛이야기가 되어가고 있다. 과거의 그 많은 일이 어떻게, 왜 일어났는지는 소수의 전문가 집단만이 알게 될 것이다. 그 하나하나가 홀로코스트가 보여주는 역사상의 경고인 더 많은 세부 사항들은 생각하기 힘들 정도로 기억의 저편으로 사라질 것이다. 이것을 "지식의 소멸"이라고 일컫는다.

그런데 자연계와 관련된 것이라면 쉽게 망각해버리는 인류가 신기하게도 어떤 동물들의 멸종 또는 멸종위기에 관해서는 전혀 망각하지 않는다는 사실이 드러났다. 예를 들어, 멸종된 도도새는 놀랍게도 문화적 슈퍼스타가 되었다. 이미 300여 년 전에 사라진, 날지도 못하는 뚱뚱한 도도새는 어린아이들도 쉽게 알아볼 수 있는 펭귄, 코끼리, 호랑이 등과 함께 인기 있는 동물로 자리 잡고 있다. 또 대중문화는 과거의 풍요로운 자연에 대한 가장 위대하고 영원한 상징으로서 들소를 계속 기억하고 있다. 덥수룩하게 털이 난 들소의 머리는 우리로 하여금 곧바로 200년 전 북아메리카의 평원을 지배하며 질풍같이 내달리던 동물 무리, 총열이 뜨거워져 더 이상 총을 쏠 수 없을 때까지 마구잡이로 방아쇠를 당겨대던 버펄로 사냥꾼들 그리고 죽어나간 버펄로 무리와 짐채보다 더 높이 쌓아놓은 버펄로 뼈들을 떠올리게 한다.

도도새와 들소는 세대를 초월하는 기억, 즉 초세대적 기억 가운데 하나가 되었다. 초세대적 기억이란 필요할 때면 언제든 문화적 약칭―예를 들어 마릴린 먼로, 베를린 장벽, 「황야의 유혹」 같은―을 이용해 어떤 시대나 모럴(moral) 또는 어떤 존재방식을 상징할 수 있는 원형의 골자만 남긴 형태들이다. 초세대적 기억은 신화·우화·성서·우상으로 더 잘 알려져 있다.

우리는 도도새를 잊지 않았지만 도도새의 서식지였던 인도양의 모리셔스 섬에서 모리셔스소쩍새, 모리셔스자이언트도마뱀, 모리셔스청비둘기, 작은마스카렌플라잉폭스, 두 종류의 코끼리거북 그리고 지금까지 알려진 것 가운데 가장 큰 종이었던 앵무새 같은 다른 많은 생물 역시 사라져버렸다는 사실은 잘 모르고 있다. 우리는 들소 떼 역시 기억한다. 그러나 봄철에 삽발두꺼비와 서쪽합창개구리가 평원을 가로질러 대략 일억 개로 추산되는 연못에서 일제히 울어대던 것이나 맥코윈의 건조지대 안에서 긴발톱멧새와 산물세떼 같은 새들이 뜨거운 햇살 때문에 말라버린 연못 위에 두꺼비와 개구리들이 모습을 드러낼 때를 노리고 둥지를 틀던 것을 기억하는 것처럼 들소 떼를 기억하지는 않는다. 우리 기억 속 들소는 영원히 초원의 동물이며 그들이 한때 살기도 했던 로키 산맥이나 멕시코 사막의 동물이 절대 아니다. 펜실베이니아의 경엽수림에서 사냥되던 위협적인 칠흑색 황소들을 누가 기억할까? 캘리포니아의 들소 떼는 또 어떤가?

어떤 종류의 기념비들은 망각을 부추긴다. 거대한 버펄로를 사냥하던 시절 굴에서 물개에 이르기까지, 초원멧닭에서 돌묵상어에 이르기까지, 신세계의 거의 모든 동물도 공격을 받았고 우리는 들소 학살을 몰살의 시대를 기억하기 위한 하나의 방편으로 삼았다. 그러나 오늘날에는 단지 버펄로 이야기만 널리 알려져 있다. 끊임없이 계속되는 대학살이 결국 홀로코스트의 모든 행위에 대한 기억을 가려버린 것처럼 들소 학살은 역사에서 다림질되어 사라져버렸다.

우리가 버펄로에 관심을 집중하는 것이 어떤 잃어버린 기억을 상징하는 것인지를 더욱 정확하게 이해하기 위해서는 들소 사냥이 시작되던 무렵 북아메리카에서 이미 그와 유사한 대학살이 일어났다는 사실을 생각해봐야 한다. 과거 북아메리카에서는 사슴들이 거의 멸종할 때까지 무차별적으로 사냥을 했다. 미국이나 캐나다의 가정집 주방에서 사슴을 키운다고 해보자. 그러면 사람들은 믿지 못하겠다는 반응을 보일 것이다. 사슴이라고? 사슴은 도시 외곽 공원에 심어놓은 튤립을 뜯어 먹어. 사슴이 시내로 들어와 개를 뿔로 들이받는 동영상도 인터넷에 떠돌고 있다고. 게다가 뉴욕에서만 일 년에 7만 5,000건의 사슴 추돌사고가 발생한다고.

사슴 대학살은 기억에서 거의 사라져버렸다. 모피 무역을 연구하는 찰스 핸슨(Charles Hanson)은 미국 남동부의 사슴가죽 무역이 "애석하게도 문헌에서 도외시되었다"고 말한다. 하지만 미국 남동부는 북미 전역에서 사슴 사냥이 가장 성황을 이루던 곳이었고, 따라서 그곳의 사슴가죽 무역은 단연코 가장 유명했다. 캐롤라이나와 플로리다로 이주한 초기 식민지 이민자들은 평원과 숲 곳곳에 "사슴이 우글우글했다"고 전했다. 1680년대에 토머스 애쉬(Thomas Ashe)라는 이름의 한 목격자는 "엄청난 사슴 떼 때문에 그 지역 전체가 마치 하나의 거대한 공원처럼 보인다"고 했다. 그 지역이란 현재의 조지아, 앨라배마 그리고 플로리다 북부 지역 대부분을 포함하는 곳으로, 그곳에 살던 머스코기 인디언들에게 사슴은 생존을 좌우하는 귀중한 자원이었다. 머스코기 인디언들은 육류의 4분의 3을 흰꼬리사슴에서 얻었다. 그뿐만 아니라 의복, 생활용품, 다양한 도구들도 사슴에서 얻었으며 사슴 다리뼈로 피리를 만들기까지 했다.

노련한 머스코기 사냥꾼들은 얼마 지나지 않아 자연스럽게 사슴가죽 무역의 공급원이 되었다. 유럽 전역에서 사슴가죽을 원하고 있었다. 유럽 대륙에서는 사슴 사냥이 이미 한계에 도달한 상태였고, 그래서 파리에서는 사슴가죽 대신 쥐가죽으로 장갑을 만든다는 소문이 돌 정도였다. 이처럼 데님 시대가 오기 전에 사슴가죽 바지 시대가 있었다. 그리고 청바지와 마찬가지로 이 사슴가죽 바지 역시 처음에는 노동자들이 입었지만 얼마 지나지 않아 귀족들 사이에서 유행하게 되었다. 오늘날 로스앤젤레스나 런던, 토론토 같은 대도시에서 모든 사람이 천으로 만든 옷 대신 동물 가죽옷을 입는다면 도대체 얼마나 많은 동물이 죽어야 할지 그 학살 규모를 상상해보라. 미국 독립혁명이 일어나기 몇 해 전 미국 남동부의 사슴가죽 무역이 최고조에 다다랐을 때는 매년 한 해 동안 인디언들에게서 구입한 사슴가죽이 최소 100만 장을 넘었다. 결국 사슴가죽 무역이 북아메리카 대륙 전역으로 퍼져나가면서 마침내 사슴 학살도 들소(버펄로) 대학살과 같은 양상을 띠게 되었다. 1886년경 뉴욕 외곽의 한 개척자는 『뉴욕타임스』와의 인터뷰에서 당시에 한 번 사냥을 나가면 보통 40~50마리의 사슴을 잡았다고 술회했다. 하지만 그런 시절은 지나갔다. "지금은 이 지역에서 잡은 사슴 한 마리에 100만 달러를 준다고 해도 그림의 떡일 뿐이에요. 사슴 그림자도 구경할 수 없으니까요." 그는 말했다.

레오너드 리 루(Leonard Lee Rue)는 『북아메리카의 사슴』(The Deer of North America)이라는 책에서 "그 당시 사슴은 아주 드물어서 오늘날 멸종위기에 처한 동물들의 목록에 오른 사슴의 수와 거의 같을 정도였다"라고 썼다.

이 이야기는 들소에 대한 애틋한 비가(悲歌)처럼 끝나지는 않았기 때문에 대중들이 사슴 사냥을 잊었음을 추측하는 것은 꽤 쉬운 일이다. 들소와는 달리 사슴은 경이롭게도 되살아났다. 수렵 장소가 법으로 규제되고 도로, 농장, 벌목으로 삼림이 사라지면서 사슴의 포식자들도 대부분 사라지자 사슴 개체 수는 회복되었다. 특히 흰꼬리사슴은 북미 지역의 사슴 종들 가운데 유일하게 개체 수가 많은 동물로 현재 그 어느 때보다 광범위한 지역에서 서식하고 있다.

그렇지만 사슴 무역은 깊은 상흔을 남겼다. 1685년 사슴가죽 무역의 초창기 때만 해도, 원주민이었던 머스코기 사냥꾼들은 겨울이 되면 정화의식을 치르고 긴 겨울 사냥을 떠나 약 400마리의 사슴을 잡아 집으로 돌아왔고 그양으로 공동체 전체가 충분히 먹고 살 수 있었다. 하지만 한 세기도 채 지나지 않아 미국 독립혁명이 끝나갈 무렵 머스코기 인디언들의 자급자족 경제는 무너져버렸다. 그들은 특히 럼주의 일종인 태피아 술을 사기 위해 식민지 상인들에게 돈을 빌렸지만 빌린 돈을 갚을 만큼 충분한 '사슴'(buck)—'돈'을 뜻하는 속어의 기원—을 더 이상 발견할 수 없게 되었다. 1802년에 연방정부 인디언 관리관 벤자민 호킨스(Benjamin Hawkins)는 머스코기의 한 추장에게 이 새로운 현실을 간략하게 설명해주며 충고했다. "황무지나 마찬가지인 땅들을 약간만 팔아버리시오." 그리고 그는 한 세기 전만 해도 한없이 풍요로워 보였던 땅을 가리키며 말했다. "저곳에는 돈이 될 만한 게 더 이상 없는 것 같군요." 대부분의 머스코기 사람들은 결국 서부에서 오클라호마로 쫓겨났다. 그 부족은 그들이 대대로 살아온 영토 가운데 앨라배마에 있는 230에이커(약 93만 제곱미터)의 보호구역을 제외하고는 모든 땅을 빼앗겼다. 머스코기 사람들에게 사슴이 사라진 세상은 고향을 강탈당한 기나긴 세월의 시작을 알리는 신호탄이었다. 그 이후로 먼저 버펄로부터 사냥해 초토화하는 것은 대초원지대의 원주민들을 손쉽게 굴복시키는 공식적인 전략이 되었다.

그러나 우리는 이 모든 걸 잊고 말았다.

아메리카 들소가 거의 다 사라진 뒤에도 사냥꾼들은 들소들이 되돌아오기를 기다리면서 그곳을 떠나지 않았다. 들소들은 잠시 떠난 거야. 이제 곧 돌아올 거야. 그들은 혼잣말처럼 그렇게 되뇌었다. 대부분의 사냥꾼은 자신들에게는 잘못이 없으며 단지 자연이 변덕을 부려 자신들이 사냥을 못하게 된 거라고 생각했다. 그들은 그 후에도 한동안 들소를 계속 기다리다가 결국 카우보이(cowboy)[15]가 되었다.

'부인'(否認)하는 것은 기억에 대한 마지막 방어선이다. '부인'은 기억하고 싶지 않은 것을 잊도록 도와주고, 그다음에는 우리가 그것들을 잊어버렸다는 사실을 잊게 해주며, 그러고 나서는 기억하고 싶은 유혹에

---

15 이와 유사하게 오늘날 '소새'(cowbird, 또는 찌르레기)라고 불리는 새는 과거에 '버펄로새'(buffalo birds)라는 이름으로 알려져 있었다.

저항할 수 있게 해준다. "부인하는 능력은 대개 설명되지 않고, 흔히 설명할 수 없는, 인간에게서만 볼 수 있는 놀라운 현상이다."『잔인한 국가, 외면하는 대중』(States of Denial)의 저자인 사회학자 스탠리 코언(Stanley Cohen)은 그렇게 썼지만 우리는 '부인'이 유용하다고 생각한다. 코언이 선호하는 정의를 인용하자면 '부인'은 "불편한 사실을 인정하고 싶지 않은 우리의 욕구"를 충족해주기 때문이다.

옛날에 도도새를 부인하던 사람들이 있었다. 마지막 도도새가 17세기 말에 죽고 나서 100여 년 동안 사람들은 그 새가 그전에 존재했다는 사실을 의심하고 부인해왔다. 일반 대중은 그 새를 완전히 잊어버렸고 심지어 박물학자들도 그 새에 대한 설명이나 그림들을 상상의 산물이라고 일축했다. 거의 2세기가 지난 뒤 루이스 캐럴(Lewis Carroll)의 『이상한 나라의 앨리스』가 출간되면서 비로소 멸종되었던 도도새가 그 책의 삽화로 되살아나게 되었다. 그 책에서 존 테니얼(John Tenniel)이 그린 도도새는 사람들의 마음을 사로잡았다. 살아 있는 도도새가 어떻게 생겼는지 말할 수 있는 사람은 그때까지 아무도 없었다. 그러나 테니얼의 묘사 이후로 기본적인 도도새의 모습은 변하지 않는다. 맹한 눈, 볼썽사나운 부리, 뻣뻣한 깃털, 있으나 마나 한 날개. 이 새는 완벽한 희생물의 초상이 되었다.

1800년대 초까지 굴지의 사상가들은 멸종이라는 개념을 완전히 부인했다. 그것이 신성한 창조의 개념에 위배된다고 생각했기 때문이다. 17세기의 박물학자 토머스 몰리뉴(Thomas Molyneux)는 "모든 살아 있는 생물 가운데 그 어떤 생물도 처음 창조된 이래로 그렇게 완전히, 이 세상에서 보이지 않게 될 정도로 멸종한 것은 없다는 것이 많은 박물학자들의 견해다. 그리고 이 견해는 우리의 동의를 얻을 만큼 대단히 훌륭한 원칙, 살아 숨 쉬는 모든 것을 통괄하여 돌보는 신의 섭리에 근거하고 있다"고 말했다. 그는 큰뿔사슴—한때는 유라시아 대륙 전역에 서식했던 거대한 사슴—의 화석 표본들이 사실은 아메리카 무스(엘크) 변종의 유골일 뿐이라고 주장한 사람이기도 하다. 이와 유사하게 미국의 3대 대통령으로 재임하던 토머스 제퍼슨(Thomas Jefferson)은 1804년부터 1806년까지 3년여에 걸쳐 자신이 파견한 메리웨더 루이스(Meriwether Lewis)와 윌리엄 클라크(William Clark)의 대규모 육로 탐험대가 기독교 신의 창조물 가운데 그 어느 것도 지상에서 사라지지 않았다는 증거로 미국 서부 지역에서 살아 있는 매머드들을 발견하기를 간절히 바랐다.

사라진 동물들 가운데 어떤 동물이든 그 이름을 대보라. 어김없이 그 동물에 대해 부인(否認)하는 것을 발견하게 될 것이다. 때때로 그 동물이 실제로 살지 않았다고 말할 것이다. 그리고 그것보다 더 빈번하게, 그 동물은 절대로 죽지 않았다고 말할 것이다. 큰바다쇠오리는 유럽이 아메리카 대륙을 발견한 이후 사람들의 기억 속에서 훨씬 더 철저히 잊힌 바다밍크와 함께 최초로 멸종한 동물들 가운데 하나다. 도도새와 마찬가지로 큰바다쇠오리 역시 날지 못하는 새였다. 작은 펭귄처럼 생긴 그 새는 바다에서 대부분의 시간을 보냈다. 유럽 사냥꾼들이 큰바다쇠오리들을 그들의 원래 서식지에서 멸종시키기까지는 1,000년이 걸렸다. 그리고 더 발전된 과학기술과 더불어 북아메리카에서 그 종을 멸종시키기까지는 300년이 걸렸다. 사람들은 고기, 알, 깃털뿐만 아니라 '고래기름'(trane-oil)—석유 시대 이전에 등화유와 윤활유로 사용되었던 동물성 기름—을 얻기 위해서도 큰바다쇠오리들을 사냥했다. 기록에 따르면, 큰바다쇠오리는 지방질이 아주 많아서 때로는 다른 큰바다쇠오리들에게서 짜낸 기름을 끓이기 위한 연료가 되어 산 채로 불 속에 던져 넣기도 했다고 한다.

큰바다쇠오리들이 사라졌을 때 인간 관찰자들은 그 새의 성질이 변한 것으로 생각했다. 처음에 큰바다쇠오리는 사냥꾼들을 피해 달아나기에는 너무 느려터진 것 같았다. 그래서 선장들은 그 새를 배가 북아메리카 연안에 가까워지고 있음을 알려주는 첫 신호로 받아들였다. 그러나 큰바다쇠오리들이 희귀해지자 사람들은 그 새들이 보이지 않게 된 것은 선천적으로 겁이 많은 동물이거나, 그게 아니라면 "선택과 본능에 따라" 북극 지방으로 서식처를 옮겨갔기 때문이라고만 말했다. 마침내 1844년[16] 마지막 큰바다쇠오리가 죽고 불과 몇 년 뒤, 한 논객은 "이야기로만 전해지는 큰바다쇠오리라는 동물은 글을 모르던 선원과 어부들이 만들어낸 상상의 동물이었던 듯하다"라고 썼다. 더 이상 큰바다쇠오리에 대한 논란이 없던 1960년대에도 캐나다 해양수산부의 한 고위관리가 취재기자들에게 그 새는 현대 세계에서 서식처를 잃은 잔존 생물 종이었다고 말하면서 새들은 "다른 곳으로 옮겨가야 했다"고 덧붙였다.

그러나 죄지은 손을 씻는 의식 같은 이 부인 행위가 어느 지경까지 이르렀는지 알기 위해서는, 틸라키누스시노케팔루스(Thylacinus cynocephalus)의 사례를 생각해봐야 한다. 첫째로 사람들은 그 동물의 개성을 부인했다. 이 동물은 등에 나 있는 줄무늬 때문에 때로는 태즈메이니아호랑이로 기억되고, 개처럼 뾰족한 주둥이와 오랫동안 빠

---

16 마지막으로 알려진 큰바다쇠오리 한 쌍은 아이슬란드의 엘데이 화산섬에서 알을 품고 있다가 밀렵꾼에게 희생됐다. 큰바다쇠오리의 알은 쫓고 쫓기는 와중에 깨져버렸다고 전해진다.

른 속도로 이동하는 모습 때문에 때로는 태즈메이니아늑대로 기억되기도 하며(한 가지 재미있는 작은 사실: 이 동물의 귀는 잠을 자고 있을 때도 쫑긋서 있다), 사실 고양이나 개를 전혀 닮지 않았기 때문에 때로는 태즈메이니아하이에나라고 불리기도 한다. 하지만 그 동물은 그저 그 동물 자체일 뿐이었다. 마치 캥거루처럼 주머니 속에 새끼를 넣어 데리고 다니는 유대류[17]면서도 이 세상의 생물과 견줄 수 없는 뛰어난 사냥꾼이자 육식 동물이었다. 그렇지만 오늘날 대부분의 생물학자는 이 동물을 태즈메이니아늑대라고 부르고 있다.

어떤 이름으로 불리든 그 동물은 언제 어디서나 자신들의 진정한 개성을 버림으로써 오히려 자신들의 개성이 파괴되는 것을 방조하기도 했다. 태즈메이니아늑대는 원래 오스트레일리아와 태즈메이니아 섬에서 살고 있었지만 유럽 선원들이 그 지역에 도착했을 즈음, 태즈메이니아늑대는 이미 대륙 본토에서 사라지고 없었다. 아마도 그보다 3,000년이나 더 오래전에 사라진 듯한데, 그 이유는 애버리지니(Aborgines, 오스트레일리아 원주민)가 그곳에 새로 들어와 살기 시작하면서 생태계가 변화했기 때문인 것으로 보인다. 태즈메이니아에서 오스트레일리아 원주민들과 태즈메이니아인들은 서로 나란히 잘 살아나갔다. 또 그 섬에 최초로 발을 들여놓은 유럽인조차 태즈메이니아늑대의 발자국과 맞닥뜨렸을 정도로 그 동물의 개체 수는 많았다. 조심성이 많고 은밀하며 주로 밤에 활동하는 태즈메이니아늑대는 식민지 개척자들에게 처음에는 대체로 신비한 존재로 비쳤다. 그렇지만 유럽식 경작지와 농장이 태즈메

---

17 수컷 태즈메이니아늑대 역시 주머니를 갖고 있었는데, 수컷은 그것을 자신들의 음낭 주머니로 사용했다.

이니아 지역에 들어오면서 태즈메이니아늑대들이 양과 닭을 잡아먹는 다는 소문이 여기저기서 들려오기 시작했다.

피해가 그렇게 컸던 적은 한 번도 없었지만, 태즈메이니아늑대는 빠르게 괴물로 변해갔다. 과거에 그곳에 정착했던 한 이주민이 "운이 좋게도 태즈메이니아늑대와 아주 친하게 지냈다"며 우호적인 감정을 글로 썼고 태즈메이니아에는 "뱀 이외에 사람에게 해를 입히는 동물이 하나도 없다"라고 말했던 적도 있었지만, 갑자기 태즈메이니아늑대는 공포와 증오의 대상이 되었고 사람들은 태즈메이니아늑대를 잡으면 가죽을 벗겨 불태우고 뼈를 산산조각낼 정도였다. 태즈메이니아늑대의 송곳니에 물려 죽는다는 것은 생각만 해도 악몽 그 자체였고 그 동물들은 뱀파이어처럼 목을 물어 피를 빨아 먹는다고 알려져 있었다. 인간이 만들어낸 이야기를 통해 태즈메이니아늑대는 인간처럼 연약한 존재가 아닌 초자연적인 힘을 지닌 존재가 되었다. 1800년대 후반 무렵, 과학자들이 태즈메이니아늑대를 좀처럼 발견할 수 없게 되었을 때조차 양을 키우는 목장주들은 여전히 언덕에 태즈메이니아늑대들이 "우글우글하다"고 주장했다.

그사이에 과학은 그 자체의 부인 방식을 장려했다. 태즈메이니아늑대를 포함해서 오스트레일리아의 고유한 종 가운데 많은 종이 왜 유럽인들이 이주하자 빠르게 감소하는 것처럼 보이는지 그 이유를 설명하려 애쓰면서, 많은 학자는 동물에게 섣불리 책임을 돌렸다. 1903년 워싱턴 D.C 동물원 원장은 그 동물은 "세상에서 가장 멍청한 동물"이자 "타고난 바보 천치"들이었다고 썼다. 그 외의 명망 높은 학자들도 태즈메이니아늑대는 "이 세상의 다른 곳에서 일어난 점진적이고 놀라운 발전으로부터…… 봉쇄되고" "무례하고 볼품없고 매우 원시적"이며, "변화하는 세계에서 생존을 위해 적응하지 못할 뿐만 아니라 매우 무능"하다고 주장했다. 1936년, 한 세기 동안 이어진 서식지 파괴와 대대적인 학살로 마침내 태즈메이니아늑대가 멸종하자 또 다른 유형의 부인이 추가되었다. 그 동물들이 멸종 위기에 놓여 있었다는 사실을 아무도 몰랐다는 주장이 그것이다. 오스트레일리아의 연구자 로버트 패들(Robert Paddle)은 그 지속적인 믿음―그 종이 멸종위기 상태라는 사실을 몰랐다는 주장―에 대한 증거자료들을 철저히 검토해, 태즈메이니아늑대의 희소성에 관한 경고가 적어도 25개나 있었다는 사실을 밝혀냈다. 사실 마지막으로 생존해 있던 태즈메이니아늑대는 사로잡혀 죽기 정확히 49일 전에 이미 태즈메이니아늑대 보호법이 발효되어 보호받고 있던 상태였다. "'우리는 무슨 일이 일어나고 있는지 몰랐다.' 홀로코스트가 일어나고 50년 뒤 독일에서 그런 말도 안 되는 변명을 늘어놓았던 것처럼 1888년 태즈메이니아늑대의 상황에서도 그 말은 너무나 이치에 맞지 않는 변명이었다. 태즈메이니아늑대의 멸종은 상실감을 불러일으켰지만 그런 일이 일어난 것에 대한 책임감, 죄의식, 비난을 받아들이는 태도는 쉽게 생겨나지 않았다"라고 패들은 쓰고 있다.

마지막으로 살아남은 태즈메이니아늑대는 1933년 태즈메이니아 남서부의 플로렌틴 계곡에서 생포되었다고 알려져 있다. 사람들은 그 늑대를 밧줄로 묶고 짐을 나르는 말에 실어 티엔나 마을로 끌고 가 우리에 가둬놓았다. 거기서 그 늑대는 한동안 그 지역주민들에게 조롱을 당했다. 신사숙녀 여러분, 무시무시한 태즈메이니아늑대입니다! 그러고 나서 늑대는 태즈메이니아 섬의 수도인 호바트로 옮겨졌다. 그 도시의 동물원에 도착한 뒤 동물학자 데이비드 플리(David Fleay)가 그 동물을 촬영했는데, 촬영 개시 후 62초가 되는 순간 그 동물은 태즈메이니아늑대 종 역사상 기억에 남을 만한 마지막 일격으로 플리의 엉덩이를 물어버렸다.

62초에서 끝나버린 그 영상을 보고 있으면 마음이 불편해진다. 도도새, 큰바다쇠오리 같은 동물들은 우리가 이해할 수 없는 먼 옛날을 떠올리게 하는 그림으로만 기억될 뿐이다. 태즈메이니아늑대를 영상으로 볼 수 있다는 그 단순한 사실은 사람들이 그 동물을 여전히 기억하고 있었다는 것을 계속 상기시켜준다. 그리고 그 동물이 사라진 지 딱 한 달 뒤에 내 아버지가 태어났다. 마지막 태즈메이니아늑대를 보라. 그 동물은 눈을 깜빡이면서 우리 안을 어슬렁거린다. 그리고 하품을 한다! 찢어질 듯 벌어진 그의 아가리는 정말 놀랍다. 입은 거의 그 동물의 키만큼 벌어지고 입 안에는 날카롭고 가느다란 이빨들이 늘어서 있다. 그의 눈은 불안해 보이고 호기심에 가득 차 있지만 멍청해 보이지는 않는다. 그리고 마침내 그 동물은 멸종했다. 태즈메이니아늑대는 이제 다시는 눈을 깜빡이지도, 불안한 눈으로 세상을 망보지도 않을 것이다.

최후의 태즈메이니아늑대는 담 윗부분이 가시철조망으로 둘러친 우리 안에서 짧은 여생을 보냈다. 그의 유일한 피난처는 지구 반대편의 아주 이른 봄날, 잎도 채 나지 않은 나무 한 그루였다. 늑대가 죽기 전 마지막 2주 동안 밤에는 기온이 영하로 떨어졌고 낮에는 38도까지 치솟았다. 태즈메이니아늑대가 고통으로 울부짖는 소리를 들었다고 증언한 목격자도 있었다. 늑대는 1936년 9월 7일 밤에 죽었다. 사람들은 늑대가 죽었다는 만족감에 도취해 그 시체를 내다버린 듯하지만, 그 이후로 그 마지막 태즈메이니아늑대—최근에야 비로소 수컷으로 밝혀졌다—는 벤자민, 줄여서 벤지라는 이름으로 애틋하게 기억되었다. 그때부터 지금까지 사람들은 그 종이 멸종했다는 사실을 계속 부인해왔다. 다시 말해 그 늑대가 그 종의 진정한 마지막 개체가 아닐 거라고 계속 부인한 것이다. 살아 있는 태즈메이니아늑대에 대한 구체적인 증거는 전혀 없지만, 그로부터 77년이 지난 지금 이 시점에도 야생에서 그 동물들을 봤다는 목격자가 꾸준히 나타나고 있다.

인류의 암울한 역사 안에서 태즈메이니아늑대에 관한 한 가지 근본적인 진실은 끊임없이 옆으로 밀쳐두어야만 했다. 인간과 틸라키누스 시노케팔루스의 이야기 속에 있는 그 모든 무지와 변명·계략·독약·함정·거짓말 가운데에는 진실을 꿰뚫어보는 소수의 사람들이 항상 존재했다. 애버리지니가 살았던 시절로 거슬러 올라가보면 처음부터 이성적인 사고를 가지고 그 동물이 공포와 증오의 대상이라는 것을 전혀 믿지 않는 사람들이 있었다. 세계 전역에서 살고 있는 개와 비슷한 동물 종이 그렇듯이 태즈메이니아늑대 역시 인간 가까이에서 살아갈 수 있을 뿐만 아니라 인간과 어울려 살아갈 수 있는 능력을 가진 우리가 알고 있는 몇 안 되는 종에 속했기 때문이다. 인간들이 그들을 적절하게 보살펴줬더라면 그 종들 역시 패들이 말했던 "인지와 우정" "사랑과 관심"을 우리에게 보여줬을 것이다. 바꿔 말해서 어쩌면 태즈메이니아늑대는 훌륭한 반려동물이 될 수도 있었다.

10퍼센트의
세계

몇 년 전, 인구 200만 명의 대도시 캐나다 밴쿠버 한복판에 귀신고래 한 마리가 나타나 헤엄을 쳤다. 그런 일이 그때 처음 일어난 것은 아니다. 그보다 한 해 전, 고래 한 마리가 뉴욕에서 그 도시의 항구로 이르는 관문이라고 할 수 있는 베라자노내로스 다리 밑에서 헤엄을 치면서 스테이튼 섬과 브루클린의 주민들을 위해 잠시 멋진 공연을 펼친 적이 있었다. 그렇지만 밴쿠버의 고래는 세 개의 다리 밑을 지나 곧장 폴스크리크의 좁고 막다른 해협을 타고 도심까지 들어왔다. 거기서 선착장들에 둘러싸인 채 글라스타워들의 유리창에 비친 그 고래는 그곳의 수많은 사람을 황홀경에 빠뜨렸다.

대부분의 사람은 그날 자신이 운이 아주 좋았다고 생각했다. 일생에 한 번 경험할까 말까 한 광경을 눈으로 직접 보았으니까. 그들의 생각이 맞았을 수도 있다. 그러나 약 100년 전만 해도 혹까지 달린 회색빛귀신혹등고래―아름답고 애절한 수중 노래로 유명한 종―를 밴쿠버 연안에서 쉽게 볼 수 있었다. 수백 마리의 고래가 그 해역에 살거나 그곳을 거쳐 지나갔다. 1869년의 한 신문은 한창 성장하던 그 도시에 고래들이 수로를 통해 나타나 "성장에 대한 저항을 분출했다"는 기사를 실었다. 사람들은 40년 동안 그 지역의 거대한 고래들을 거의 멸종될 때까지 하나하나 사냥해 죽였다. 오직 극소수의 사람만이 이 역사를 알고 있었다. 그리고 그들에게 귀신고래의 방문은 어떤 다른 의미를 지녔다. 그것은 과거의 모습이 재현될 수도 있다는 일말의 희망을 불러일으켰다.

자신을 둘러싼 자연계를 어떤 눈으로 보느냐에 따라 당신이 몸담고 살게 될 세계의 종류가 결정된다. 만일 당신이 살고 있는 지역의 바다에서 한때 고래들이 헤엄쳐 다녔다는 사실을 알게 된다면, 당신은 그들이 그 해협과 만으로 다시 돌아올 수 있을지 궁금해질 것이다. 그러나 그 동물들이 그곳에 존재했다는 사실을 모른다면 현재 그들의 부재를 지극히 당연하게 생각할 것이고, 앞으로 고래가 그곳에 다시 나타날지 궁금해하지도 않을 것이다. 워싱턴 주의 시애틀은 밴쿠버에서 태평양 연안을 따라 160킬로미터까지 대대로 포경업이 이루어지던 곳이다. 그러나 그곳 주민들의 70퍼센트 이상이 그 해역—1,000년 동안 인간의 활동에 영향을 받아서 바다 포유류, 어류, 조개류, 갑각류, 바닷새들이 극적으로 감소했던 곳—이 회복되어야 할 상태가 아니라 오히려 보존상태가 양호하다고 생각한 여론조사 결과가 있었다.

지구상에 인간의 영향을 받지 않은 곳은 거의 없다. 자연의 현 상태를 이해하기 위해 우리는 과거라는 렌즈를 통해 현재를 봐야 할 필요가 있다. 단지 과학과 통계뿐만 아니라 우리가 자연계를 경험하는 방식—지구에서 살아가는 생명체들을 눈으로 보고 소리로 듣고 감각들을 통해 인지하는 것—을 포함해서 과거를 통해 현재를 보는 것은 분명히 복잡하다. 그러나 이 초록색 별이 한때 더 풍요롭고 더 다양한 생물들이 살던 곳이었다면, 우리는 그동안 얼마나 많은 변화가 일어났는지 그 양을 대충이라도 가늠해볼 수 있어야 한다. 우리가 현재 알고 있는 자연은 과거 자연의 일부다. 그렇다면 일부가 아닌 전체는 과연 어떤 모습이었을까? 그것을 산출해낸 연구는 단 하나도 없다. 그렇지만 감소하는 종 하나하나에 대한 연구, 생물계 하나하나에 대해 누적된 연구의 결과들은 하나의 수치를 가리키고 있다.

우리는 10퍼센트의 세계에 살고 있다.

지구상에서 현재 인간의 손길이 미치지 않는 지역은 지구 지표면의 불과 14퍼센트, 그리고 바다의 약 1퍼센트뿐이라는 사실을 생각해보라. 과거의 자연을 아예 접어둔다 해도, 이 수치도 실상에 비한다면 너무 후한 듯한 느낌이 든다. 예를 들어 세계에서 눈과 얼음으로 뒤덮인 지대는 거의 40퍼센트—다른 어떤 주요 서식지 유형보다 더 많은 수치—까지 보존되고 있지만 지구의 10분의 1을 뒤덮고 있는 온대 초원지대는 불과 5퍼센트만 보존되고 있다. 이와 유사하게 산호초는 거의 30퍼센트가 해양보호구역 내에 있지만 오염이나 남획과 같은 위협으로부터 실질적으로 보호되고 있는 것은 6퍼센트에 불과하다. 전체 암초의 80퍼센트 부분에 서식하던 가장 큰 동물 종은 1900년 이후 대폭 감소했다. "청정 상태"라고 할 수 있는 전 세계 산호초의 수는 반올림을 해도 제로 수준이다.

지구에는 아직도 놀랄 만큼 많은 야생생물이 살고 있다. 지구 지표면의 44퍼센트는 약 4,000제곱마일(1만4백 제곱킬로미터) 이상의 면적에 인구가 1제곱마일(2.6제곱킬로미터)당 2명 이하인 지역들로 이루어져 있다. 그러나 이 수치 역시 생물의 다양성이라는 측면에서 본다면 세계를 대표할 만한 평균 수치라고 할 수는 없다. 이 광활하고 텅 빈 공간들은 대부분 북쪽의 삼림, 아마존 그리고 세계 곳곳의 사막—아마존은 예외로 한다 하더라도 동물들과 식물들이 비교적 드문 지역들—처럼 대부분 극지방에 있다. 지구에서 가장 풍요로운 동식물 서식지들은 사람들 역시 살고 싶어 하는 곳이다. 더욱이 이 탁 트인 공간들 가운데 많은 곳은 더 가까이 들여다볼수록 전혀 다르게 보인다. 예를 들어, 인구밀도로 측정했을 때 미국에는 서부 사막들과 로키 산맥 내에 광대한 야생지역이 포함되어 있다. 좀더 자세히 들여다보면 더 아래쪽의 48개 주 가운데 불과 1퍼센트만이 8제곱마일(20.8제곱킬로미터) 이상의 면적을 가진, 도로조차 나 있지 않은 미개발지역이다. 도보로 한 시간 정도 걸릴 만한 크기의 정사각형 공간을 머릿속에 그려보라.

아니면 아마도 야생의 대표적인 생물들—지구에서 가장 장엄한 동물들—을 살펴봐야 할 것이다. 바다의 경우 참치부터 시작해서 대구, 황새치, 상어에 이르기까지 세계에서 가장 큰 물고기들의 개체 수는 풍부했던 과거에 비해 현재는 약 10퍼센트밖에 남지 않았다. 지난 10년에 걸친 연구 결과에 따르면 긴수염고래 역시 최대 개체 수를 자랑하던 시절의 10분의 1도 안 되는 수치라고 한다. 현재 풍부한 유전적 다양성을 갖고 있으며 개체 수가 거의 완전히 회복되었다고 평가되는 북아메리카 태평양 연안의 2만 5,000마리의 귀신고래들조차 과거에는 지금보다 세 배 또는 다섯 배 이상으로 그 수가 더 많았다. 7만 5,000마리의 고래가 해마다 한 번씩 멕시코의 번식지에서 먹이가 풍부한 알래스카 해역으로 이동해가는 모습을 상상해보라.

한편 육지의 경우 1500년에 비해 현재는 지구 지표면의 불과 20퍼센트만이 주요 포유류의 서식지다. 이 수치는 10퍼센트보다 두 배나 높지만 이 종들—극지방의 곰에서부터 코끼리까지, 캥거루부터 재규어까지, 모피를 가장 많이 얻을 수 있는 250종의 동물—의 실제 개체 수도, 예외는 있겠지만 서식지 범위에 비해 엄청나게 적은 수치다.

　오늘날 지구상의 생물망에 관심을 가지는 것은 우리 시대가 더 이상 물러설 곳이 거의 없을 만큼 위기에 처해 있다는 사실을 인정하는 것이다. 받아들일 수 있는 가장 설득력 있는 증거는 우리가 "여섯 번째 멸종"이 점점 더 빠른 속도로 다가오는 가운데—화석 기록을 통해 알 수 있는 앞선 다섯 번의 돌발적인 질량 손실과정과 비슷한 속도로 전 세계 생물들이 어둠 속으로 사라지는 가운데—살아가고 있다는 것을 보여준다. 극심한 빙하기를 거치면서 아마도 동물 종의 85퍼센트가 사라졌다고 알려진 4억 5,000만 년 전 오르도비스기 멸종에서부터 어떤 소행성과 지구의 충돌 또는 엄청난 화산 폭발의 여파로 공룡류를 포함해 생물들의 75퍼센트가 제대로 활동하지 못하게 만들었던 백악기의 대멸종에 이르기까지, 종의 멸종은 시대를 아우른다. 오늘날 최악의 시나리오는 지구의 생물형태 가운데 가까운 시일 내에 멸종할 가능성이 있는 취약한 종이 무려 36퍼센트나 된다는 것이다. 이것은 공연한 협박이 아니다. 몇몇 예를 들자면 2000년 이후 멸종된 것으로 보이는 종에는 중국주걱철갑상어, 피레네아이벡스(Pyrenean ibex)라 불리는 유럽 산양, 크리스마스섬집박쥐(Christmas Island pipistrelle)라는 사랑스러운 이름을 가진 아주 작은 애기박쥐가 있다.

　이런저런 식물이나 동물이 멸종 직전에 있다는 소식은 이제 너무 흔해서 "이번 주의 생물"과 같은 신문기사는 식상할 지경이다. 그러나 생물들은 취약함이 아니라 끈질긴 생명력에 따라 정의된다. 30억 년 전, 우리가 이해할 수 없는 어떤 기적에 의해 지구에 생명체가 존재하게 되었고 그 생명체는 상상할 수 있는 온갖 재앙을 이겨내며 계속 나아왔다. 신비로운 "생명의 불꽃"이라고 말할 수 있는 게 있다면 존재하고자 하는 이 단순한 욕구가 바로 그것이다. 멸종은 단순한 죽음이 아니다. 그것은 삶과 죽음의 순환 주기가 사멸하는 것이다.

여섯 번째 멸종에 대한 선구적인 책은 1979년 생물학자 노먼 마이어스(Norman Myers)가 출간한 『침몰하는 방주』(The Sinking Ark)다. 이 책에서 마이어스는 "거대한 죽음"이라는 더욱 명확한 용어를 사용했다. 소멸에 대한 전반적인 대화에서 멸종이 중심이 될 수도 있지만 소멸과 멸종은 엄밀히 구분해야 한다. 다시 말해서 사라졌다고 해서 반드시 멸종한 것은 아니라는 얘기다. 오히려 일상생활에서 훨씬 더 흔한 것은 절멸인데, 이것은 때때로 "지역적 멸종"으로 불리며 특정 지역에서 특별한 종이 사라진 것을 일컫는다. 예를 들자면, 호랑이는 멸종되지는 않았지만 아프가니스탄, 이란, 카자흐스탄, 키르기스스탄, 파키스탄, 싱가포르, 타지키스탄, 터키, 투르크메니스탄, 우즈베키스탄 그리고 중국 대부분의 지방(아마도 거의 모든 곳)과 인도네시아의 여러 섬을 포함해서 원래 서식지 범주의 91퍼센트에 해당하는 지역에서 사라졌다. 한편 냄비딱정벌레는 멸종된 것으로 간주되지만 그 종이 영국 중동부의 몇몇 습지 너머에서 살았다는 사실은 전혀 알려지지 않았다. 냄비딱정벌레가 그 습지들에서 '멸종'된 것과 영국 전체 크기의 65배나 되는 지역에서 호랑이가 '절멸'된 것, 이 가운데 어느 것이 더 큰 손실일까? 그것은 거시적인 시각으로 가늠해야 할 문제다. 멸종은 어떤 종이 존재했다는 단서들을 하나하나 지워버린다. 그리고 절멸은 생물 종이 마치 밀려가는 썰물처럼 대규모로 빠져나가는 것이다.

거대한 죽음은 개체 수의 경감을 나타내는 단순한 문제일 수도 있다. 늑대를 생각해보라. 한때 지구에서 가장 널리 분포하는 육식동물이었던 늑대는 그들이 아주 오래전부터 살아왔던 세계 서식지 가운데 65퍼센트의 지역에서 지금도 살아가고 있다. 이것은 고무적일 뿐만 아니라 아주 감동적이기까지 하다. 그 동물이 과거에 먹이를 찾아 돌아다녔던 63곳의 서식지 가운데 "충분히 생존 가능"한 곳은 단 5곳뿐인 것으로 밝혀진 사실만 제외한다면 말이다. "생존 가능한" 국가에는 미국도 포함되어 있지만 이미 이 지역의 늑대들은 알래스카 주변 서식지의 90퍼센트 이상에서 사라졌다. 유전학적 연구 결과에 따르면, 북아메리카의 늑대 개체 수는 전성기 때보다 약 5퍼센트 정도 감소했을 수 있다. 그러나 나머지 지역들에서는 그 감소 수치가 훨씬 더 심각한 것으로 드러났다.

더욱 회복력이 강한 생물형태들은 '10퍼센트 세계'라는 개념에 도전하고 있다. 엄청난 적응력과 기동성을 가진 새들을 보자. 전 세계의 야생 조류 개체 수는 지난 500년 동안 대략 5분의 1에서 3분의 1로 줄어들었다. 반면에 조류의 관점에서 보면 인간의 개체 수는 최악의 경우라 할지라도 기존 개체 수의 60퍼센트를 유지한다. 그런데도 모리셔스 섬의 도도새부터 최근에 사라진 하와이꿀풍금조에 이르기까지 동일한 시기에 154종의 조류가 멸종했다는 사실을 과연 우리는 얼마나 중요하게 생각할까? 깃털이 있는 우리의 모든 친구 가운데 2퍼센트에 해당하는, 심각한 멸종위기 종으로 분류된 추가적인 190종의 조류에 대해 어떻게 설명해야 할까? 인간 문명이라는 새로운 야생에서 번성하고 있는 그 몇 안 되는 강인하고 공격적이며 기회감염균을 보유하고 있는 종들—까마귀와 찌르레기와 비둘기와 구관조—로 꾸준히 조류 다양성이 바뀌고 있는 이 현상을 도대체 어떤 초라한 미적분으로 계산할 것인가?

생명의 나무에 달린 다른 가지들은 심지어 10퍼센트 세계의 비전을 낙관적인 장밋빛으로 보이게 한다. 연어·청어·장어·송어·철갑상어처럼 민물과 바닷물을 오가며 살아가는 종들에 관한 최근 조사에 따르면, 지구에서 가장 큰 타격을 입은 생물들 가운데 이 종들이 포함되어 있는 것으로 밝혀졌다. 뉴욕에 소재한 두 대학교의 연구자들은 북아메리카와 유럽의 대서양 연안을 따라 24종의 생물을 연구했다. 그들은 그 종 모두 전성기 때의 90퍼센트 이상까지 감소했고, 그 가운데 절반 이상이 98퍼센트 이상 줄어들었다는 사실을 발견했다. 그 가운데 한 종인 낙연어는 1940년 이후 멸종되었다. 나는 지금까지 그 종에 대해 한 번도 들어본 적이 없다.

온갖 생물이 들어 있는 생태계 주머니 안에 아무렇게나 손을 집어 넣어보라. 어떤 종의 상실은 당신을 언제나 다른 한 종의 상실로 이끌 것이다. 콜럼버스(Christopher Columbus)가 처음 북아메리카 대륙을 맞닥뜨렸을 때, 그곳에는 지하집단거주지에서 사는 설치류 검은꼬리프레리독이 '50억' 마리나 살고 있었다. 오늘날 그 종은 이전에 대대로 살아왔던 서식지의 불과 2퍼센트에서만 살고 있다. 프레리독은 북아메리카 평야의 상태를 가늠할 수 있는 지표종으로 알려져 있다. 그리고 물론 그 대륙의 야초지 가운데 오늘날 진정한 의미의 자연이라 할 수 있는 곳은 불과 10퍼센트밖에 되지 않는다. 그 외 대부분은 저절로 토양이 피폐해졌거나 농지로 전환되었다. 지구에서 곡식을 경작할 수 있는 땅의 3분의 1은 현재 척박한 불모지로 변했고, 그 나머지 3분의 2에서도 유실된 영양분이 다시 채워지지 않아 점점 피폐해지고 있다. 지구의 20퍼센트는 여전히 아주 오래된 삼림으로 덮여 있지만, 세계의 국가들 가운데 50퍼센트 이상의 국가에서는 더 이상 노숙림(老熟林)을 전혀 찾아볼 수 없다. 그리고 지난 1만 년 동안에 걸쳐 세계 곳곳에서 사라진 지피식생(地被植生)[18] 가운데 절반은 지난 세기에 유실되었다.

이 상황을 우주적 관점으로 바라볼 수도 있다. 즉 현재의 멸종 비율은 진화기의 배경멸종율[19]에 비해 1,000배나 더 높은 것으로 평가된다. 또는 확대경을 통해 세상을 바라볼 수도 있다. 곤충 보호에 있어 세계에서 선도적 위치에 있는 영국의 과학자들은 너무도 많은 곤충 종이 멸종위기에 처해 있기 때문에 그 각각의 곤충 종을 위한 복원계획을 세울 수 없다고 말한다. 심지어 최근에 추정한 바로는 바다 먹이사슬의 기본구성요소이자 아주 작은 생물형태인 플랑크톤조차 해마다 1퍼센트씩 감소하고 있다고 한다. 과연 그것들은 얼마나 오랜 기간 동안 감소되어 왔을까?

그나마 상황이 낙관적인 곳조차도 생물의 빈곤화가 심각하다는 생각을 뒷받침해준다. 해양에서 가장 중요한 생물들─연안의 바닷새부터 고래·연어·바다거북·상어·대구에 이르기까지─은 개체 수의 11퍼센트까지 떨어졌다가 최근에야 대대로 유지해오던 개체 수의 16퍼센트까지 회복되었다. 그러나 이 보잘것없는 회복도 사실 자연환경보호운동 덕분에 혜택을 입은 불과 몇 안 되는 생물에 해당되는 이야기일 뿐, 다른 많은 생물이 계속 사라져가고 있는 실정이다.

한편 오래전부터 진행된 생물의 감소 양상은 계속되고 있다. 과학기술의 발달로 대개 수심 600피트(약 190미터)에서 8,500피트(약 2,700미터)라는 믿을 수 없을 만큼 깊은 심해의 무시무시한 암흑에서 살아가는 둥근코민태 같은 어종들을 잡는 것이 가능해졌다. 둥근코민태는 1970년대까지는 영리를 목적으로 어획되지 않았지만 그 이후로 99퍼센트 이

---

18 지표면에 근접하여 자람으로써 토양을 보호하는 역할을 하는 모든 종류의 식생─옮긴이.
19 인간의 영향력이 없는 상태에서 자연스럽게 발생할 수 있는 멸종의 수─옮긴이.

상 개체 수가 감소했고, 다른 심해 어종들 역시 그와 유사하게 감소했다. 사실 이런 결과를 예언한 이론이 있었다. "10가지 가설 요인"이라고 알려진 그 이론을 처음 제시한 사람은 해양생물학자 랜섬 마이어스(Ransom Myers)다. 마이어스의 주장에 따르면 인간들이 야생 종을 개발할수록 원래 개체 수의 일부가 감소하는 경향이 나타나고, 그렇게 되면 해당 생물은 오히려 희귀해져서 그 생물을 뒤쫓는 것은 점점 경제성이 없어진다. "그 변곡점은 10퍼센트"라고 그는 말했다.

텍사스 주 휴스턴의 도시빈곤지역 아동들에게 나타나는 환경 관련 기억상실을 최초로 밝혀낸 심리학자 피터 칸(Peter Kahn)은 새천년이 시작될 때에도 포르투갈의 수도 리스본에서 연구를 계속했다. 그리고 언젠가 그는 다음과 같은 대화가 기억났다고 한다. "예전에 이 강이 이렇게 오염되지 않았을 때는 정말 아름다웠대요. 돌고래와 온갖 것이 이 강에서 헤엄쳐 다녔다고 했어요. 그 광경은 분명히 멋졌을 것 같아요. 누구라도 그런 강을 보고 싶을 거예요." 열여덟 살 소년이 타거스 강의 강둑에서 그에게 한 말이다.

누구라도 그런 강을 보고 싶을 거예요. 우리 인간이 그동안 지구를 어떤 식으로 훼손했는지 곰곰이 생각하다 보면, 마치 지하묘지에 해골들을 빠른 속도로 쌓고 있는 것 같은 기분이 들기도 한다. 하지만 자연의 역사가 언제나 그렇게 한탄스러운 것만은 아니다. 그것은 또 다른 세계를 마음속에 그려보라는 권유이기도 하다.

마음속으로 지도 한 장 떠올려보라. 순면처럼 부드러우면서도 꼬깃

꼬깃하고 누렇게 변색된 종이. 그 종이에는 수많은 여행자가 남긴 과거의 자연에 대한 스케치들과 기호들이 빽빽하게 들어차 있다. 예를 들면, 프랑스 남부에는 사자들이 있었다. 이집트, 이스라엘, 팔레스타인에도 사자들이 있다. 그리고 남아시아 전체를 가로질러 계속 이어지는 긴 벨트에도 사자들이 있었다. 흔히 "역사의 아버지"라고 불리는 헤로도토스의 기록에 따르면 기원전 480년 페르시아 군대가 한밤중에 그리스를 기습 공격했을 때 사자들이 군대의 짐을 나르는 낙타들을 게걸스럽게 먹어치웠다고 한다. 하지만 오늘날 이 장소들 가운데 야생 사자가 살고 있는 곳은 단 한 군데도 없다.

이것은 불과 얼음으로 이루어진 태곳적 광경들이 아니다. 우리는 지금 인간이 눈으로 직접 보았던 것들에 대해 이야기하고 있다. 오늘날에는 상상조차 할 수 없는 곳에서 목격한 기억. 영국과 일본의 늑대 그리고 새롭게 부흥하는 프랑스 파리의 거리를 뚫고 떼 지어 달리는 늑대들. 중국의 코끼리, 남아프리카 언덕들의 갈색 곰, 오늘날의 콘도르보다 최소 1,000마일(약 1,600킬로미터)이나 더 높이 캐나다 하늘을 나는 캘리포니아콘도르. 선원들은 런던 남쪽 템스 강 어귀와 메인 만에서 바다코끼리를 보았다고도 말한다. 1377년에 지금의 독일에 살았던 한 시인은 들소·멧돼지·야생마·늑대·곰·스라소니·울버린이 살고 있는, 통과하는 데만 사흘이 걸리는 끝없이 펼쳐진 거대한 야생지대로 들어가는 것에 대해 이야기한다. 그는 "농담과 웃음은 사그라들었다"고 썼다. 1883년에 한 화가는 함부르크 항구의 철갑상어 시장을 그렸다. 거대한 물고기 스무 마리가 좌판 위에 놓여 있는데, 그 한 마리 한 마리의 크기가 가슴근육이 탄탄하게 발달한 도축업자만큼이나 크다. 그 당시 엘베 강에서는 매년 3,000마리의 철갑상어가 뭍으로 끌려나왔다. 그러나 오늘날 그곳에서 자라는 어린아이들은 그런 철갑상어를 한 마리도 보지 못할 것이고, 한때 그 강에 거대한 생물들이 살았다는 소리조차 듣지 못할 수도 있다.

그 '소리들'을 잊지 말자. 뉴질랜드의 섬에서 배를 타고 지구의 구석구석을 항해하던 한 동식물학자는 멧새들로부터 400미터 정도 떨어진 곳에서 "내가 들어본 중에 가장 듣기 좋은 야생의 음악" 소리를 듣고 깜짝 놀라 깨어난다. 그러나 500년 전 그 음악은 훨씬 더 야생 그 자체였다. 유럽의 탐험가들이 뉴질랜드에 도착했을 무렵, 마오리 문명은 이미 오래전에 바닷새들을 연안의 섬들로 몰아냈고 '모아'라고 알려진 날지 못하는 새를 포함해서 뉴질랜드에 서식하던 조류 종의 절반이 사라진 상태였다. 그 가운데 대형 조류에 속하는 몇몇 종의 뼈와 기관들을 연구한 결과 그 새들이 쩌렁쩌렁 울리는 아주 굵은 소리로 노래를 부른 것으로 밝혀졌다. 그사이에 이민 1세대 스쿠버다이버 가운데 한 사람은 1960년대에 캘리포니아의 라호이아 연안에서 처음 잠수했던 때를 회상한다. 그 당시 심해에서 올라오는 거대한 농어들이 산란하며 내는 소리는 화물열차의 화통 소리만큼 컸다고 한다. 17세기의 한 선장은 선장실 책상 앞에 앉아 있다. 기름램프 불빛 아래에서 그는 "카리브 해에서 항로를 잃은 선원들은 낮이거나 밤이거나, 끝이 보이지 않는 엄청난 바다거북 떼가 알을 낳아 묻어둘 케이맨 제도의 해변을 찾아가면서 내는 소리를 듣고 항로를 되찾을 수 있었다"고 쓰고 있다. 하지만 그게 어떤 소리였는지는 기록해놓지 않았다. 철벅철벅 물 튀기는 소리였을까? 쓱쓱 숨 쉬는 소리? 거북 등껍질에 부딪쳐 부서지는 파도소리?

박물학자들의 일기에서부터 어업 관련 보고서에 이르기까지 문서에 기록된 엄청난 규모의 해양생물은 놀라움 그 자체다. 북대서양에서는 대구 떼가 대양 한복판의 거대한 선박을 꼼짝달싹 못하게 한다. 오스트레일리아 시드니 연안에서 어떤 선장은 정오부터 해 질 녘까지 눈앞에 끝없이 펼쳐진 향유고래 무리 사이를 헤치며 항해하고, 미국 남부의 '모든 습지' '강' '호수'에는 악어들이 살고 있다. 200종 이상의 조류와 거의 80종에 이르는 어류가 맨해튼에 서식한다. 청어 떼는 산란을 하기 위해 허드슨 강을 거슬러 올라가면서 부딪치는 파도를 만조처럼 밀어낸다. 그런가 하면 그 대륙을 지나가는 태평양 연안의 개척자들은 물 위로 뛰어오르는 연어들 때문에 카누가 뒤집혀 침수될 지경이라고 불평한다. 전 세계의 모든 주요 육지는 저마다 동물들의 이동 경로로 복잡하다. 동물들이 바글거리는 만 개의 경로, 그 가운데 많은 곳은 오늘날 그 유명한 아프리카의 세렝게티 평원에서 볼 수 있는 동물 무리의 광경만큼이나 숨이 멎을 듯 아름답다. 그런가 하면 지금 사람들은 도저히 믿지 못할 새들도 있다. 버지니아부터 북극권까지 "거의 모든 호수와 중간 크기의 연못에는" 아비새[20]들이 살고 있다. "마치 한 마리 새처럼 일사분란하게 떠올라 서쪽 하늘 전체를 말 그대로 새카맣게 만드는" "수천 수백만 마리나 되는" 흑기러기. "수평선 끝에서 끝까지 타오르는 거대한 산불의 불길 속에서 연기가 피어오르듯" 떼 지어 날아오르는 작은 물떼새들.

이야기는 계속된다. 작가 존 스타인백(John Steinbeck)은 1940년 캘리포니아 만에 "엄청난 수의 황새치가 수면 위로 펄쩍 뛰어오르며 우리 주위에서 놀았다"고 썼다. 미국 동부 해안지대의 체서피크 만에서는 어

---

20 북아메리카의 큰 새로 물고기를 잡아먹고 사람 웃음소리 같은 소리를 낸다 – 옮긴이.

부들이 그 유명한 볼티모어와 필라델피아의 바다거북수프를 위해 후미 거북을 연간 10만 마리씩 잡아올렸고 5층 건물만큼 높이 솟은 진주조개 암초들은 10킬로미터가 훨씬 넘게 줄지어 서서 오늘날과는 완전히 다른 바다풍경을 이루고 있었다.

그러나 이 갖가지 사실에 딱 한 가지 개인적인 이야기를 덧붙여보자. 오래전에 나는 아르헨티나에서 한 도시가 한순간에 사라져버리는 것을 경험했다. 외국에 살고 있는 형을 만나러 간 나는 부에노스아이레스의 번잡한 도심에 진력이 났다. 형과 내가 라플라타 강을 따라 공원으로 접어들어 나무 아케이드 아래의 둑길로 막 올라가려 했을 때, 꼬리가 두 갈래로 갈라진 딱새 두 마리가 우리 앞에서 공기를 가르며 날아올랐다. 흰색, 검정색, 회색을 띤 그 자그마한 새들은 가벼운 바람에도 마구 흔들리는 기다란 두 갈래 꼬리 깃털이 없었다면 특별할 것 없는 새였을 것이다. 하지만 그 새는 당신이 천국에서나 발견할 수 있을 거라 생각할 만한 그런 새였다.

내가 아는 사람들 중에는 다리를 볼 때 그 구조를 알기 위해 마음속으로 청사진을 그려보거나, 낯선 사람을 만날 때 그 사람의 의상 아래 가려진 골격이나 체형이 어떤 모습일지 상상해보는 사람들이 있다. 아르헨티나에 있던 그 순간 나는 그들과 비슷하게 숨겨진 것들을 꿰뚫어 볼 수 있었다. 도시의 스모그와 고층건물들이 내 눈앞에서 순식간에 사라지고 범람한 은빛 강물에 잠긴 평지, 갈대로 뒤덮인 우각호, 나무가 우거진 섬들, 새와 곤충과 눈에 보이지는 않지만 부산하게 움직이는 짐승들과 함께 속속들이 살아 있는 자연만이 남은 것 같았다. 그것은 부에노스아이레스의 하층 식생—현재의 도시가 형성되기 이전에 살아 있었던 장소—이었다. 그러나 그 광경은 계속되지 못했다. 딱새들은 날아가버렸고 멀리서 자동차의 경적은 또다시 끝없이 울려대기 시작했다.

나는 집으로 돌아왔지만, 부에노스아이레스는 나를 떠나지 않았다. 무언가에 관심을 갖고 있으면 신기하게도 우연히 그게 눈에 들어오게 되듯이, 도서관의 희귀본 서가에 있던 어떤 책 제목이 내 눈길을 사로잡았다. 『라플라타 강을 따라 오버랜드에서 페루로 간 항해기』(*An Account of a Voyage Up the River de la Plata, and Thence Overland to Peru*). 그 책의 저자는 프랑스 여행가 아카레트 뒤 비스케이(Acarete du Biscay)였는데, 그는 내가 아르헨티나를 찾아간 것보다 300년 앞선 1650년대 말에 배를 타고 그곳에 도착했다. 비스케이는 무더운 날씨에 한바탕 소나기가 쏟아진 뒤 들려오는 개구리의 노래로 '부에노스아이레스'에 관한 묘사를 시작한다. 당시 자연계는 아직 도시와 분리되지 않았다. 그는 깜짝 놀란 어조로 이렇게 글을 썼다.

강에는 물고기가 가득하다…… 지바르(Gibar)[21]라 불리는 고래가 아주 많고 물개들은 보통 해안에서 새끼를 낳는다. 그리고 물개 가죽은 여러 용도로 이용된다…… 그 자체로 기가 막히게 좋은 옷인 멋진 가죽을 갖고 있는 수달도 많다…… 강을 따라 뻗어 있는 작은 섬들과 연안은 멧돼지들이 들끓는 숲으로 뒤덮여 있다…… 수사슴도 그에 못지않게 수두룩하다.

비스케이가 목격한 풍경을 훼손되지 않은 순수한 자연이라고 생각하

---

21 아마도 혹등고래나 참고래였던 듯하다.

기는 어렵다. 그가 질척거리는 선창가에 발을 들여놨을 때, 네덜란드 대형선박 24척이 연안에 닻을 내리고 배의 화물칸을 채울 차례를 기다리면서 주변을 빙빙 돌았다. 한편 거의 5,000명에 이르는 주민들은 초지를 개간해 농작물을 심고, 숲에서 나무들을 베고, 팜파스라고 알려진 광활한 평원들에서 사냥을 했다(사람만 한 크기에 날지 못하는 새 '레아'가 낳는 한 개에 대략 500그램씩 나가는 알들을 포함해서). 유럽인들의 아메리카 대륙 정복은 순조롭게 진행되고 있었지만 인간적인 접촉에서는 전혀 새로울 게 없었다. 원주민인 케란디족은 수천 년 동안 수많은 인구를 이루며 그 지역에서 살아왔으나, 비스케이가 방문했을 당시에는 유럽에서 유입된 질병들로 인해 그 수가 엄청나게 줄어 있었다. 케란디족은 북쪽으로 2,500킬로미터 떨어진 대서양 연안의 강들을 따라 팜파스에서 살아가던 여러 부족 가운데 하나였다. 초기에 그곳에 온 스페인 사람들도 상흔을 남기고 떠났다. 그들이 버린 가축들이 팜파스를 침범해 들어가 그곳의 풀을 다 뜯어먹었고, 후기 이주자들이 들어왔을 때초지의 모습은 완전히 변해버렸다. 소와 말들이 풀을 모조리 뜯어먹기 전의 팜파스가 어떻게 생겼고 어떤 냄새와 소리를 가지고 있었는지에 대한 기록도 전혀 남아 있지 않다. 이제 다시는 그 시절 그곳의 모습을 알 수 없을 것이다.

그러나 비스케이만은 아르헨티나의 풍요로운 자연에 경외심을 표했고, 부에노스아이레스 사람들은 이에 대한 답례로 그에게 어떤 이야기를 들려주었다. 그들의 말에 따르면 그곳은 때때로 해적이나 외국 함대에게 위협을 당했다고 한다. 수평선에 모습을 드러낸 낯선 배에서 내린 이방인들은 말을 타고 팜파스를 누비며 초지를 짓밟았다. 그들은 방목하고 있던 황소·젖소·노새·나귀·말뿐만 아니라 라마처럼 생긴 구아나코[22], 사슴, 최고급 울을 얻을 수 있는 비큐나[23] 등의 토착 동물까지도 몰고 다녔다. 그리고 나서 그들은 우레 같은 소리와 함께 그 모든 동물을 연안 쪽으로 몰아갔다. 그 광경을 상상해보라. 지축을 뒤흔드는 동물들의 발굽소리, 갑자기 치솟아오르는 흙먼지, 느닷없이 번진 들불에 쫓기는 것처럼 놀라 달아나지만 숨을 구멍 하나 찾지 못한 그 모든 생명체를—거북·뱀·도마뱀·들쥐와 생쥐·아르마딜로[24]·여우·들고양이·되새·연작류[25]·명금류[26]·독수리·메뚜기까지. 그 모든 생물은 강기슭으로 잔뜩 몰려들어, 들끓고 날뛰고 퍼덕이며 그들의 마음속에 마치 폭풍우처럼 몰아친 불안과 분노를 번득이는 이빨과 눈의 흰자위로 표출했을 것이다. 그리고 그 순간 이방인들의 전략은 완벽하게 마무리되었다.

그 야생동물의 분노를 두려워해서는 안 되겠지만, 엄청난 수의 짐승 무리를 뚫고 지나간다는 것은 대부분의 인간에게 완전히 불가능한 일이다.

야생의 자연은 너무나 압도적이어서 적을 방어하기 위한 요새로 이

---

22 남미 안데스 산맥의 야생 라마 – 옮긴이.
23 털이 아주 부드러운 야생 라마의 일종 – 옮긴이.
24 거북의 등딱지와 비슷한 띠 모양의 딱지가 몸 전체를 거의 덮고 있는 빈치류 피갑목의 포유동물 – 옮긴이.
25 지면에 둥지를 짓는 조류의 총칭 – 옮긴이.
26 참새아목에 속하는 노래하는 조류의 총칭. 지구상의 새 가운데 절반 정도를 차지하며 고도로 발달된 발성기관을 갖고 있다 – 옮긴이.

용될 정도였다. 이것은 과거의 생물계를 그려보는 한 방법이기도 하다.

오늘날 『부에노스아이레스 생태지도』(*Environmental Atlas of Buenos Aires*) 목록에 레아, 매구아리황새, 그리고 카피바라보다 더 큰 생물체는 없다. 날지 못하는 새인 레아는 "사로잡혀 있거나 별로 자유롭지 못한 상태에 있을 때만" 사람들의 눈에 띈다. 그리고 매구아리황새는 "가끔씩 나타나고" 세상에서 가장 큰 설치류인 카피바라는 개체 수가 "감소하고 있는" 종으로 등재되어 있다.

따지고 보면 짐승 무리를 뚫고 지나간다는 건 불가능한 게 아니었다. 우리는 실제로 아주 많은 짐승들 사이를 뚫고 나아왔으니까.

세상의 종말과
반대 방향으로 가는 길

    사람들은 흔히 재앙이 닥쳐야만 자연계를 파괴하는 우리의 행동이 변할 거라고 말한다. 또는 우리가 엉망으로 망가뜨린 지구를 물려주었다고 후손들이 우리를 원망하게 될 거라는 말도 종종 한다. 자연의 역사는 그 어떤 말도 진실이라고 답하지 않는 것 같다. 우리의 선조들 역시 훼손된 지구를 물려주었고, 우리는 그 유산을 정상적인 상태의 지구라고 생각했다. 우리의 부모와 조부모가 우리 이전에 그러했듯, 우리는 생태계의 재앙이 한창 일어나고 있는 한복판에서 삶을 계속 이어나간다.

    우리의 기준선들은 변했다. 그러나 그 망각을 인정하는 것도 하나의 기준선이고, 원래의 기준선이 실제로 어떠하다고 말하는 것 역시 또 하나의 기준선이다. 우리는 이 지구에서 진행되어온 수십억 년의 삶에서 과연 어느 지점에 그 선을 그을 수 있을까?

    아메리카 대륙에는 한 가지 고전적인 답이 있다. 그 기준선은 사실 날짜뿐만 아니라 시간까지도 분명하게 못 박을 수 있다. 1492년 10월 12일 오전 2시경. 그것은 콜럼버스의 지휘 아래 로드리고 데 트리아나(Roderigo de Triana)라는 선원이 장차 신세계라고 알려지게 될 곳을 발견한 시점이다. 그 순간을 시작으로 모든 게 달라진다.

지금까지는 유럽 탐험가들이 야생의 자연환경에 첫발을 내딛었고, 그 야생지역에서 아메리카 원주민들은 자연적 균형의 일부였거나 최악의 경우라 할지라도 자연에 아주 미미하게 개입하는 수준에 불과했다는 생각이 널리 퍼져 있었다. 이런 시각은 아메리카 그리고 더 나아가 세계를 만들어가는 데 도움이 되었다. 예를 들어, 1963년 미국의 동물학자 스타커 레오폴드(Starker Leopold)는 국립공원 제도를 위한 기초철학으로 전 세계적으로 영향력을 끼치게 될 특별위원회보고서를 제출했다. 그는 "주안점으로 우리는 각 공원 내에 생물사회를 유지하고 필요한 경우에는 그 지역에 백인이 처음 발을 들여놓았을 때 지배적이었던 환경과 가능한 한 유사한 상태로 되살릴 것을 권고한다. 국립공원은 원시 아메리카의 모습을 그대로 재현해야 한다"라고 썼다.

오스트레일리아, 남태평양, 그리고 아프리카와 아시아의 많은 지역 역시 최초의 유럽 탐험가들과 정복자들이 목격했던 당시의 자연 상태가 그 지역들의 원래 자연의 모습이었다는 생각이 보편적으로 퍼져 있었다. 유럽에서는 다른 기준이 적용되었고, 역사상 더 이른 시기에 사회가 진보하면서 자연환경이 변화된 다른 지역들—중국과 중동 같은—에도 그처럼 다른 기준이 적용되었다. 그렇지만 유럽인들이 그들의 대륙에 손상되지 않은 순수한 자연의 자취를 복구하는 것에 점점 더 관심을 갖게 되면서 곧 다음과 같은 의문이 제기되었다. 어떤 모습으로 복구한단 말인가?

사냥, 개간, 어업이 갑자기 가속화되기 시작한 전환점을 찾을 때, 많은 사람이 로마제국이 건설된 초기로 그 기준선을 둔다. 러시아의 자연보호구역(zapovednik)—미국에서 최초로 국립공원이 지정되고 얼마 지나지 않아 만들어진 것 가운데 가장 오래된 곳들—은 'etalon'(보통 '기준선'이라고 번역된다)을 유지할 목적으로 설립되었다. 그리고 인간이 조사 이외의 용도로 그곳을 이용하는 것은 원칙적으로 금지하고 있다.[27] 이것은 자연사 속에 확실하게 자리 잡고 있는 성서적 관점이다. 문명 이전에 에덴동산이 있었다.

북아메리카는 몰락한 정원 가운데 여전히 세계에서 가장 상징적인 곳이다. 천혜의 야생지대였던 그곳이 불과 500년 만에 초문명화된 곳으로 변했기 때문이다. 아마도 그 변화의 대가를 가장 잘 말해주는 상징적 존재는 나그네비둘기일 것이다. 나그네비둘기는 북아메리카 동부에 서식하던 조류로 오늘날 도시 공원에서 볼 수 있는 비둘기와 상당히 유사했다. 단 한 가지 차이점은 도시 비둘기들은 잿빛, 보라색, 초록색이 희미하게 섞여 있지만 나그네비둘기들은 강청색과 녹색을 띠고 있었다는 것이다. 1800년대 초에 이 비둘기들은 지구에서 개체 수가 가장 많은 조류에 속하는 것으로 알려졌다.

생태학자 알도 레오폴드(Aldo Leopold)는 이 새들을 "살아 있는 바람"이라고 찬미했다. 뮤어는 이 새들이 "우레 같이 귓전을 울리는 날갯짓 소리를 내면서 낮게 날던" 광경을 회상했다. 그는 미국 동부의 모든 도시에서 이 새들이 날 때면 해를 완전히 덮어 가려 하늘이 시커멓게 변하거나, 오크 나무에 가지들이 부러질 정도로 엄청난 숫자의 새가 빼곡하게 내려와 앉아 있는 광경을 보았던 듯하다. 그 새들이 캐나다에도

---

27 사실상 이런 보호구역들 가운데 많은 곳들이 합법적이거나 또는 비합법적인 상업과 산업 활동들로 인해 심각하게 훼손되었다.

살았다는 사실은 종종 간과된다. 그러나 토론토에서는 그 새들이 약 100미터 너비로 긴 대열을 이루며 까마득히 먼 곳으로 날아가는 모습을 볼 수 있었다. 토론토와 이웃한 도시 미미코에서는 "나그네비둘기들이 모이는 장소"를 뜻하는 오지브와족의 말인 'omiimiikaa'에서 그 새의 이름이 유래했다고 전해진다.

들소와는 달리 이 비둘기는 식민지의 맹공격에서 살아남지 못했다. '마르타'라는 이름의 마지막 나그네비둘기는 1914년 9월 1일 신시내티 동물원에서 숨을 거뒀다. 이 종은 멸종했다. 나그네비둘기는 식민지 시대 이전의 깜짝 놀랄 만큼 풍요로운 자연의 상징이자, 인간의 탐욕에 대한 궁극적 대가의 상징으로 세대를 초월하는 기억 속에서만 존재하게 되었다.

그러나 오늘날 나그네비둘기의 상징적 중요성에 의문이 제기되고 있다. 저술가 찰스 만(Charles C. Mann)은 그의 저서 『1491』에서 19세기의 기억 속에 남아 있는, 경외심을 느낄 만한 나그네비둘기의 거대한 무리는 자연적인 게 아니라 오히려 '병리학적' 현상―균형이 심각하게 깨어진 생태계 증상―이었다고 말한다. 한편 유타 대학교의 야생생물학자 찰스 케이(Charles Kay) 같은 사람은 역사적으로 봤을 때 풍부한 야생을 상징하는 모든 익숙한 예들―우레 같은 버펄로 떼, 엄청난 연어 떼의 이동, 끝이 없어 보이는 비버의 개체 수―은 그 동물들이 사냥 압박과 먹이 경쟁에서 벗어났을 때 갑자기 일어난 비정상적인 개체군 급증일 뿐이었다고 주장한다. 사라진 사냥꾼과 경쟁자는 다름 아닌 '호모 사피엔스', 즉 인간들―특히 이 경우에는 북아메리카의 토착민들―이었다.

유럽 탐험가들에 의해 유입된 천연두와 성홍열 같은 외래 질병에 면

역력이 없었던 토착민들은 전염병에 속수무책으로 감염되었고, 그 결과 사망자 수는 토착민 전체 인구의 90퍼센트가 넘었던 것으로 추정된다. 외래 질병은 이 부족에서 저 부족으로 빠르게 확산되어서 토착민은 단 한 명의 개척자와도 마주치지 않았지만 공동체 전체가 완전히 괴멸해버렸다. 유럽인들의 정착이 본격적으로 시작될 무렵, 그곳의 자연계는 지난 1,000년보다 훨씬 더 인간들의 영향력이 미치지 않아 오히려 더 빠르게 야생화되고 있었다. 케이의 주장에 따르면, 그 이전 "북아메리카의 구석구석은 인공적이었다." 그는 콜럼버스 이전의 정상적인 자연의 상태는 너무 잦은 사냥으로 야생동물들이 많이 사라진 상태, 즉 그의 표현에 따르면 "원주민 과잉" 상태였다고 주장한다.

인류학자와 고고학자들은 북아메리카와 남아메리카의 원주민들이 주로 수렵과 채집에 의존하면서 여기저기 흩어져 산 것이 아니라, 대부분 인구가 조밀하고 복잡하며 진보된 사회에서 살았다는 사실을 수십 년 전부터 알고 있었다. 하지만 주류 사회에서는 그런 생각을 쉽게 받아들이지 않았다. 미국과 캐나다의 건국신화들은 유럽 탐험가들이 사람이 거의 살지 않는 야생 상태의 대륙에 정착했다는 것에 오랫동안 그 당위성을 두고 있었기 때문이다. 다른 한편으로, 살아남은 원주민들은 과거에 그들이 자연과 완벽한 조화를 이루며 살았다는 그 신화로부터 혜택을 받고 있지만, 그들에게 그들이 대대로 살아온 영토에 대한 진정한 권리가 없다는 견해는 받아들이지 않는다. 토착문화가 이미 숫자를 발명했고 지식을 갖추었으며 대륙을 변모시킬 능력을 갖추고 있었음을 인정하는 것은 야생지대에 대한 대단히 소중한 이상을 무너뜨리는 것이기 때문이다.

나그네비둘기가 과거의 풍요로움을 상징한다는 것이 거짓이라는 주장은 새로운 게 아니다. 적어도 1800년대까지 거슬러 올라간 연구자들은 초기 미국의 식민지 개척자들이 그 당시의 비둘기 떼가 후일 목격된 비둘기 떼만큼이나 장관을 이뤘다고 언급한 적이 없었다는 사실에 주목한다. 유럽인들이 도착하기 전에 원주민들이 그 새들을 식용으로 이용했음을 알려주는 가장 유력한 증거인 뼈 역시 패총으로 알려진 선사시대의 쓰레기 더미에서도 쉽게 발견할 수 없다. "나그네비둘기 뼈가 쉽게 발견되지 않는 이유는 간단히 말해서 나그네비둘기가 많지 않았기 때문이다. 1492년 이전에 이미 나그네비둘기는 희귀종이었다"고 패총을 연구하는 한 고고학자는 말한다.

그러나 어떤 현상에 대한 매우 간결한 설명은 흔히 지나친 단순화일 가능성이 높다. 아르헨티나의 집락형성 조류전문가인 엔리케 뷔셰(Enrique Bucher)는 나그네비둘기가 어떻게 멸종했는지에 대한 상반된 이론을 살펴보았다. 그는 북아메리카 토착종인 그 비둘기들이 그 지역에서 희귀했다는 건 불가능하다고 결론을 내렸다. 많은 개체 수를 유지하는 것은 그 새들의 생존 전략이었기 때문이다.

그 새들의 주된 먹이는 일반적으로 '마스트'라고 통칭해 부르는 너도밤나무열매와 도토리, 밤이었다. 도토리나 밤 같은 열매가 열리는 나무들은 시간을 두고 흉작과 풍작을 반복하는데, 기묘하게도 작황을 예측하는 것은 불가능하다. 나그네비둘기는 거대한 야생지역에서 수백만 마리가 긴 대열을 이룬 채 그해에 열매가 가장 많이 열리는 나무숲이 어디인지를 찾아 이동할 수 있도록 적응해왔다. 그러나 다른 새들이 이미 자리 잡고 있는 나무에는 접근하지 않는 것이 불문율이었고 유난히 나뭇가지가 굵고 빽빽한 나무는 일종의 중간 기착지로 삼아 그곳에서 여행에 지친 배고픈 새들은 먹이를 먼저 발견한 다른 새들을 따라갈 수 있었다.

달리 말해서, 나그네비둘기들은 개체 수가 많으면서도 희귀한 모순된 특징을 갖고 있었다. 거대한 새떼는 어떤 한 장소에 가끔씩 들르는 손님들일 뿐이었고, 그 새들이 그 장소로 되돌아오기까지 얼마나 오랜 세월이 걸릴지는 기약할 수 없었다. 따라서 유럽의 식민지 개척자들이 그 대륙 곳곳으로 퍼져나간 뒤에야 나그네비둘기들이 그 대륙 전역에 널리 퍼져 있다는 것을 알게 되었다.[28]

19세기에 마스트를 주요 식량으로 이용하던 원주민들이 급격하게 줄어들어 그들과 경쟁할 필요가 없어진 나그네비둘기의 개체 수가 늘어났다는 건 충분히 예상 가능한 추론이다. 그러나 1491년의 나그네비둘기 무리는 현재의 시간 여행자에게는 상상이 가지 않는 존재일 것이다. 하지만 적어도 그 무리는, 별로 알려지지는 않았지만 요즘에도 존재하는 나그네비둘기의 친척뻘인 귀비둘기와 견줄 만했을 것이다.

남아메리카에서 이 비둘기들은 여전히 1,000만 마리 이상의 조류 군락을 형성하고 있다. 오랜 세월 동안 인간들이 재배하는 농작물에 피해를 준 귀비둘기들은 독극물, 다양한 덫, 불법적인 사냥을 포함하여 토착민들이 사용하던 방법보다 훨씬 더 잔혹하고 대대적인 박멸의 표적이 되었지만, 그 모든 시도는 비둘기 개체 수에 지속적인 영향을 미치지는 않았다. 최근에야 비로소 그 새들의 개체 수가 감소하기 시작했다.

---

28 미국이 역사로 기록되기 이전까지 나그네비둘기 뼈가 음식물 쓰레기 더미에서 발견되지 않은 또 다른 이유는 그 새의 고기 맛 때문이다. 미국의 토속요리 비평가들은 비둘기 고기의 맛을 스컹크 고기에 비유했다. 하지만 사냥감이 부족해지면서 나그네비둘기 고기는 유럽의 식민지 개척자 사이에서 인기 있는 메뉴로 자리 잡았다.

그것은 아마도 그 새들의 서식지인 목초지가 파괴되었기 때문일 것이다.

나그네비둘기 역시 같은 이유로 사라진 듯하다. 1860년대 무렵, 그 새들이 의존하던 숲의 5분의 4가 파괴되었다. 갑자기 아무리 찾아다녀도 마스트가 풍부한 숲을 더 이상 발견할 수 없게 되었고, 결국 비둘기의 개체 수는 수직으로 곤두박질쳤다. 여전히 자행되던 무분별한 사냥도 개체 수의 감소에 일조했다. 그 새들은 극도로 사회적인 동물이어서, 뿔뿔이 흩어진 마지막 무리들과 번식 가능한 새들도 단순히 고립되었다는 스트레스 때문에 먹이가 눈앞에 있는데도 굶어죽었다. 야생에서나 볼 수 있던 마지막 나그네비둘기 가운데 한 마리는 집비둘기 사이에 섞여 있었다.

콜럼버스 이전의 북아메리카가 훼손되지 않은 아름다움을 간직한 에덴이었다는 믿음은 사실 근거가 없는 것이다. 그러나 그 대륙에서 가장 자연적이었던 상태가 대부분의 생물들이 사냥으로 말미암아 희귀해진 상태였다고 주장할 만한 근거도 없다. 미시시피 계곡처럼 개체 수가 밀집된 지역들도 분명히 있었다. 1540년경 유럽인 최초로 미시시피 계곡에 발을 디딘 에르난도 데 소토(Hernando de Soto)는 그곳에 많은 북아메리카 원주민 도시가 있었고 버펄로는 단 한 마리도 볼 수 없었다고 전했다. 그러나 인간들을 별로 환영하지 않는 지역들도 있었다. 1541년에 텍사스 팬핸들 평원을 최초로 횡단한 유럽인 프란시스코 바스케스 데 코로나도(Francisco Vasquez de Coronado)는 셀 수도 없을 만큼 많은 들소 떼를 목격했다. 그러나 한때 그곳은 들소의 그림자조차 볼 수 없던 곳이었다.

인류학자였던 토르벤 릭(Torben C. Rick)과 존 어랜슨(Jon M. Er-landson)은 옛날 사람들이 알래스카에서부터 메인 만, 캘리포니아의 채널 제도까지 연안 지역들을 고갈시키거나 변화시킨 흔적을 조사한 결과, 그 지역들에서 '빈번하게' 그런 현상이 일어났다는 증거가 '압도적으로' 많다는 사실을 발견했다. 그렇지만 또한 이 두 연구자는 점점 더 악화되는 환경에서 생존하기 위해 몸부림쳤던 많은 토착민이 유럽인들에게 환경보존의 중요성을 일깨웠을 수도 있다고 추측한다. 만일 그렇다면, 1492년은 변화하는 기준선들이 서로 충돌하는 해였다. 즉 북아메리카와 남아메리카의 원형문화처럼 무한하고 풍부한 천연자원을 발견하는 것에 열광하던 유럽 국가들은 생태계의 한계점에 대한 보편적 이해를 형성해가고 있었다.

　인간의 영향력이 사라지고 그 이전의 질서가 다시 자리 잡은 지역은 지구상에 항상 존재했다. 이런 지역들은 장기적으로 인간이 생존하기에는 지형이 너무 높거나 너무 건조하거나 너무 춥거나 너무 척박한 경우가 대부분이다. 그러나 그렇지 않은 곳들도 많았다. 역사를 통틀어 왕이나 여왕, 그 외 사회적 기득권층은 넓고 평평한 지역을 사냥터나 유람지로 따로 확보하고 그곳에 정착하려는 사람들의 끊임없는 맹공격에 맞서 나무와 식물, 야생동물을 그대로 보존했다. 심지어 왕의 '숲과 사냥터'가 영국 국토의 5분의 1을 차지한 적도 있었다. 기원전 1000년경 유럽의 숲은 신을 숭배하는 행위 이외에는 그 어떤 인간 활동도 금지된 성역이었다. 북아메리카 서부에서는 원주민 부족국가들이 서로 적대적인 관계를 유지했고 그들 사이에 존재했던 비무장지대는 사람들이 자유롭게 사냥하던 지역보다 사냥감이 훨씬 더 풍부했다. 물론 오늘날 우리

에게도 공원과 보호구역이 있지만, 이보다 더 특별한 전통 역시 계속 이어지고 있다. 예를 들어 말라위 같은 작은 아프리카 국가들 위를 저공으로 비행해보라. 특별한 전통이 없었더라면 사라져버렸을 숲이 점점이 흩어져 있는 풍경을 볼 수 있을 것이다. 이 작은 밀림들은 체와족의 공동묘지이자 사자(死者)들과 소통하기 위한 남자들의 비밀의식을 치르는 성역이다.

오랫동안 사람들은 야생지대가 곧 어떤 지역의 원형이자 완전히 자연적인 상태라고 생각해왔다. 야생지대는 작가와 화가, 철학자들에게 찬양받았고, 환경운동가 세대에게는 영감을 주었다. 그러나 지구상의 모든 장소가 저마다 고유한 야생상태를 갖고 있으며 인간의 손에 변형되지 않는 한 그 상태가 계속 유지될 것이라고 생각하는 사회적 통념과는 달리, 과학은 정반대의 방향으로 나아갔고 자연은 인간이 예상했던 것보다 정확히 파악하기 어렵다는 것이 입증되었다.

그 전환점은 20세기 초 미국의 식물생태학자 프레더릭 클레멘츠 (Frederic Clements)의 아이디어 경쟁에서 시작되었다고 할 수 있다. 클레멘츠는 약 240센티미터 높이까지 자라고 뿌리도 거의 그 정도로 깊이 박혀 있는 쇠풀이나 수수 같은 키 큰 풀이 무성한 네브래스카의 초원에서 자랐다. 그 당시 그 풀은 경작지에 자리를 내어주고 있었다. 최후의 버펄로 무리는 그가 어렸을 때 이미 사라졌다. 그러나 그는 그 동물들을 기억하는 사람들의 이야기를 들었거나 심지어 그 동물들이 예전에 이동하던 경로들을 걸었을 것이다. 그 이동 경로 가운데 어떤 곳들은 동물들이 쿵쾅대던 발굽에 아주 단단하게 다져져 오늘날 상공에서도 선명하게 보일 정도다. 그는 가지뿔영양, 프레리도그, 방울뱀을 알게 됐을 것이다. 그리고 선사 시대에나 어울릴 만한, 우리가 듣기에도 아주 원색적이고 귀에 거슬리는 캐나다 두루미의 울음소리도 들어봤을 것이다. 그는 그 모든 것을 알았을 것이고, 그 모든 것이 사라져가는 것도 경험했을 것이다.

1916년 클레멘츠는 생태학의 개념에 대해 역사상 가장 영향력 있는 책 가운데 하나인 『식물천이』(Plant Succession)[29]를 출간했다. 이 책에서 클레멘츠는 모든 지역의 성숙한 상태는 이미 정해져 있다—토양 조건, 기후, 강우량, 그 외 제한요소들에 의해 이미 결정되어 있는 것—고 말한다. 물론 장애 요인은 이 과정을 늦출 수 있지만, 그 뒤에 그 땅은 예측 가능한 일련의 단계들을 통해 회복된다. 자연은 언제나 완벽을 향해 나아간다.

클레멘츠의 순수과학이론은 학계 외부에는 별로 알려지지 않았지만 대중적인 상상으로 자리 잡았다. 1930년대에 아메리카 대륙에 불어 닥친 더스트 볼(Dust Bowl)[30]과 극심한 가뭄으로 인해 피폐해진 평원의 토양이 바람에 날려 대서양 연안을 항해하는 요트들의 돛을 더럽혔을 때, 아무리 세월이 흘러도 영원할 것만 같았던 자연계의 질서가 파괴된 것만큼은 분명해보였다. 클레멘츠는 원초적인 대초원을 볼 수 있는 장소를 추천하기까지 했다. 그가 추천한 곳은 묘지 내에서 토착 식물이 다른 외래종으로 완전히 대체되지 않은 몇몇 장소 가운데 한 곳이었다.[31]

---

29 시간의 흐름에 따른 생물집단의 변화 – 옮긴이.
30 1933년부터 1939년에 걸쳐 발생한 최악의 가뭄과 함께 불어 닥친 거대한 먼지 폭풍 – 옮긴이.
31 이것은 알도 레오폴드(Aldo Leopold)가 1949년에 출간한 『모래 군(郡)의 열두 달』(A Sand County Almanac)에서 다시 언급되었다. 이 책에서 그는 소크 카운티 묘지를 가리켜 "원초적인 위스콘신의 한 뼘 크기의 유적"이라고 말한다.

연구자들은 극상(極上, climax)[32]의 자연 상태에 도달했던 지역들을 찾아 나서면서 클레멘츠의 이러한 관점에 이의를 제기했다. 미국의 또 다른 식물학자인 미시건 대학교의 헨리 글리슨(Henry Gleason)이 1920년대에 관찰한 바에 따르면 식물군락은 일반적으로 시간이 흐르면서 점점 더 복잡하게 변하는데, 클레멘츠의 주장대로 변화한 식물군락이 설사 회복되더라도 이전과 똑같이 복구되는 경우는 극히 드물다. 한편 옥스퍼드 대학교의 생태학자 아서 탠슬리(Arthur Tansley)는 식물군락이 이전처럼 복구되지 않을 경우 토양과 기후 조건이 똑같은 지역들에서 다양한 종들의 조합이 나타난다는 사실을 발견했다. 탠슬리는 또한 브리튼 섬과 유럽의 많은 곳에 있는 매우 성숙하고 안정적인 생태계들이 사실은 전적으로 인간의 영향에 의한 결과물—장애의 극상 상태를 발전시킨 것—이라는 사실을 지적했다.

이 반론이 클레멘츠의 이론을 뒤집기까지는 수십 년이 걸렸다. 지구상의 모든 장소를 건드리지 않고 그대로 놔두다면 결국에는 예측할 수 있는 고유한 극상의 자연 상태에 도달한다는 클레멘츠의 개념은 이제 더 이상 받아들여지지 않고 있다. 이것은 자연의 기준선이라는 개념에 파멸을 가져오는 것처럼 보이겠지만, 사실 그 정도는 아니다. 자연은 클레멘츠가 생각했던 것보다 더 복잡한 혼돈과 질서의 혼합물일 수 있다.

하지만 그렇다고 해서 인간의 영향이 소음 속으로 사라지는 그렇고 그런 신호에 불과하다는 의미는 아니다. 인간이 측정하는 시간의 척도로 볼 때, 많은 야생지역의 일반적인 변화율은 매우 느리고 일정하지 않

---

32 천이의 마지막 단계. 다양한 동식물이 복잡한 먹이그물을 형성하여 유지되는 안정된 상태─옮긴이.

으며, 주의를 기울여 세밀하게 조사하지 않고서는 감지할 수 없을 만큼 아주 서서히 증가한다. 자연에서 변화가 일어난다는 것은 자연에서 일어나는 모든 변화가 같다는 말은 아니다. 달리 말해서 우리가 날마다 관찰을 통해 인지하는 어떤 사실은 늘 변함없는 것이 아니라 아주 조금씩 달라진다는 이야기다. 농장은 어쨌든 숲이 아니고 주차장은 농장이 아니다.

환경역사가 도널드 워스터(Donald Worster)가 말했듯이, "한 세계에 대한 기억"을 생생하게 간직하는 것은 언제나 절실히 필요한 일이다. "그것을 통해 그 세계의 문명을 가늠할 수 있기 때문"이다. 오늘날 학자들은 다음과 같은 새로운 의문들에 대해 고심하고 있다. 자연에서는 어느 정도의 균형이 정상적인 것이며 어느 정도의 변화가 정상적인 것일까? 변화는 어느 순간부터 자연을 훼손하는 것일까? 자연스러운 변화들과 인간의 영향으로 초래된 변화들은 어떻게 다를까?

그 대답들을 찾기 위한 지점 가운데 하나는 '매크로타임'(macro time), 즉 수백만 년 동안 측정되는 시간인 동시에 인류 역사 전체를 찰나로 만드는 시간이다. 우리는 지구 최초의 생명체가 지금으로부터 30~50억 년 전에 태어났다는 사실을 알고 있다. 그러나 인간들이 정해 놓은 시간의 기준에 의거해 우리가 '자연'이라고 부르는 이것이 시작되었다고 말할 수 있는 어느 한 시점이 있을까?

사실은, 있다. 그 시점은 약 2억 5,000만 년 전, 후기 페름기(Permian Period)에 시작된다. 하지만 한눈에 봐도 우리가 오늘날 페름기라고 미루어 짐작할 만한 것은 아무것도 없다. 세상은 더 뜨겁고 건조했으며 판게아[33]라고 알려진 단 하나의 초대륙으로 이루어져 있었다. 판게아에는 아마도 세계 최초의 온혈 척추동물이었을 생물들이 살고 있었다. 당시 가장 카리스마 넘치는 대형 야생동물은 오늘날의 곰만큼 당당해 보이면서도 훨씬 더 무시무시한 엄니가 있고, 어떻게 보면 약간 개를 닮은 것 같기도 한 '고르고놉시드'였다. 이 동물들의 먹이 가운데에는 거대한 오소리를 닮은 선사 시대의 견치류도 있었다. 그러나 페름기 말기로 갈수록 이들이 살아가는 것은 절대로 만만한 일이 아니었다. 결국 페름기는 90퍼센트 이상의 해양생물과 70퍼센트 이상의 육지생물이 사라진, 정확한 원인을 알 수 없는 대멸종과 함께 끝이 났다. 그러나 페름기 이후 또다시 냉혈동물과 온혈동물—육식동물과 초식동물, 그리고 잡식동물의 혼합체—은 누구나 쉽게 알아볼 수 있을 만큼 이전과 유사한 형태로 다시 나타나 생물의 다양성을 향해 꾸준히 나아갔다.

전 세계에서 인류가 생물 종을 확산시키기 시작한 이래로 적어도 다섯 가지의 주요 변화가 수백만 년 동안 일정한 양상을 띠며 일어났다. 그 가운데 한 가지 변화는 인류가 우리 시대의 메가파우나들, 즉 거대한 몸집의 동물들을 대부분 멸종시켰다는 것이다. 최소한 2억 5,000만 년 동안 그리고 지구의 모든 기후변화를 거치는 동안, 급격한 대멸종의 시기들 외에 지구에 사는 생물체들 가운데 크고 사나운 야수들의 수는 오늘날처럼 그렇게 드물지 않았다. 환경 구조에 가장 큰 영향을 미치는 '핵심 종'도 마찬가지였다. 옛날에는 어떤 예사롭지 않은 힘조차도 인간들과 같은 방식으로 핵심 종들을 제거하려 한 적이 한 번도 없었기 때

---

33 고생대 페름기와 중생대 트라이아스기에 존재했던, 현재의 모든 대륙들이 하나의 거대한 대륙을 이루고 있을 때의 이름 – 옮긴이.

문이다.

인간 시대가 오기 전까지는 울타리나 고속도로, 도시, 그 외 야생동물들을 제한하는 온갖 장벽이 없었기 때문에 야생동물들이 원하는 대로 마음껏 돌아다닐 수 있었다. 그런데도 야생동물들은 새로운 장소에 점차적으로 적응하기 위해 속도를 조절하기도 했다. 가령 오스트레일리아의 식민지 개척자들이 토끼를 들여왔을 때 몇 번 그랬던 것처럼 말이다. 사실 토끼 같은 종이 어떤 새로운 대륙에 번식 집단으로 갑자기 나타날 가능성은 없다. 당시 자연적 포식자들이 전무하던 오스트레일리아에 방사된 토끼 개체 수가 1800년대 중반에 폭발적으로 늘어나면서 지나친 방목으로 인해 초원은 황폐해졌다. 토끼들이 그 대륙의 토착 동식물들을 멸종시키는 데 주도적인 역할을 했던 것이다.[34]

우리는 지금 단 하나의 종, 즉 우리 인류의 행위로 기후가 극적으로 변화하는 듯한 시대에 살고 있다. 선사 시대에 전례가 없었던 것은 아니지만(다행스럽게도 단세포 해조류가 8억 년 전 대기에 산소를 공급해주었다) 이것은 거의 찾아보기 힘든 경우라고 봐도 무방하다.

달리 말해서 변화의 배경 양식과 대격변의 배경 양식에는 근본적인 차이가 있다는 말이다. 그리고 우리 인류는 대격변 진영에 속한다. 킬러 소행성[35]과 우리. 깊이는 3킬로미터가 넘고 넓이는 대륙들만큼 큰 빙하와

---

34 토끼는 대부분 외부에서 도입된 종이지만 초기에 토끼의 도입은 대체로 성공적이지 못했다. 12세기에 토끼가 처음 영국에 도입되었을 때, 흙의 밀도가 매우 높아서 토끼가 굴을 파고 살기가 아주 힘들었다. 그래서 "토끼 사육장 주인들"은 특별한 도구를 이용해 토끼가 굴을 팔 수 있도록 도와주거나, 토끼가 굴을 파고 숨을 수 있도록 흙을 일구어 "베개처럼 부드러운 언덕"을 만들어주었다.

35 지구와 충돌 위험이 있는 소행성 – 옮긴이.

우리. 자연의 복잡함이 "시끄러운 시계장치"로 묘사되었다면, 인간 시대의 유례없는 상황은 서서히 멈추고 있는 시계추에 비유할 수 있다. 종합해보면 자연의 이러한 변화 양상들은 우리가 오늘날 말하는 "환경적 도전"이라기보다는 시공 연속체 내의 결함들인 것이다.

———

2004년 9월, 14명의 선두적인 자연보호 사상가―이 그룹의 한 주최자는 자신들을 일컬어 '국립아카데미' '실버백[36]' '록스타 과학자들'이라고 했다―이 방송계의 거물이자 독지가인 테드 터너(Ted Turner)[37] 소유의 저택에 모였다. 뉴멕시코의 래더 랜치에 소재한 그 집은 100년 전에 돌과 모르타르로 지은 집이었다. 그들은 인간들이 자연을 대하는 방식에 있어 새롭고 혁신적인 기준선을 정하기 위해 그곳에 모였다.

그룹은 '재야생화'(rewilding)라는 개념에 영감을 받았는데 '재야생화'란 직접행동 어스 퍼스트(Earth First!)[38]의 창시자인 데이브 포어맨(Dave Foreman)이 1990년대 초에 『와일드 어스』(*Wild Earth*)에 글을 쓰면서 만든 용어다. 포어맨은 "어떤 장소를 다시 야생으로 되돌리는 것"이라는 일반적인 의미로 재야생화라는 단어를 사용했다. 1998년에 환경보호 생물학자인 마이클 술레(Michael Soulé)와 리드 노스(Reed

---

36 등에 은백색 털이 난 나이 많은 수컷 고릴라 - 옮긴이.
37 CNN, 터너 네트워크 텔레비전을 설립한 언론 재벌이자 미국에서 가장 많은 땅을 보유한 사람이기도 하다 - 옮긴이.
38 미국의 급진적인 환경보호운동 단체 - 옮긴이.

Noss)는 이 용어를 과학에 적용하면서 재야생화를 "대규모로 야생 상태를 회복시키려는 노력"이라고 정의했다. 그리고 우리들은 다시 한 번 익숙한 질문을 한다. 그렇다면 어떤 야생 상태로 회복시켜야 하는가?

래더 랜치 워크숍에서 나온 그 의문에 대한 답은 다음 해에 자연과학 전문지 『네이처』(Nature)에 게재되었다. 그들은 지구 위의 어떤 장소도 자연의 기준 상태를 1492년[39]에 두어서는 안 되며 심지어 문명의 여명기에 두어서도 안 된다고 공언했다. 대신에 지질 시대에 현재 기후주기 동안 가장 완전한 생물망이 존재했던 시점을 자연의 기준 상태로 보아야 하는데, 그것은 빙하기가 끝나는 시점일 것이다. '최신세'(Pleistocene epoch)라고도 알려진 이 시기에 빙하가 녹으면서 오늘날 우리가 알고 있는 지형들이 드러났고 그 사이에 지구가 따뜻해지면서 생성된 기후가 이후로 줄곧 지속되었다.

홍적세(Pleistocene epoch) 말에 사람이 살 수 있던 마지막 대륙은 약 1만 5,000년 전의 북아메리카였다. 그 시기에 북아메리카는 메가파우나, 즉 무시무시한 거대동물들이 지배하고 있었다. 아마 우리들 대부분은 털로 뒤덮인 코끼리처럼 생긴 매머드와 마스토돈 같은 몇몇 동물들을 잘 알고 있을 것이다. 이 동물들은 오늘날 아프리카의 일부 지역에 살고 있는 코끼리들처럼 1제곱마일(2.6제곱킬로미터)당 7마리 이상의 밀도로 초원을 이리저리 돌아다녔을 것이다. 그러나 실제로 북아메리카에는 보트를 뒤집어놓은 모습의 거대한 아르마딜로처럼 생긴 팜파데어가 살고 있었고, 큰 것은 거의 소형차만 하고 온몸이 갑옷으로 뒤덮여

---

39 콜럼버스가 신대륙을 발견한 해이자 유럽이 아메리카를 정복하기 시작한 해 - 옮긴이.

있는 포유류인 글립토돈트도 살고 있었다. 그리고 메가테리움(땅나무늘보)도 있었다. 이것은 보통 뒷다리로 서 있는 정감 있는 초식동물로 무게는 거의 3톤에 육박했다. 야생마 무리도 있었는데 그 가운데 어떤 것들은 오늘날의 힘센 클라이즈데일[40]만큼이나 육중했다. 습지에 박혀 사는 맥[41], 괴상하게 축 늘어진 코를 먼지제거필터처럼 사용하는 사이가영양[42](일명 큰코영양)도 있었다. 야생 황소는 오늘날의 단봉낙타보다 훨씬 키가 컸을 낙타와 함께 물웅덩이에서 물을 마셨다. 거대한 무스, 거대한 라마, 거대한 엘크, 거대한 야생 돼지도 있었다. 거의 곰만큼 큰 비버도 있었다.

기이할 정도로 큰 괴수들도 있었다. 다이어늑대 무리는 널리 퍼져 있었는데, 이들은 현대의 늑대보다 한 마리당 10킬로그램이 더 나가는 큰 동물이었지만 홍적세 야생동물들 가운데 가장 무시무시한 포식자는 아니었다. 무시무시하다는 뜻의 '다이어'(dire)라는 단어는 아마도 네 발로 기어다니면서도 당신의 눈을 똑바로 쳐다볼 만큼 커다란 육식동물인 짧은 얼굴곰에게 붙여줘야 할 듯하다. 가장 큰 고양잇과 동물은 지금의 사자보다 무게가 두 배나 더 나가고 요리사의 칼만큼 길고 톱니처럼 생긴 송곳니를 가진 검치호랑이로, 요즈음에도 아이들의 팝업북 그림책에 여전히 무시무시한 모습으로 등장한다. 사자도 있었다. 아메리카 사자들은 어느 모로 보나 오늘날 아프리카와 인도에 살고 있는 사자와 생김

---

40 스코틀랜드에서 개량한 대형 짐마차용 말로 큰 것은 1톤까지 나간다 - 옮긴이.
41 중남미와 서남아시아에 사는 코가 뾰족한 돼지 비슷하게 생긴 동물 - 옮긴이.
42 중앙아시아에 남아 있는 사이가영양은 멸종위기에 처하긴 했지만 여전히 명맥을 이어 가고 있다.

새는 똑같았지만 훨씬 더 크고 위풍당당했다.

날개 길이가 5미터나 되는 청소부 새부터 거대한 동물들의 똥을 굴리는 데 적응된 딱정벌레에 이르기까지, 북아메리카에 사는 생물을 열거하자면 끝도 없었다. 그런데 그 후 북아메리카의 거대동물들이 사라지기 시작했다. 수십 년 동안 계속된 대멸종의 원인을 두고 과학자들의 의견이 분분했다. 그러나 지금까지 밝혀진 증거에 따르면 극심한 기후변화 시기에 인간들이 전 세계로 퍼져나간 것이 원인이라는 견해에 점점 더 비중이 실리고 있다. 지구의 어느 곳이든 가보라. 그러면 호모사피엔스들이 최초로 그 장소에 나타난 순간과 지구상의 대형동물 종이 멸종하기 시작한 시기가 대략 맞닿아 있다는 사실을 발견할 것이다. 다만 아프리카는 예외다. 코끼리, 기린, 사자, 하마 같은 그곳의 거대동물들은 사람들과 나란히 진화했다.

그렇지 않을 경우에는 이 패턴이 유지됐다. 5만 년 전 인간들이 오스트레일리아에 도착한 이래로 1,000년 동안 21개 전체 속(屬)이 사라졌고 평균 몸무게가 100킬로그램이 넘는 모든 육상동물이 전멸했다. 3만 년 전, 현생 인류가 유럽에 정착한 뒤 9개 속이 사라졌고 북아메리카에서는 33개의 속이 사라졌다. 그리고 남북아메리카에서는 대형동물의 75퍼센트가 멸종했다. 가장 주목해야 하는 것은 연안의 섬들에서는 인간이 그곳에 아직 도달하지 않았다는 단 한 가지 이유 때문에 대륙 본토의 생물이 자연적으로 급격하게 소멸하는 현상이 늦춰지는 경우가 많았다는 사실이다. 남북아메리카의 계속되는 멸종위기 속에서도 살아남았던 나무늘보와 다양한 거대 설치류들을 포함한 카리브 해의 가장 큰 동물들은 6,000년 전 인류가 그 섬들에 도착하고 나서야 비로소 멸종했다. 오스트레일리아와 이웃해 있는 뉴질랜드의 거대동물—17종의 모아(moa)—은 불과 800년 전까지도 건재하다가 마오리 문명이 도래하면서 멸종했다.

래더 랜치 팀이 제안한 것은 오래된 그 세계를 다시 찾아가고자 하는 것이었다. 그들은 그것을 '홍적세 재야생화'라고 불렀다. 이를 위해 일련의 실험에 착수했다. 예를 들어 지구의 어떤 한 지역에 존재하는 종(가령 코끼리)을 홍적세에 멸종한 그와 유사한 종(마스토돈 같은)이 살았던 지역에 조심스럽게 '재도입'하자는 것이었다. 북아메리카의 '홍적세 재야생화'라고 표현한 이 실험의 궁극적인 목표지점은 경계만 울타리로 제한해놓은 대평원 어딘가에서 사자 개체군이 자유롭게 살아가는 것이다. 그 과학자들은 거대동물이 없다면 지구는 생태학적으로 영원히 불완전할 것이라고 주장한다.

이 견해에 대한 반응은 폭발적이었다. 그들과 의견이 다른 학자들은 탄자니아에서 사자가 인간을 공격한 횟수가 15년 동안 300퍼센트나 증가했다는 연구 결과에서 볼 수 있듯 재야생화에 문제가 있다는 사실을 지적했다. 「굿모닝 아메리카」[43]에서는 홍적세 재야생화를 지지하는 사람들과의 간단한 인터뷰를 내보낸 뒤 이어서 영화 「주만지」(Jumanji)에서 코끼리들이 자동차들을 으스러뜨리는 장면을 보여주었다. 협박편지를 경찰에 넘기는 한편 텍사스, 애리조나, 캔자스의 목장주들에게서 서식지를 재야생화하자는 놀라운 제안들이 밀려들어왔다. 그러나 허리케인 카트리나가 미국 해안을 향해 소용돌이치며 몰려오기 시작했고, 그 폭풍우가 뉴올리언스를 강타할 것이라는 공포 분위기 속에서 홍적

---

43 미국ABC 방송사에서 방송 중인 아침 뉴스 프로그램 – 옮긴이.

세는 곧 잊혔다. 재야생화에 대한 흥분은 한 달도 채 지속되지 않았지만 그것은 전례 없는 일이었다. 한 지지자는 그것을 "미국 역사상 가장 규모가 큰 생태계 역사 수업"이라고 일컬었다.

———

'재야생화'의 의미는 계속 진화되었다. 그 결과 오늘날 '재야생화'의 가장 보편적인 정의를 간단히 말하자면 "더 야생적으로 만드는 것"이다. 이 용어는 마치 문화재 복원 팀이 옛 성당을 복원하는 것처럼 과거의 어떤 특수한 자연환경을 재현하는 것이 불가능하다는 것을 인식하는 의미로 점차 사용되고 있고, 그래서 오히려 인류가 괄시하던 생물과 생태계의 과정들을 되살려 내려는 시도—침묵을 지키는 한 세계의 자연이 더욱 풍부하게 표현될 수 있게 하려는 시도—를 의미한다. 이러한 기치 아래 재야생화는 멸종위기에 처한 오리건 주의 캘리포니아콘도르들을 야생으로 되돌려보내기 위한 캠페인, 단지 그 조류의 복원뿐만 아니라 독수리가 사막—오늘날 독수리들이 발견되는 유일한 장소—에서 서식하던 동물이 아니라 한때는 태평양 북서 연안의 안개 자욱한 삼림 속을 날아다니며 죽은 고래를 먹고 살았다는 문화적 기억을 복원하는 노력과 관련되어 있다.

유럽에서 재야생화는 흔히 곰, 늑대, 그 외 동물들이 이농 현상으로 비어 있는 농촌지역으로 점차 되돌아오게 만드는 것을 의미한다. 물론 이 지역에는 수천 년 동안 사람들이 살면서 남긴 흔적이 영원히 남아 있겠지만 점차 동물들이 살 수 있는 환경으로 만드는 것도 재야생화에 포함된다. 유럽의 재야생화 가운데 아마도 가장 잘 알려진 예는 네덜란드의 자연보호구역 우스트바더스프라센(Oostvaardersplassen)일 것이다. 20세기에 건설한 댐과 방조제들이 없었다면 그저 작은 만에 불과했을 이 보호구역에서는 현재 야생 소 떼와 말, 사슴 무리가 초원을 자유롭게 돌아다니고 있다. 25제곱마일(65제곱킬로미터)도 채 되지 않는 이 보호구역은 현대의 보호구역 기준으로도 아주 작을 뿐만 아니라 지금까지 어떤 대형포식동물도 살지 않는다.

나그네비둘기와 태즈메이니아늑대 같은 멸종된 동물들을 복제하려는 노력도 재야생화로 간주할 수 있을 것이다. 멸종된 동물 가운데 단한 동물—2000년에 멸종된 야생 염소의 아종(亞種)인 피레네 산맥의 아이벡스—만이 복제되었지만, 이 동물은 폐가 좋지 않아 태어나서 몇 분밖에 살지 못했다. 태즈메이니아늑대를 복제하려는 연구팀의 한 연구원은 앞으로 200년 안에 30퍼센트 정도의 성공률을 보일 거라고 내다보았다.

래더 랜치 팀이 제안한 홍적세 재야생화 작업도 현재 첫걸음을 떼었다는 사실을 아는 사람들은 거의 없다. 작업의 대상은 사자도 아니고 심지어 낙타도 아닌, 거북이다. 하지만 거북이를 선택한 것은 아주 적절해 보인다. 느린 속도와 자족적인 습관(어떤 거북들은 자신의 굴 안에서 수명의 90퍼센트를 보내거나 밖으로 나온다고 해도 겨우 몇 걸음을 옮길 뿐이다)을 가진 거북들이 우리와 함께 현대 세계를 살아간다고 믿기는 어렵다. 거북들은 넓은 세상에서 사는 것에 전혀 관심이 없는 걸까? 황소들과 함께 거닐거나 낯선 해변의 별 아래에서 사랑에 빠지는 것에는 전혀 관심이 없을까? 적이 나타나면 자기 내부로 숨는 것(적의 눈앞에 완전히 모습을 드러낸 채) 외에는 다른 방어 전략이 없는 그들을 보면 어떤 종들은 실제로 자신들의 타고난 불완전함 때문에 멸종할 수밖에 없는 것 같다.

그러나 하나의 생물형태로서 거북은 인간보다 무려 2억 년이나 더 오래 지구에서 생존해왔다.

2006년 보존생물학자들은 애리조나에 억류된 채 살고 있던 26마리의 볼손땅거북(건조분지거북)들을 테드 터너의 또 다른 뉴멕시코 소유지로 이주시켰다. 흙먼지에 뒤덮여 있던 그 거북들은 의외로 칠흑 같은 검은색과 황옥 같은 노란색의 아름다운 등딱지를 갖고 있었다. 설사 그 거북들이 농장을 둘러싼 울타리 안에 그대로 갇혀 있더라도 그 장벽들은 결국 치워질 것이고, 그러면 그 거북들은 다시 한 번 자신들이 1만 년 동안 돌아가지 못했던 고향에서 자유롭게 돌아다니게 될 것이다. 볼손땅거북들은 자신들의 새로운 선사 시대를 만들어가고 있다.

볼손땅거북들이 테드 터너가 소유한 아르멘다리즈 랜치에서 단 하나뿐인 협곡으로 빠져나가 멸종될 가능성은 거의 없어 보인다. 그늘 한 점 없는 그 삭막한 지역을 보면 인간이 오랫동안 머물렀던 적이 단 한 번도 없었을 거라는 생각이 절로 든다. 사실 이 사막 분지는 사람이 살기에 아주 열악한 환경이어서 스페인 정복자들의 시절 이래로 호르나다 델 무에르토(Jornada del Muerto)—'죽은 사람의 여로'—로 알려져왔다. 그러나 빙하기 이후 볼손땅거북들은 그들의 절정기에 적어도 애리조나에서 텍사스 서부와 남부 그리고 중앙 멕시코까지 돌아다닌 듯하다. 그 면적은 대략 60만 제곱마일(156만 제곱킬로미터)쯤 될 것이다. 오늘날 이 거북들은 건조 분지라고 알려진 멕시코 토레온의 치와와 사막 북쪽의 몇몇 사막 분지에만 존재한다.

볼손땅거북들은 수천 년 전 인류를 처음 만난 순간부터 서서히 사라지기 시작했던 듯하다. 볼손땅거북은 앞다리로 눈을 가리면서 등껍질 속으로 숨었을 테고, 인간은 얼씨구나 하면서 그 거북을 냉큼 집어다가 잡아먹었을 것이다. 그 양상이 끝없이 반복되면서 오늘날 아파치족과 유토아즈텍족으로 불리는 토착문화가 형성되기 시작했다. 수천 년 동안 그 사막에 의지해 수렵과 채집, 소금 장사를 하면서 살아온 그들은 볼손땅거북을 식량으로 삼았다. 그러다 스페인 사람들이 그곳에 도착했다. 탐험대를 이끌고 오거나 때로는 엄청난 수의 군대를 이끌고 온 그들은 목적지로 이동하는 동안 볼손땅거북을 보이는 대로 먹어치웠다. 뒤이어 정착민들이 도착했다. 매년 가을, 날씨가 서늘해지면 양치기들과 목장의 일꾼들은 코만치족과 카이오와족의 기습 공격을 알리기 위해 그 사막에서 가장 높은 곳에 봉화를 피워 올렸다. 형편없는 급료를 받으며 철로 공사에 투입된 300명의 철도 노동자들이 멕시코시티에서 사막 분지의 북쪽으로 이동하기 시작했을 때, 그들은 불에 구워 먹을 수 있는 거북을 발견하고 뛸 듯이 기뻐했다.

1900년대 초, 군용 텐트와 탄약 덮개용 방수포의 폭발적인 수요는 왁스 러시를 초래했고 사람들은 왁스의 원료인 칸델리아 나무를 얻기 위해 사막을 가로지르며 철도와 도로를 건설하기 시작했다. 그 작업에 동원된 수천 명의 칸델리레로(candelillero)들이 그 지역에서 산토끼와 거북을 잡아먹었다. 1920년대에는 농사를 짓기 위해 많은 건조 분지를 갈아엎어 농지로 만들었다. 노새를 모는 집단들은 토요일 밤의 축제를 위해 한 번에 10마리 이상의 커다란 거북을 잡았는데, 그 가운데 가장 큰 거북들은 아침식사를 위해 남겨두었다. 그리고 나서 멕시코의 '하이웨이 49'가 건설되었고 석유탐사도로들이 뚫렸으며 그리고 다시 굶주린 건설현장의 노동자들은 거북을 잡아먹었다. 화물차 운전사들은 길가에 차를 세우고 농장노동자들이 달구지에 싣고 온 거북들을 넘겨받아 '거북이' 수프가 유행하던 남쪽의 멕시코시티나 북쪽의 캘리포니아로 차를 몰았다.

미국항공우주국(NASA)이 우주비행을 위해 최초의 우주비행사들을 선발한 해인 1959년, 마침내 생물학자들이 볼손땅거북을 '발견'했다. 북아메리카에서 가장 큰 육상파충류였던 볼손땅거북은 과학계에 알려지기도 전에 거의 멸종한 상태였다. 이후 볼손땅거북을 구하려는 노력들이 이어졌다. 결국 1977년, 마지막 야생 볼손땅거북들이 살고 있던 조나 델 실렌치오(Zona del Silencio), 즉 '침묵의 지대'라고 알려진 아주 외진 곳이 유네스코(UNESCO) 생물권 보전지역으로 지정되었다. 그러나 인류는 계속해서 그 지역을 침범했고 그 결과 지금은 그 보전지역에 7만 명 이상의 사람들이 살고 있다. 그 거북들은 목장주의 집에서 애완동물로 변신해 있거나 카우보이들이 야영을 하고 떠난 자리에서 뼈로 발견되곤 한다. 그리고 매년, 거북들의 서식지는 새로 생긴 불법 도로들 때문에 점점 좁아지고 있다. 현재 볼손땅거북은 선사 시대에 그들이 살던 영역의 1퍼센트도 안 되는 곳에서 살고 있다. 그러나 놀라운 사실은 그들이 한때 살았던 광대한 지역에서 사라지지 않고 어떻게 해서든 생존했다는 것이다.

볼손땅거북을 아르멘다리즈 랜치로 다시 이주시킨 것은 많은 것을 시험해볼 수 있는 좋은 기회다. 그 동물들이 치와와 사막 북부에서 생존에 성공하는지 실패하는지의 여부는 결국 그 지역의 홍적세 거대동물들이 멸종한 것이 과거의 기후변화 때문인가 아니면 인간존재의 확산 때문인가라는 지긋지긋한 의문의 해답을 찾는 데 도움을 줄 수도 있다. 그 실험은 역사상 비교적 가까운 과거와 비교하여 오늘날의 자연을 평가할 것인지 아니면 지난 1,000년을 돌이켜보면서 인간존재가 끼친 영향들을 설명할 것인지를 논의하게 만들었다. 그러나 볼손땅거북을 직접 눈으로 마주한다면 살아 숨 쉬는 그 동물이 그 자체로 충분히 소중해 보일 것이다.

아무것도 먹지 않고 물 한 방울 마시지 않은 채 몇 개월을 생존할 수 있고 100년을 넘게 살 수 있는 볼손땅거북의 생존력은 매우 놀랍다. 이들이 생존할 수 있는 가장 큰 이유는 바로 그들의 굴이다. 치와와 사막에서는 그 어떤 생물도 그들만큼 큰 굴을 팔 수 없다. 볼손땅거북의 굴은 땅속으로 거의 6피트(약 2미터)까지 내려가며 대부분 스트레치 리무진처럼 길게 이어져 있다. 굴 안은 태양이 작열하는 여름 한낮이나 별들이 빛을 발하는 맑고 차가운 겨울밤에도 거의 온도가 비슷하다. 한 연구에서는 볼손땅거북이 파놓은 굴을 이용하는 362종의 다른 생물들이 발견되었다. 뉴멕시코에서는 굴올빼미[44], 상자거북, 스컹크 같은 동물들이 비어 있는 볼손땅거북의 굴을 발견하면 지체하지 않고 빠르게 그 굴을 차지한다. 빗물은 거북의 굴을 통해 지하로 흘러들어가고 폭탄이 터진 자리처럼 움푹 팬 굴 입구들은 땅 밑에서 파헤쳐 일궈놓은 영양이 풍부한 흙으로 뒤덮여 있다. 몇 해 동안 볼손땅거북들이 살았던 언덕에서는 주변 지역들보다 훨씬 더 큰 다양한 식물을 볼 수 있었고, 그로 인해 더 많은 종이 더 많은 틈새들을 채우면서—자연의 기능적 구조가 실질적으로 강화되면서—더욱더 다양한 풍경이 펼쳐진다. 볼손땅거북을 그들의 옛 서식지에서 재야생화하는 것은 단지 그 종을 멸종의 위기에서 서서히 벗어나게 하는 것뿐만 아니라, 전반적으로 더욱 풍요로운 세계를 향해 나아가는 것을 의미이기도 하다. 볼손땅거북이 우리에게

---

44 캐나다에서 멸종위기에 처한 종으로 아주 드물게 굴을 직접 파기도 하지만 주로 다른 동물들의 굴을 차지하거나 빼앗아 쓴다.

일깨워주는 것은 기준선을 선택하는 것보다 방향을 선택하는 것이 궁극적으로 더 중요하다는 사실이다. 볼손땅거북이 가리키는 방향은 세상의 종말과는 완전히 반대 방향이다.

2

자연의
본질

당신을 기억하지 못한다면
어떻게 당신을 알아볼 수 있겠는가?

성 아우구스티누스

아름다운
세계

얼마 전에 나는 아버지와 이야기를 나누면서 북대서양 연안에서 보낸 아버지의 어린 시절에 대해 물었다. 아버지와 나는 우리 집부엌 식탁에 앉아 있었다. 우리 사이에 놓인 술병은 점점 바닥을 보이기 시작했고, 그 도시의 모노레일 소리가 몇 분마다 한 번씩 멀리서들려왔다. 아버지는 그 지역 사람들이 "멕길베리의 연못"이라 부르던, 어릴 적 살던 집 근처의 작은 만으로 산란을 하기 위해 물길을 거슬러 올라오던 바다빙어 떼를 기억하고 계셨다. "그때가 되면 그곳은 거의 축제나 다름없었어. '후진 동네'라는 달갑지 않은 이름을 갖고 있던 그 구역 모든 아이가 작은 은빛 물고기를 잡으려고 바구니나 들통을 들고 뛰쳐나오곤 했단다. 그리고 저녁이면 빙어를 구울 때 나는 기름 냄새와 연기가 그 만을 떠돌았지"라고 아버지는 말씀하셨다. 아버지는 그 빙어 떼가 아직도 그곳에 알을 낳는지를 궁금해하셨다. 그래서 나는 지금은 뭐든 남아 있는 게 아무것도 없는 공허의 시대라고 말씀드렸다. "추한 세상." 나는 우리가 사는 이 시대를 그렇게 불렀다. 그러자 아버지는 어린 시절 나를 돌처럼 굳게 만들곤 하던 그 매서운 눈으로 나를 쳐다보셨다. "나는 추한 세상에 살고 있지 않아." 아버지는 말씀하셨다. "나는 아름다운 세상에 살고 있다."

그것은 망각하기 쉬운 진실이다. 며칠 뒤, 나는 집에서 나와 수백만 명이 살고 있고 내가 10년 넘게 살았던 그 도시 한복판에 있는 한 뼘 정도밖에 되지 않는 작은 녹색지대까지 걸어갔다. 공원 안 한적한 곳에는 작은 호수가 있었다. 이전에도 여러 번 그 호수 주변을 걸었지만 그날은 여느 때와는 달랐다. 나는 최선을 다해 자연에 주의를 기울이면서 60분, 딱 한 시간을 그곳에서 보내기로 마음먹었다.

결과는 즉각적으로 나타났다. 나는 그 작은 호수가 우리가 익히 알고 있는 청둥오리들의 서식지라는 것을 잘 알고 있었다. 그러나 그날 물 위에 떠 있는 새들을 찬찬히 하나하나 살펴본 나는 그 새들이 무려 10가지 종이나 된다는 사실에 놀랐다. 그 가운데에는 거위, 비오리, 검둥오리, 가마우지 그리고 숟가락 모양의 커다란 부리를 가진 넓적부리도 있었다. 오리들이 수면을 가로질러 헤엄치거나 먹이를 잡기 위해 물속으로 머리를 집어넣는 광경은 무척이나 평화로워 보였다. 그러다가 갑자기 폭발하듯 호수에 한바탕 소란이 일어났다. 모든 새들이 제각각 움직이면서 갈대숲으로 앞다투어 달려가고, 물속으로 뛰어들고, 하늘 높이 날아올랐다. 물가를 따라 늘어서 있는 나무에서 고운 소리로 울어대던 새들은 나선을 그리며 덤불 속으로 재빨리 내려앉았다. 그리고 대기는 짹짹, 끼룩끼룩, 꽥꽥거리는 소리들로 가득 찼다. 처음에는 그림자가 보였다. 일렁이는 수면 위에 파문을 일으키는 검은 삼각형. 내가 눈을 내리까는 것만큼이나 빠르게 하강하는 독수리.

오리들을 사냥하는 흰머리수리 한 마리. 그 녀석은 잠시 머뭇거리며 날개를 젖히더니 물장구를 치고 있던 오리 세 마리를 향해 무시무시한 속력으로 돌진했다. 그 오리들은 필사적으로 날갯짓을 하며 꽥꽥 소리를 질렀다. 그것은 공포로 내지르는 소리라기보다는 위엄 있게 생존하려 최선의 노력을 다하는 소리처럼 들렸다. 결국 오리 떼는 흩어졌다. 그러자 독수리는 어떤 오리를 쫓아가다가 포기하고 이내 다른 오리를 뒤쫓았다. 그 독수리가 망설이던 순간 세 마리의 오리는 모두 갈대 속으로 사라졌다. 흰머리수리는 아무것도 낚아채지 못한 빈 발톱으로 미끄러지듯 날아올랐다. 그러고 나서 그 녀석은 왔던 길로 되돌아가 나무들이 줄지어 늘어서 있는 곳에 다시 자리를 잡고, 거기서 호수를 지켜보기 시작했다.

삶, 죽음, 영원의 거대한 수레바퀴! 그 도시의 한복판에서 그 모든 일이 일어나고 있었다. 그러나 그 무엇보다 두드러지는 한 가지 사실이 있었다. 그 호수 주위에 아주 많은 사람이 있었다. 여자들은 조깅을 하고 있었고, 아이들은 놀이를 하고 있었고, 남자들은 막대기를 던진 후 개에게 되찾아오라고 명령하고 있었다. 그들 가운데 방금 그들의 눈앞에서 벌어진 드라마를 조금이라도 눈치챈 사람은 한 사람도 없었다. 가령 내가 그 호수의 가장자리를 100번쯤 걸었다고 치면, 그 100번 가운데 99번은 다른 모든 사람과 똑같이 아무것도 알아차리지 못했을 것이다.

　인식의 위기는 다른 어떤 원인 못지않은 자연계 위기의 원인이다. 지구의 대다수 인구가 도시로 이동했기 때문에 순환고리구조는 갈수록 더 분명해지고 있다. 도시에 사는 우리는 대부분 자연에 그다지 관심을 기울이지 않는다. 우리 대부분은 자신들이 살고 있는 지역의 조류나 식용 야생

식물[1]에 대한 지식보다는 실제로 날마다 접하는 기업 로고들과 연예계 뉴스에 더 익숙하다. 자연에 대해 관심이 많지 않기 때문에 그만큼 더 쉽게 자연의 쇠퇴를 간과하게 된다. 게다가 많은 종이 육지와 바다에서 사라지고 있기 때문에 자연은 전반적으로 점점 더 매력을 잃어간다. 따라서 우리가 자연에 관심을 기울일 가능성도 그만큼 더 적어진다.

자연을 전혀 보지 않고 사는 것이 가능해졌다. 그렇지만 주목할 만한 것은 많은 사람들이 적은 가능성에 맞서 자연에 대한 갈망을 간직하고 있다는 사실이다. 이탈리아의 소설가 이탈로 칼비노(Italo Calvino)는 1963년, 자연에 대한 갈망을 지닌 눈여겨볼 만한 한 인물을 만들어냈다. 가상의 회사 스바브앤코(Sbav and Co.)에서 짐 옮기는 일을 하며 사는 이탈리아 노동자 마르코발도는 "도시 생활에는 어울리지 않는 눈"이 있는 인물이다.

옥외광고판·신호등·쇼윈도·네온사인·포스터. 아무리 그의 관심을 끌기 위해 신중하게 고안된 것이라 해도 그런 것들은 사막의 모래 위를 달리고 있었을 그의 눈길을 전혀 끌지 못했다. 그 대신 그는 나뭇가지 끝에서 노랗게 변해가는 잎 하나, 기왓장에 끼인 깃털 하나도 절대로 놓치지 않을 것이다……

---

1 한 친구는 내가 연못에서 목격한 광경을 인터넷에 올린다면 사람들의 관심을 더 쉽게 끌 수 있을 거라고 말했다. 나는 인터넷에서 독수리들이 오리를 사냥하는 동영상 여러 개를 발견했다. 15만 뷰를 넘긴 동영상을 비롯해서, 심지어 독수리 두 마리가 공중에서 고속으로 날다가 서로 충돌해 한 마리가 물속으로 추락하는데도 그것을 알아차리지 못하는 행인을 연속으로 찍은 사진들도 있었다. 그 장면을 찍은 사진작가는 물에 흠뻑 젖은 채 물 밖으로 나오고 있는 그 독수리가 "현재의 아메리카를 상징"한다고 말했다.

마르코발도는 낭만적이고 심지어 영웅적이기까지 한 인물이지만 한편으로는 어리석은 인물이기도 하다. 그는 도심에서 발견한 버섯을 먹고 식중독에 걸려 결국 병원에서 위세척을 받는다. 어느 가을 날, 그는 도시의 하늘을 나는 멧도요를 올가미로 잡고 싶어 하지만 자기만큼이나 도시 생활에 길든 비둘기만 간신히 잡을 뿐이다. 그가 자식들에게 도시 너머에 펼쳐진 숲에 관해 말할 때, 아이들은 그가 고속도로 옆으로 늘어서 있는 대형 옥외광고판들을 이야기하는 게 분명하고 그래서 그 광고판들을 장작으로 쓰기 위해 잘라올 거로 생각한다. 마르코발도는 자연의 세계를 갈망하지만 자연에 대해 아는 건 아무것도 없다. 그는 자연이 구체적으로 어떤 것인지 모른다.

자연에 관한 한, 우리 세대 대부분의 시간은 그 어느 때보다 편협하다. 역사적으로 옛사람들은 지금의 우리로서는 이해하기 어려운 수많은 흔적을 남겼다. 예를 들어 유럽과 오스트레일리아에 있는 원시 동굴벽화의 불가사의 가운데 하나는 그 벽화가 거대하고 위험한 동물들의 작은 부분까지도 묘사한다는 점이다. 이 먼 옛날의 화가들이 자신들이 사냥한 죽은 동물들을 보면서 작은 부분들을 추론해 그런 벽화를 그렸을 거라고 말할 수도 있을 것이다. 그러나 이것은 동굴벽화에 대한 설명으로 충분하지 않다. 동굴벽화의 실질적인 특징은 동물들의 '살아 있는' 에너지를 전달하는 놀라운 능력이다. 때로는 수채화가 사진보다 더 진실한 광경을 보여줄 수 있는 것처럼, 동굴벽화는 극사실적이다. 프랑스의 아르데슈 계곡에 있는 쇼베 동굴의 한쪽 벽에는 아주 짧은 순간 스쳐지나가는—만족, 불안, 불확실의 순간들—감지하기 어려운 미묘한 얼굴표정을 묘사한 3만 년 전 사자들의 그림이 그려져 있다. 동물원이나 망원렌즈가 없던 시대에 그런 세세한 표정들을 포착하기 위해서는 그 동물들을 가까운 거리에서 오랜 시간 동안 관찰하는 것 외에 다른 방법이 없었을 것이다. 게다가 사자가 사냥하지 않을 때는 포식자인 사자와 먹잇감이 거의 나란히 쉬는 모습을 종종 볼 수 있는 것처럼, 사자의 미묘한 표정들을 포착하기 위해서는 사람이 그 지역에서 흔히 보이는 동물처럼 행동해야 했을 것이다.

한때 영어에는 어떤 식물이나 동물의 외형적인 특징을 뜻하는 말이 있었다. 그것은 '지즈'(jizz, 특징적 인상)라는 단어였는데, 오늘날 그 단어가 '정액'을 뜻하는 비속어로 쓰이고 있는 건 유감스러운 일이다. 그것을 대체할 만한 말을 찾아내기가 쉽지 않을 것 같기 때문이다. 예를 들어 지즈는 노련한 조류관찰자가 어떤 새를 그 형체만으로 또는 어떤 특징적인 움직임이나 고개를 가누는 방식을 통해 알아볼 수 있는 것이다. 이상하게 뒤뚱거리며 나는 칠면조수리의 비행 모습, 북방흰뺨오리의 넓은 이마, 세발가락도요새의 개펄 위에서의 무한 질주, 이것들 하나하나가 '지즈'다. 이것은 아주 순수한 본질이기 때문에 만일 목탄을 가지고 대략 몇 개의 선으로 표현한다 해도, 어떤 숙달된 화가가 자기가 그리는 생물체를 한 번도 주의 깊게 지켜보지 않은 채로 그린 그림보다 훨씬 더 정확하게 그 생물체를 표현할 수 있다.

원시 시대의 동굴벽화들은 대부분 바로 이 '지즈'를 표현하고 있는 경우가 아주 많다. 어떤 박물관에서 이집트 보물들을 구경하다가 풍뎅이 판화를 보게 되었는데 그걸 보는 순간 옛날에 풍뎅이나 'Canthon simplex', 즉 쇠똥구리가 내 고향의 초원을 가로지르며 쇠똥을 굴리던 모습이 떠오르면서 향수(鄕愁)가 물밀듯 밀려왔다. 그동안 그걸 완전히 잊고 있었던 나는 다른 대륙에서 3,500년 전에 만든 공예품을 보고서야 비로소 그 모습을 기억해낼 수 있었다.

이처럼 우리는 석기 시대나 수렵과 채집으로 살아가는 종족들만 거의 본능적으로 자연에 깊은 관심을 갖고 있다고 생각하지만, 사실 서양문화와 이러한 경향이 그리 동떨어진 것은 아니다. 18세기 독일의 전문 사냥꾼들은 늑대의 발자국을 보고 그 늑대의 크기, 성별, 주행속도 뿐만 아니라 성격이 사나운지도 알아낼 수 있었다. 우리는 중세 후기의 전통에서 유래된 영국의 '사냥 용어'가 물고기 떼나 사자 무리 등과 같이 동물들을 집합적으로 지칭하는 명사들 그리고 "까치 소식"(a tiding of magpies)과 "한 배의 고양이 새끼들"(a kindle of cats) 같은 지금은 잊힌 예스럽고 아취 있는 문장들을 위한 낱말들을 제공해주는 것으로 기억한다. 전문가들은 오늘날 우리를 즐겁게 해주는 기발하고 해학적인 많은 어휘—"큰까마귀의 무정함"(an unkindness of ravens), "꼬리 없는 원숭이의 명민함"(a shrewdness of apes), "스코틀랜드 사람들의 혐오"(a disworship of Scots)—가 당대에도 상상 속에서나 나올 것 같은 말로 인식되었을 뿐 실제로는 거의 쓰인 적이 없었다고 말한다.

그렇지만 진정한 사냥 용어는 동물들을 '무리'나 '떼'로 묘사하는 것을 넘어서 동물들의 특징적인 행동을 충분히 환기해주었다. 노래하기 위해 공중으로 날아오르는 종달새의 습관은 'exalting'(고양하기)으로 알려져 있었다. 나이팅게일새가 밤에 부르는 노래는 어둠을 뚫고 계속 지켜본다는 생각에서 'watching'(지켜보기)으로 불렸다. 동물들의 소리에 대한 사냥 용어의 묘사는 정확할 뿐만 아니라 시적이었다. 족제비는 사실 '찍찍'거리고, 쥐는 실제로 '삑삑'거린다. 오색방울새는 귀뚤귀뚤 울고, 야생돼지는 꾸엑꾸엑 소리를 내며, 찌르레기는 소곤거리고, 거위는 꽥꽥거린다. 겉보기에 느릿느릿 움직이는 곰의 걸음걸이는 'slothing'(빈둥빈둥)으로 표현한다.

오늘날 주로 경륜 있는 생물학자나 열성적인 동식물연구가가 알 법한 생물을 옛날 사람들은 일상에서 가까이 접하며 살았다. 바위솔 (houseleek)[2]이 화재로부터 집을 지켜준다거나 두꺼비가 암소 젖통에서 젖을 다 빨아먹어버렸다는 말처럼 많은 동식물은 길흉을 나타내는 미신과 관계가 있다. 집에서 만든 노란구균앵초 와인이 과거에는 대중적인 음료였다거나 17세기 영국에서는 '대부분' 들판에서 자라는 식물뿐만 아니라 정원에서 자라는 거의 모든 식물의 봉오리와 잎을 따다가 샐러드를 만들어 먹었다는, 지금은 잊힌 사실들 속에 드러난 인간과 다른 생물과의 일상적인 교감은 부인할 수 없는 사실이다. 19세기에 들어서 남자들 사이에서는 사냥감이 내는 울음소리를 흉내 내는 게 유행했다. 또한 옛날에는 많은 새에게 별명이 있었는데, 이는 사람들이 새들을 유심히 관찰하거나 심지어 새들과 친하게 지냈다는 것을 증명해준다. 오늘날 때까치(shrikes)라 불리는 종은 잡은 먹이들을 뾰족한 나뭇가지에 꽂아 보관하는 습관 때문에 예전에는 '도살자 새'(butcher birds)로 더 잘 알려져 있었다. 그런가 하면 오늘날의 되새와 검은머리쑥새는 각각 잭 베이커(Jack Baker)와 베씨 블랙커(Bessie Blackers)로 알려져 있었다.[3] 벤자민 프랭클린(Benjamin Franklin)은 미국 휘장에 흰머리수리를 국가의 상징으로 넣는 것에 반대했는데 그 이유

---

2 과거에는 "아무리 술에 떡이 되어도 집으로 돌아오세요, 서방님"(welcome-home-husband-though-never-so-drunk)으로 불렸는데, 그 이름의 유래는 불분명하다.
3 이 별명들은 영국에서 유래한 것으로, 그곳에서 때까치의 한 종(붉은등때까치)이 그 이후로 멸종했고, 검은머리쑥새는 우선보호종으로 지정되어 있다.

는 평소에 흰머리수리가 어떤 새인지 잘 알고 있었기 때문이었다. 그 새의 울음소리는 히죽히죽 웃는 것 같았고 다른 동물의 사냥감을 훔치거나 썩은 고기를 먹는 습성이 있었다. 그는 그 새가 "도덕적으로 나쁜 품성"을 갖고 있다고 말했다. 또한 꽃들의 옛 이름은 관심의 정도와 관계가 있었다. "사냥개의 오줌"(hound's piss)과 "정오의 굿나잇"(good-night-at-noon)이라 불리던 식물은 이름만으로도 그 특성을 짐작할 수 있을 것이다. 특히 꺾고 나면 달콤한 향기가 사라지는 특성에 비추어 어떤 꽃의 이름을 "연애와 결혼"(courtship-and-matrimony)이라고 짓기 위해서는 그 꽃을 정말로 잘 알아야 했을 것이다.

음악가들은 여전히 들종다리에 대한 노래를 짓는다. 그렇지만 그 새가 어떤 식으로 노래를 부르는지 알고 있는 사람은 별로 없다. 내가 생각하기로 그 노래를 만든 사람도 그 새가 어떻게 지저귀는지는 잘 몰랐던 듯하다. 우리는 검둥오리가 매끈하고 하얀 이마를 가진 물새의 한 종류라는 사실이나 흰눈썹뜸부기 무리가 습지대의 갈대 덤불 사이를 빠져나갈 수 있도록 호리호리하게 진화한 신비로운 새라는 사실을 모르면서 "검둥오리처럼 머리가 홀랑 벗겨진"(bald as a coot)이라거나 "흰눈썹뜸부기처럼 빼빼 마른"(thin as a rail)이라는 표현을 쓴다. 지금 우리가 그런 것들을 잊고 사는 것은 그 새들이 이제는 옛날과 같은 그런 유용성을 갖고 있지 않기 때문이라고 생각할 수도 있을 것이다.

정말 그럴까? 들종다리의 노래—우리가 하루하루 살아가는 데 그리 많은 것을 제공한 적이 없는—가 우리의 선조들에게만큼 오늘날의 우리에게는 의미가 없는 것일까? 차라리 들종다리와 검둥오리, 때까치와 곰, 족제비와 사자가 이제 더 이상 우리 삶의 일부가 아니라고

하는 것이 더 맞을 것 같다.

———

　자연에 관해 글을 쓰는 사람은 우리들과 똑같은 자연을 보더라도 자연을 더 잘 살펴보는 사람으로 생각한다. 거기에는 약간의 신랄한 진실이 내포되어 있지만 그 진실만으로 논쟁을 판가름하기는 어렵다. 오늘날 문제는 당신이 야생화 한 송이에서 천국을 보는가 보지 못하는가가 아니라 당신이 그 꽃을 보느냐 보지 않느냐 하는 것이다.

　의도적으로 자연에 관심을 기울여야 한다는 생각은 많은 사람에게 터무니없는 구닥다리 사고방식처럼 여겨질 수도 있다. 그러나 나는 자연에 관심을 가지는 것은 숨 쉬는 것이나 마찬가지라고 생각한다. 자연에 대한 관심은 무엇보다도 감상적이거나 정신적인 수행이 아니라 지극히 현실적인 것—인간의 생존이 생태계에 좌우된다는 단순한 진실을 따르는 방법—이다. 관심은 현대 생활의 순환 고리와 반대 방향으로 가는 길이다.

　관심을 기울여보자. 그러면 자연을 더 소중하게 생각하게 될 것이다. 그리고 자연을 더 소중하게 생각할 때 우리는 쇠퇴하는 자연을 되돌려 놓기 위해 더 열심히 노력할 것이다. 다양성과 풍부함을 잃어가고 있는 자연을 반대 방향으로 되돌려보라. 그러면 자연은 점점 더 매력적이고 더더욱 장관을 이루며 더 큰 의미를 가질 것이다.

　관심은 그 자체로 보상일 수 있다. 유난히 길고 길었던 어느 2월, 눅눅한 잿빛 계절이 삶 그 자체에 영향을 미치기 시작하고 반가운 봄소식이 한물간 유행처럼 느껴지고 있었을 때, 나는 불과 하룻밤 사이에 수리갈매기의 머리와 목이 겨울철의 얼룩진 갈색에서 웨이터 앞치마처럼 새하얀 번식기의 색깔로 변하는 것을 보았다. 봄을 알리는 전통적인 첫 손님—첫 울새—이 아직 위도상으로 아무리 빨라도 몇 주일 정도 걸리는 북쪽에 있었지만 수리갈매기의 변화는 더 미묘하고 훨씬 더 일찍 그것을, 그러니까 어느 날 태양이 다시 우리의 등에 쨍쨍 내리쬐리라는 사실을 상기시키고 있었다. 이처럼 자연과 다시 연결되는 소소한 행동에서 우리는 많은 것을 얻을 수 있으며 잃을 것은 하나도 없다.

여전히 자연은 뉴스를 통해 보도되는 것보다는 훨씬 더 희망적인 장소다. 나는 최근에 생물학 관련 전문가 세 명과 함께 24시간 동안 계속 들새를 관찰했다(아니면 마니아들이 말하는 대로 '버딩'birding을 했다고 해야 할까? 그들이 그렇게 지칭하는 이유는 새들을 눈으로 직접 보기가 어렵고 기껏해야 소리로 식별할 때가 많기 때문이다). 우리는 새벽 한 시에 출발해 산 위로 올라갔다. 거기서부터 다음 날 하루 종일 가능한 한 모든 종류의 서식지를 둘러보고 강가로 다시 내려올 생각이었다. 다음 날 밤까지 우리는 117종의 새들을 만났다. 생물학자들은 실망했지만, 나에게 그것은 기적처럼 느껴졌다. 117종. 내가 평생 본 것보다 더 많은 종류의 새들을 단 하루 만에 보았기 때문이다. 새들은 도처에 있었다. 눈 덮인 벌판을 가로질러 모이를 쪼아 먹는 캐나다뇌조부터 우리가 협곡에서 새 둥지를 발견했을 때 그 안에서 우리를 향해 미친 듯이 화를 내던 어마어마하게 큰 수리부엉이에 이르기까지.

종교학자들이 모든 종을 인간의 우월성과 연관시키고자 했던 시대가 있었다. 머릿니는 우리가 청결함을 유지하도록 자극하고, 사슴은 우리가 원할 때 신선한 고기를 제공하기 위해 존재하며, 말은 우리와 함께 살도록 선택받은 동물이기 때문에 말똥은 다른 동물의 똥보다 냄새가 덜 역겹다는 생각.

대체로 우리는 과거에 이미 그런 생각들을 떠나보냈다. 그러나 오늘날 우리가 자연과 담을 쌓는 태도는 거의 비슷한 결과를 낳고 있다. 말하자면 그런 태도는 인류라는 종만이 창조의 중심에 있다고 생각하게 만든다. 그것은 역사상 그 어떤 인간 세계도 지속된 적 없는 아주 춥고 깊은 숲속에서 노래하는, 동전 몇 닢보다 가벼운 루비상모솔새가 사는 곳에서는 유지하기 어려운 세계관이다.

생물학자들과 내가 오로지 새만 본 것은 아니다. 우리는 박쥐와 비버 그리고 솔담비도 보았다. 뱀도 보았고 흑곰 두 마리도 보았다. 우리에게 들키고 싶어 하지 않는 생물들도 보았다. 부들개지 무리 속에 숨어 있는 뮬사슴의 뾰족한 한 쌍의 귀. 침대 겸용 소파 같은 풀숲에 조용히 숨어 있는 암컷. 그리고 아주 많은 생물이 힘겹게 살아가는 모습을 우리 눈으로 직접 볼 수 있었다. 산불로 나무들이 검게 변한 스산한 협곡에 나타난 루이스쇠딱따구리 또는 고속도로와 주차장 사이에 생긴 하나뿐인 물웅덩이에서 축축하게 젖은 진흙을 물어다가 박 모양의 둥지를 만드는 삼색제비들.

많은 생명이 위태로움 속에서 살아가고 있었다. 단 하루 동안 주의 깊게 관찰했을 뿐이지만, 그 야생지역은 내가 기억하고 있던 것보다 한없이 생동감이 넘치고 더 풍요로우며 의지로 가득 차 있는 것 같아 보였다. 그리고 그것 때문에 자연은 더 많은 관심을 가질 충분한 가치가 있었다.

그곳은 여전히 아름다운 세계로 남아 있다. 그리고 그 야생의 풍경은 텅 비어 있는 상태보다 훨씬 더 아름다워서, 이 세상과 우리의 삶이 더 많은 자연을 추구하도록 우리를 자극하고 있다.

마지막 실험을 위해 나는 한 달 동안 매일같이 바다에서 수영을 했다. 20년 동안 바닷가에서 도보로 반 시간 이상 벗어난 곳에서 살아본 적 없는 내가 이전에는 그렇게 시간을 보낸 적이 한 번도 없었다니 참으로 이상한 일이었다. 하지만 나는 때때로 정말로 태평양을 전혀 의식하지 않은 채 몇 주일을 보낸다. 태평양은 달의 직경보다 다섯 배나 넓고 에베레스트 산보다 7,000피트(2,000미터) 이상 더 깊은, 세상에서 가장 큰 바다인데도 말이다.

한 달 동안 내가 매일 수영을 했던 해변은 집에서 멀리 떨어져 있었다. 과달키비르 강이 스페인 남서쪽의 대서양으로 흘러들어가는 지점이었다. 그곳의 연안은 바다와 인간의 관계가 우리를 어디로 데려왔는지를 여실히 보여주는 예시와도 같은 곳이었다. 그곳에는 일광욕을 하는 사람들 외에 다른 생명체는 거의 없었다. 나는 2주일 동안 매일 오후에 수영을 했지만 크든 작든 간에 물고기는 한 마리도 보지 못했다. 나는 그 이유가 미사(微沙) 때문에 바닷물이 항상 뿌연 캐러멜 색깔을 띠고 있기 때문이라고 생각했다. 하지만 대부분의 조류는 그 해안 근처에는 얼씬도 하지 않았고 해변 위의 조가비조차 빈 껍질로 나뒹굴고 있었다.

과달키비르 강과 그 대양 사이를 지나가는 주요 어류 자원—장어, 청어 떼, 숭어, 칠성장어 같은 다양한 종—은 불과 지난 15년 만에 그 강과 지류들에서 평균 77퍼센트까지 줄어들었다. 이 물고기들 가운데 길이가 거의 12피트(365센티미터)에 무게는 내 몸무게의 다섯 배에 달하는 유럽바다철갑상어는 야생지대에서 극도로 심각한 멸종 위기에 처해 있고, 과달키비르 강에서는 절멸되었다. 이 지역의 전통요리는 튀김옷을 입혀 기름에 튀겨낸 아주 작은 가자미로 뼈까지 통째로 먹을 수 있다. 껍질을 벗기지 않고 그대로 먹을 수 있는 아주 작은 새우와 역시 아주 작아서 껍질에서 빼내지도 않고 통째로 먹는 달팽이도 있다. 나는 1940년대와 1950년대의 어시장 사진이 실린 먼지가 뽀얗게 앉은 책한 권을 그 지역 도서관에서 발견했는데, 그 사진들을 보면 그 시절의 물고기들이 지금보다 크긴 했지만 그리 많이 크지는 않았다. 유럽과 아시아에 있는 많은 지역의 기준선은 그 정도로 변했다. 어업의 황금기는 1,000년 전에 이미 끝난 것이다.

우리는 바다가 한없이 넓고 깊으며 어마어마한 힘이 있어서 우리는 그 가장자리에 있는 한 점 얼룩에 불과하다고 생각할 정도로 바다를 신비롭게 생각한다. "인간은 대지에 멸망의 자국을 남긴다. 그러나 인간의 지배는 바다 앞에서 끝이 난다"라고 조지 바이런(George Byron) 경이 썼듯이 말이다. 현대의 생태학자들은 이 집요한 믿음이야말로 전 세계적인 해양의 위기를 사람들이 인지하지 못하게 하는 망상이라고 주장한다. 나는 학자들의 그런 주장을 익히 들어왔지만, 그 시절 날마다 그 해안을 찾아가기 전까지는 그 말의 의미가 뭔지 전혀 몰랐다. 현란한 색깔의 수영복을 입은 사람들이 밀물과 썰물처럼 오가는 해변을 내려다보면서 나는 문득 어떤 사실을 깨달았다. 야생의 바다가 길들여졌다는 슬픈 사실을.

그러고 나서 어느 날 오후, 나는 자갈을 깔아놓은 거리를 내려가 이제는 친숙해진 바닷가로 갔다. 하지만 이제 더 이상 그곳이 친숙하지 않다는 사실을 발견했다. 만월의 바닷물이 밀려와 그 해변을 새롭게 바꾸고 있었다. 만 전체가 다른 모습을 띠고 있었다. 새로운 형태의 모래톱들과 웅덩이들. 바다는 맑은 하늘 아래 부드러운 바람을 맞으며 조용히, 공중폭격을 하기 위해 하늘을 나는 비행기처럼 그 주변을 맴돌았다. 그 해안은 계절의 변화를 느낄 수 있는 기미조차 없었다. 살갗에 소름이 돋게 하는 해질녘의 기온 차이도 없었고, 해가 낮아지지도 않았다. 그러나 바다는 어떤 새로운 궤도에 들어서 있었다. 불규칙한 잔물결로 흔들리고 있었지만, 수면 위의 파도는 엘 포니엔테(el poniente), 즉 서풍 때문에 더 가파른 곡선을 그리며 철썩이고 있었다. 관광객들은 철수하기 시작했다. 바캉스 시즌이 끝나자, 해변은 하룻밤 사이에 거의 텅 비어버렸다. 그런데 그다음 날—바로 그다음 날—나는 바닷속의 은빛 물고기 떼에 깜짝 놀랐다. 나는 헤엄을 쳤다. 하지만 흐린 물속 어딘가에서 뭔가 딱딱하고 가시가 있는 것에 손을 베었기 때문에, 피 냄새를 맡고 갑자기 상어가 나타나지는 않을까 두려워져서 허겁지겁 물 밖으로 나왔다. 그 물고기는 어떻게 알았을까? 어떻게 정확히 이 시간에 돌아올 수 있었을까? 사람들이 물러가는 시간에 정확히 때를 맞춰서? 생물계를 좀더 가까이에서 바라볼 때 결국 우리는 불가사의와 마주하게 된다. 다시 말해 우리가 얼마나 많은 것을 보지 못하는지를 알게 된다.

그 뒤로 그 바다는 꾸준히 되살아났다. 더 작은 물고기들이 나타났고, 더 큰 물고기들이 작은 물고기들을 사냥하기 위해 나타났다. 조가비들이 해변으로 밀려왔다. 작은 바닷새들이 나타나 마치 발이 젖을까 봐 두렵다는 듯이 물 가장자리에서 앞서거니 뒤서거니 하며 달렸다. 그다음에는 갈매기들이 나타났다. 그전까지 갈매기들조차 거의 볼 수가 없었다는 사실을 그제야 깨닫다니 얼마나 기이한 일인가. 키가 훤칠한 하얀 왜가리가 나타났고, 그다음에는 희귀한 스페인 흰죽지수리가 모습을 드러냈다. 바닷가 술집들이 파라솔을 거둬들이고 나자, 마침내 나는 유일하게 남은 해수욕객이 되었다. 하지만 나이 많은 남녀들은 여전히 해변에 점점이 흩어져 마치 그것이 이 세상에서 생각할 가치가 있는 유일한 것이라는 듯이 바다를 탐사하고 있었다. 더 추운 내륙의 깊숙한 곳으로 떠나기 하루 전날 나는 마지막으로 수영을 했다. 그것은 새로운 친구와 작별인사를 하는 방법이었다. 나는 떠나기도 전에 바다에 향수를 느끼면서 해안을 헤치고 바닷속으로 들어가고 있었다. 그때, 어떤 생물이 모래에서 튀어나와 채찍질을 하듯 내 발목을 쏘고는 흐릿한 어둠 속으로 지그재그를 그리며 멀어져갔다. 자연은 과거의 모습과 달라졌을지 몰라도 사라지지는 않았다. 자연은 **기다리고 있었다.**

유령의
영토

그레이트브리튼(영국을 이루는 큰 섬, 브리튼)은 야생지대는 아니지만 흑표범을 위한 지역임에는 틀림없다. 친숙한 점무늬가 있는 표범의 변종인 흑표범은 스코틀랜드 고지의 히스[4]가 무성한 황야에서부터 영국과 프랑스를 가르는 영국 해협 양옆으로 늘어선 백아질의 하얀 절벽에 이르기까지 섬 전역에서 출몰한다. 신뢰할 수 있는 자료에 따르면 흑표범을 봤다는 목격담이 한 달에 평균 100회 이상 보고되고 있는 듯하다. 세계의 다른 지역들에 사는 헤비급 권투선수만큼 무게가 나가는 무시무시한 식인동물들에 비한다면, 브리튼의 흑표범은 사람이나 심지어 가축은 거들떠보지도 않고 주로 사슴과 토끼로 연명할 만큼 눈에 띄게 얌전하다. 퓨마와 스라소니 같은 다른 대형고양잇과 동물들 역시 브리튼에 살고 있지만 기록이나 보도자료는 검은 표범에 관한 것이 대부분이다. 한 연구자의 말에 따르면 남부 지역의 도싯 주 한 군데만 해도,

---

4 에리카속 또는 진달래과(科) 식물이나 이와 비슷한 관목의 총칭 - 옮긴이.

1제곱마일당 750명이라는 인구밀도에도 불구하고 대략 20마리의 흑표범이 그곳에 살고 있다고 한다.

브리튼의 대형고양잇과 동물에 대한 책은 수십 권이 넘는다. 그 동물들은 매스미디어의 단골 주제 가운데 하나다. 심지어 그 동물들의 이름을 딴 맥주도 있다. 그러나 그 동물들이 실제로 존재한다는 결정적인 증거는 없다. 검은 표범들이 아직 야생에서 살고 있는 게 불가능한 일은 아니다. 야생의 검은 표범들은 동물원이나 서커스단에서 도망쳤거나 애완동물로 키우다가 진력이 난 주인들이 버린 동물들이라고 한다. 예나 지금이나 개인 소유로 그런 동물들을 키우는 사람들이 실제로 많다. 2006년 브리튼에서 허가한 외래종 애완동물들에 관한 조사에 따르면 표범 50마리를 포함해서 모두 154마리의 대형고양잇과 동물들을 애완동물로 키우고 있는 것으로 밝혀졌다. 그러나 의심이 많은 사람들은 검은 표범의 확실한 사진, 결정적인 비디오, 자유롭게 돌아다니다가 '로드킬'된 채로 발견된 시체 같은 증거들을 기다린다.

브리튼은 유럽에서 숲이 가장 적고 사람이 가장 많이 살고 있는 지역 가운데 하나다. 히말라야 산맥에는 설인이 숨어 살고 캐나다 야생지역에는 사스콰치가 숨어 살지만 브리튼에는 그런 존재를 숨길 만한 장소가 없다. 그러나 검은 표범은 아주 작은 나무그늘 속이라도 몸을 숨길 수 있다. 그들은 알려진 대로 조심스러운 데다가 단독 생활을 하기 때문에 발견하기가 쉽지 않다. 야행성인 그들은 밤중에 사냥을 한다. 그리고 자신들의 야수성을 보여주기에 충분할 정도로 사납고 무시무시하다. "엄청나게 많은 농촌지역의 사람들이 집단적 정신병을 겪고 있는 게 아니라면 그곳에는 뭔가 조사할 만한 게 분명히 있다"고 웨일스에 있는 스완지 대학교의 지리학과 교수 얼레인 스트리트 퍼로트(Alayne

Street-Perrott)는 말한다. 그러나 조사해야 하는 건 바로 그 상상의 지역일지도 모른다. 검은 표범들이 영국의 농촌지역에 숨어 있건 아니건, 많은 사람이 그 동물들이 있다고 아주 간절하게 믿고 싶어 하는 것은 분명한 사실이다.

과거의 자연계는 단순히 사라지고 잊힌 게 아니다. 자연계는 아직 다양한 방식으로 우리 곁에 존재한다. 부재의 현존(presence of absence)은 최소한 플라톤까지 거슬러 올라가는 개념이다. 이 개념은 가계도를 추적하고 먼 선조들의 인격, 역사적 상처, 전환점들이 현재 자신의 생활 양상에 어떤 영향을 미치고 있는지 알게 된 사람이라면 즉시 이해할 수 있다. 그렇지만 사라진 것들이 남아 있는 것들의 일부라는 사실을 인정하기 위해서는 규모와 특징에 대한 의문들을 해결해야 한다. 우리가 지금 말하고 있는 부재의 크기는 어느 정도일까? 그 부재가 영향을 미친 결과는 현재 어디에서 나타나고 있는가? 잃어버린 것들의 완전한 목록은 어떤 것일까? 이런 의문들에 대한 대답은 우리를 둘러싼 세계를 가늠하는 방법을 제시할 뿐만 아니라 자연 그 자체의 본질―인간의 본질을 포함해서―을 밝히는 데에도 도움이 된다.

잉글랜드, 스코틀랜드, 웨일스를 아우르고 있는 섬이라는 지리적 특징을 가진 브리튼은 지구상의 모든 지역 가운데 우리 인간들이 생물계가 감소하는 데 얼마나 많이 기여하고 있는지를 가장 극명하게 보여준다고 할 수 있다. 브리튼의 전원지대는 많은 사람에게 사랑받는 곳으로 세계적으로 영향력이 크다―그리고 매우 부자연스럽다. 먼 옛날 브리튼은 유럽의 나머지 지역들과 연결된 반도였다. 그래서 해수면이 상승해 바다에 고립되기 전까지 그곳은 사자, 하이에나, 아일랜드큰뿔사슴[5] 같은 거대동물들을 포함해서 유라시아 동물들로 가득 차 있었다. 이 가운데 빙하기가 찾아왔을 때 남쪽으로 이주할 수 없었던 종들은 갑작스러운 기후변화로 멸종되었을 것이다. 그렇지만 이 세계에서 사라진 거대동물 대부분이 그렇듯이 브리튼에서 대부분의 종들이 사라진 것은 기후변화와 인간의 영향, 이 두 가지 요인 때문이다. 그런데 이 주장에는 인간의 영향이라는 이유를 부인하려는 강력한 의지가 숨어 있다는 사실을 간과할 수 없다. 우리가 기후변화와 인간의 영향, 그 두 가지 요인이 결합하여 이 동물들을 멸종으로 이끌었다고 말할 때 그 말은 사실 "우리가 그렇게 했다"는 의미다. 인간들이 도래하기 전까지 거대동물들은 1,000년 동안 여러 차례 빙하기를 견뎌냈기 때문이다.

인과관계는 시간이 흐르면서 더 분명해진다. 5,000년 전 브리튼은 현대인들이 '자연림'이라고 만족하며 기억하는 숲에 가려져 있었다. 그곳에는 무성하게 뻗어나간 오크나무, 자작나무, 소나무, 개암나무 들이 서 있었고 라임나무 숲이 여기저기 흩어져 있었다. 그러나 지금은 자연적으로 자란 종들뿐만 아니라 사람들이 심어놓은 나무도 흔하지 않다. 이 삼림지대 가운데 50퍼센트나 되는 많은 곳이 이미 2,000년 전에 사라졌다. 1900년 무렵에는 브리튼 본래의 지피식생이 5퍼센트 아래로 떨어졌다가 그 이후로 약 10퍼센트까지 회복되었다(지금은 5퍼센트 아래로 다시 감소했다). 오늘날의 삼림지대는 아주 철저하게 관리되고 있지만 그 섬에서 진정으로 삼림지대라 불릴 수 있는 곳은 단 한 군데도 남아 있지 않다.

동물의 왕국에도 이와 비슷한 사연이 있었다. 브리튼에는 한때 야생

---

5 아일랜드 시인 셰이머스 히니(Seamus Heaney)는 자신이 박물관에서 본 아일랜드 큰뿔사슴의 뼈대를 "공기로 가득 찬 믿기 어려운 큰 궤짝"이라고 묘사했다.

소들이 살고 있었다. 야생 소들은 아마도 대부분의 시간을 습지와 늪지에서 보냈을 것이다. 현대의 농촌지역에서 사육되는 온순한 소들을 상상하지 말라. 야생 황소들은 로마 콜로세움에서 호랑이나 곰과 싸워 그 동물들을 죽일 정도로 무시무시한 존재였다는 증거자료도 있다. 지구 최후의 야생 암소는 1627년 폴란드의 약토루프 숲에서 죽었는데 그 암소는 자신의 똥이 땅바닥에 떨어지기 전에 몸을 홱 돌려 뿔로 받아낼 정도로 민첩했다고 한다. 케임브리지 대학교의 코퍼스크리스티 칼리지 교수들은 특별한 날이면 아직도 야생 소뿔 잔으로 술을 마신다.[6] 그러나 야생 소들은 그 종이 완전히 멸종되었다고 공표되기 이미 2,000년 전에 브리튼에서 완전히 사라졌다.

그 외에 일찌감치 사라진 종들로는 순록과 유럽에서는 엘크라고 부르고 북아메리카에서는 무스라고 부르는 알세스 알세(Alces alces)가 있다. 불곰(또는 갈색곰)—북아메리카의 회색곰과 같은 종이지만 일반적으로 더 작은—은 로마제국 시절 동안 브리튼에서 멸종된 듯하다. 멧돼지와 비버는 13세기에, 스라소니는 1500년대에, 늑대는 1700년대 초에 각각 그 뒤를 따라 멸종됐다. 그즈음 브리튼은 사슴과 붉은사슴을 제외하고 그 지역의 모든 대형야생동물을 잃었다. 붉은사슴은 북아메리카에서 엘크라고 알려진 종이다. 사슴 구경은 현대인들에게 대중적인 소일거리가 되었다.

대형동물의 몰락에 대한 전모는 밝혀진 것과 현저히 다르다. 환경역사가 이언 시몬스(Ian Simmons)는 중세 이래 몇 년을 가장 영국인다운

---

6 그 뿔은 14세기에 독일에서 보내준 선물이었던 것으로 보인다.

어휘로 표현한다. "야생 조류와 작은 포유류에 대해 전반적으로 관대함이 결여되어 있었다." 그것은 사실이다. 1600년대에도 큰바다오리는 여전히 풍부해서 어떤 곳에서는 염장용 바다오리고기 5톤을 반 시간만에 잡을 정도였지만, 브리튼에서 바다오리는 번식 종으로 이미 절멸했다. 죽은 동물을 먹고 사는 맹금류인 붉은솔개는 한때 너무도 흔해서 런던 거리의 어린아이들이 그 새들에게 빵과 버터를 던져줄 정도였지만 1870년대 무렵 절멸되어 1989년에 다시 들여오기까지 100년이 넘게 영국에서 볼 수 없었다. 그 외에 수많은 다른 종도 이와 유사한 스토리를 갖고 있다. 그 목록 가운데에는 흰꼬리수리·느시(또는 능에)·물수리·큰뇌조·참매·개미핥기딱따구리 등이 있는데, 각각의 종은 브리튼에서 모두 사라졌다. 적어도 대륙 본토의 조류들을 다시 도입하거나 자연적으로 재정착할 수 있도록 지원한다면 훗날 약간이나마 회복될 수 있을 것이다.

1466년 요크 시의 대주교 취임식에서는 다음과 같은 새들이 만찬 메뉴로 제공됐다. 백조 400마리, 거위 2,000마리, 청둥오리와 쇠오리 3,000마리, 두루미 204마리, 알락해오라기 204마리, 왜가리 400마리, 물떼새 400마리, 목도리도요 2,400마리, 누른도요 400마리, 마도요 100마리, 비둘기 4,000마리, 공작새 104마리, 꿩 200마리, 자고새 500마리, 메추라기 1,200마리, 백로 1,000마리. 이 메뉴에서 두루미·왜가리·알락해오라기·백로의 수가 그렇게 많았다는 사실은 우리가 알던 어느 때보다 그 섬의 습지와 소택지가 생물들로 가득 차 있었다는 것을 말해준다. 스코틀랜드의 비머사이드 마을은 듣기 좋은 뱃고동 소리처럼 부우웅거리는 알락해오라기 수컷의 울음소리에서 이름을 땄을 정도로, 과거에 그 새는 마을사람들과 친숙한 새였다. 수컷 알락해오라기의 울음소리는 브리튼 북부를 가로질러 여름이 오고 있다는 신호로 여겨졌다. 그러나 현재 알락해오라기는 심각한 멸종위기에 처해 있다.

그 시대의 한 논객은 그 학살을 "오로지 새들과 짐승들"에 맞서 싸운 "아무 해도 없는 전쟁"이라고 옹호했다. 브리튼은 북아메리카 모피 교역의 중심지로 널리 알려져 있었는데 한때 그 섬에서 많은 양의 모피가 생산되었다는 사실은 흔히 간과되고 있다. 14세기 무렵에는 모피를 얻을 수 있는 포유류가 이미 희귀해져서 모피 옷을 입을 권리가 왕족과 귀족에게만 국한될 정도였다. 특히 다람쥐 가죽은 인기가 아주 많았는데, 어느 귀족의 침대보 한 장에는 무려 1,400마리의 다람쥐 가죽이 들어갔다고 한다. 얼마 후 영국 국교회 교구위원들은 여우·긴털족제비·담비·족제비·수달·고슴도치·쥐·생쥐·두더지를 포함해서 농작물과 가축 등에 해를 입히는 동물로 지정된 광범위한 종들을 잡아오는 사람들에게 포상금을 지불하는 일을 대행했다. 19세기 중반 스코틀랜드에서는 수십 년 동안 사냥꾼들이 단 한 곳의 사유지에서 198마리의 들고양이들, 즉 오늘날 그 섬 전체에 존재하는 이 토종고양잇과 동물들—병을 씻을 때 쓰는 솔 같은 꼬리를 가진 아름다운 얼룩무늬 동물들—의 약 절반을 포함해서 표적이 된 1,000마리 이상의 동물을 총으로 쏘아 죽였다.

브리튼의 환경 역사는 희비극에 가깝다. 1933년 온천으로 유명한 첼튼엄 시에서 열린 '부케 축제' 때 우승자의 꽃다발은 22송이의 헬레보린 난초로 장식되어 있었다. 그 뒤로 그 난초가 3에이커(약 1헥타르)에 불과한 단 한 곳의 늪지에서만 자라는 아주 희귀한 종이라는 사실이 알려졌다. 1925년 흰물떼새 번식지에 골프장이 들어서는 것을 막기 위한 기금 모금이 실패로 돌아갔고 결국 그 새는 멸종했다. 더 최근에 브리튼 사람들은 아직 남아 있는 또 다른 생물이 그 해안에서 사라지고 있는 것을 염려했다. 곰쥐는 2,000년 동안 그 섬의 터줏대감이었다. 그러나 흑사병을 유럽에 퍼뜨린 그 종은 오늘날 브리튼에서 거의 사라졌다. 18세기 선박들을 통해 유입된 토종이 아닌 집쥐가 1세기에 선박들을 통해 유입된 토종이 아닌 곰쥐를 스코틀랜드 북부의 마지막 보루인 시안트 제도로 내몰았고, 그 결과 곰쥐는 브리튼의 항구에서 찾아볼 수 없게 되었다. "곰쥐를 본 것만으로도 만족한다." 1999년 콘월에서 그 희귀한 쥐를 맞닥뜨린 현지의 한 전문 쥐잡이꾼은 BBC 기자에게 그렇게 말했다. 그는 곰쥐의 털이 마치 "벨벳 같았다"고 했다.

이 지역에는 이런 이야기가 많이 기록되어 있다. '지명'(toponym), 즉 장소 이름들은 과거에 그곳이 어땠는지를 말해주는 일종의 기록이다. 물론 지명을 무조건 믿을 수는 없다. 가령 어떤 한 장소가 흰 바위들이 줄무늬처럼 박혀 있다는 이유로 '호랑이 산'(Tiger Mountain)으로 불릴 수도 있고 옛날에 그곳에 '늑대'라는 별명을 가진 사람이 살았다는 이유로 '늑대 만'(Wolf Creek)으로 불릴 수도 있기 때문이다. 그렇지만 장소와 지명의 연관성이 명백한 경우도 많다. 브리튼에서 비버는 사라졌지만 베벌리(Beverley, 비버가 사는 숲속의 작은 빈터)와 베버코츠(Bevercotes, 비버들의 집)부터 베버스톤(Beverstone), 베버스브룩(Bev-ersbrook), 비버 홀(Beaver Hole)에 이르기까지 그 종의 이름을 딴 장소가 여기저기 흩어져 있다. 지구 반대편에 있는 캘리포니아 주에는 다른 어떤 동물보다 곰의 이름을 딴 지명들이 많은데 특히 회색곰을 암시하는 것은 200개나 된다. 회색곰은 캘리포니아 주의 별칭인 골든 베어(Golden Bear) 주의 깃발에도 나타나고 캘리포니아 대학교의 풋볼 팀 이름(Golden Bears football team)에도 나타난다. 그러나 이 야생 회색곰은 현재 캘리포니아 주 북동쪽 경계선에서 500마일(800킬로미터) 떨어진 곳에서 겨우 발견할 수 있다.[7] 캘리포니아에는 곰 강·곰 산·곰 초원·곰 협곡·곰 언덕도 있다. 그건 마치 이것을 어떻게 읽어야 하는지 아는 사람들을 위해 쓰인 그 지역에 관한 한 편의 시 같다.

지명들은 사람들과 그 주변 환경의 관계를 가늠하게 한다. 1947년에 적도기니의 파뮤(Pamue) 사람들에 대한 어떤 연구는 거의 3,500개에 달하는 지명들을 조사하면서 그 가운데 많은 지명을 "Pass Quietly Elephant"(조용히 지나가는 코끼리) 같은 단조로운 말로 옮겼다. 파뮤 사람들은 평소에도 주변의 다양한 생물에 관해 관심이 아주 많은 것으로 드러났다. 그 지역의 지명들은 서로 다른 9종의 영장류와 57종의 다양한 어류 그리고 최소 178종의 야생식물을 포함해서 크고 작은 40종의 포유류에게서 이름을 따온 것이다. 그에 비해 한 지명연구자의 말에 따르면 전 세계의 영어권 지역 전체에서 장소 이름에 토종 식물의 이름을 딴 경우를 합산하면 '20~40개' 정도가 더 추가될 거라고 한다. 영국이 전 세계 문화에 영향을 미치기 시작한 무렵, 영국인들은 1,000년 동안은 아니지만 적어도 몇 세기 동안은 야생의 자연에서 멀어져 있었다.

그 땅 자체는 기억하고 있다. 경우에 따라 브리튼의 들판에 경계를 표시하기 위해 한 줄로 죽 심어놓은 생울타리는 대부분 2,000여 년 전에 처음 만들어졌고, 오래된 자연림의 동식물들은 그 울타리 안에서 어떻게든 생존해나갔다. 생울타리로 주로 심는 산사나무와 호랑가시나무

---

7 캘리포니아 주의 기(旗)는 생태계에 대한 또 다른 한 가지 사실을 암시하고 있는지도 모른다. 이상하게 곰은 언덕이 많은 곳에서 자주 발견된다. 어떤 생물학자들은 그 언덕들이 초기 개척자들이 맞닥뜨린 땅다람쥐들이 파놓은 수십억 개의 굴이었을 거라고 믿고 있다. 캘리포니아의 정착민들은 농작물에 막대한 피해를 주는 야생동물인 땅다람쥐들과 엄청난 전쟁을 치러야 했다. 그러나 이 동물은 어떤 지역에서는 여전히 번성하고 있다.

같은 식물들은 일종의 수수께끼다. 한눈에 보기에 산사나무가 길고 빳빳한 가시들로 동물들이 접근하지 못하게 잘 막아주는 것처럼 보이지만, 신기하게도 그 가시들은 듬성듬성하게 나 있어서 브리튼의 사슴은 가시 사이로 쉽게 산사나무 잎사귀들을 먹을 수 있다. 반면에 호랑가시나무는 양면성을 갖고 있다. 잘 알려진 대로 그 나무의 아래쪽 잎들은 방어를 하기 위해 잎 끝이 뾰족뾰족하다. 그러나 위쪽 잎들은 에너지로 전환할 햇빛을 더 많이 받기 위해 잎이 넓고 모서리도 매끈하다. 그런데 이상한 점은 가시로 뒤덮인 아래쪽 잎들에서 미끈한 위쪽 잎들로 변화되는 지점이 지면에서 약 15피트(약 4미터 50센티) 높이라는 사실이다. 이는 오늘날 나뭇잎을 먹는 동물들을 방어하는 데 필요한 높이보다 지나치게 높다. 산사나무는 이상하리만큼 대충 자신을 방어하는 반면 호랑가시나무는 기묘하게도 과잉방어를 하는 것 같다.

　이 수수께끼에 대한 답은 아주 오랜 옛날의 자연에 있는 것처럼 보인다. 거대한 초식동물이 여전히 세상을 누비던 시절 식물들도 진화를 했다. 산사나무는 사슴을 방어하는 데 적응된 것이 아니라 거대동물들을 방어하도록 적응되었다. 거대한 곰처럼 생겼지만 초식동물의 전형이라고 할 수 있는 땅나무늘보 같은 동물들은 나뭇잎을 우아하게 뜯어먹을 수 있는 신체 구조를 가지고 있지 않았다. 그 대신 그들의 앞발에는 사람 팔뚝만큼 긴 발톱들이 달려 있어서 그 발톱으로 식물 둥치를 끌어당겨 입으로 가져갈 수 있었다. 산사나무의 가시는 이처럼 나뭇잎을 먹는 해로운 동물들이 접근하지 못하게 하는 데 이용되었다. 그와 비슷하게 호랑가시나무는 수천 년 동안 키 큰 동물들의 위협에 실제적으로 노출된 적이 없었지만, 건물 2층 높이의 나뭇잎을 먹을 수 있을 만큼 키가 큰 동물들로부터 자신을 방어하도록 진화했다. 호랑가시나무와 산사나무는 기억의 화신이다. 그 나무들은 생태계의 유령이며 이제는 존재하지 않는 어떤 세계가 과거에 존재했다는 것을 말해주는 흔적이다.

생태계의 유령은 지구의 거의 모든 곳에서 발견할 수 있다. 식품점에서 아보카도 한 개를 구입해보자. 당신은 오늘날 그 아보카도의 토착 서식지에서 살고 있는 동물보다 훨씬 더 큰 소화기관을 가진 거대동물들의 소화기관을 통과하던 씨앗을 구입한 것이다. 북아메리카 동부 전역에 서식하고 있는 오세이지오렌지 역시 마찬가지다. 그레이프프루트와 인간의 뇌간을 섞어놓은 것처럼 생긴 이 이상한 열매는 오세이지오렌지 나무 밑동에 썩어 문드러질 정도로 많이 쌓여 있다. 오세이지오렌지는 오늘날의 사람이나 동물들이 먹기 위한 과일이 아니었다. 그 열매는 비누받침에 비누가 얹히듯 마스토돈의 뒤어금니 화석에 딱 들어맞는다. 브라질에서 실시된 조사에서는 과거에 살았던 거대동물들에 적응한 것으로 보이는 103종의 식물들이 발견되었다. 이 가운데 어떤 것들은 씨앗을 효과적으로 퍼뜨려줄 수 있는 동물들이 사라져 현재는 찾아보기 어려워졌다. 그리고 초콜릿을 만드는 카카오콩 같은 식물은 사람들의 배양에 의존하고 있다. 적어도 하나, 브라질야자나무는 현재 거의 강둑에서만 발견된다. 한때 그 씨앗들은 거대동물들에 의해 먼 곳까지 옮겨갈 수 있었지만 지금은 '파쿠'라 불리는 대형물고기에게 주로 의존하고 있다. 그러나 그 열매를 먹는 파쿠는 무분별한 남획으로 인해 현재 멸종위기에 처해 있다.

아마도 생태계의 유령 가운데 가장 놀라운 예시는 북아메리카에서 가장 빠른 육상포유동물인 가지뿔영양일 것이다. 가지뿔영양은 최고 속도로 달릴 때 한 걸음에 거의 30피트(약 9미터)를 갈 수 있다. 이것은 불과 열 번 정도 땅을 밟으면서 3~5초 만에 미국 풋볼 경기장을 완주

할 수 있다는 것을 의미한다.[8] 숨을 씩씩거릴 때 이 동물은 거의 박쥐만큼 효과적으로 산소를 소비한다. 즉 가지뿔영양은 어떤 의미에서 날개 없이 날게끔 태어났다고 할 수 있다.

한편 북아메리카 평원에는 가지뿔영양의 주된 잠재적 포식동물인 코요테가 있다. 하지만 코요테는 시속 100킬로미터라는, 말도 안 되는 속도로 달리는 이 사냥감을 도저히 당해내지 못한다. 가지뿔영양은 시속 70킬로의 일정한 속도를 유지하며 아주 먼 거리까지 달아난다. 심지어 새끼 가지뿔영양도 코요테보다 빨리 달린다. 가지뿔영양이 왜 이처럼 과도한 능력을 갖게 되었는가에 대해 현재까지 제기된 가장 설득력 있는 설명은, 이 동물이 훨씬 더 빠르고 위험한 포식동물들 속에서 살아남기 위해 진화했다는 것이다. 인간이 등장하고 거대동물들이 멸종하기 전까지 북아메리카에는 사자·하이에나·초대형 늑대·긴다리 곰이 살고 있었다. 그 이후에 아메리카치타가 나타났다. 당시의 치타는 오늘날 아프리카에서 볼 수 있는 치타들보다 훨씬 더 크고 지구에서 가장 빠른 육상동물로 시속 64마일(103킬로미터)까지 속도를 낼 수 있었는데 이 기록은 가지뿔영양보다 약간 더 빠른 것이다.[9]

생태계의 유령은 단순히 흥미롭거나 기이한 것이 아니다. 경우에 따라

---

8 이것은 길고 가벼운 다리에 동력을 공급하는 다부진 몸 때문에 가능하다. 어떤 가지뿔영양 전문가는 이러한 신체 구조를 "한 개의 브라트부어스트(독일의 돼지고기 소시지)에 젓가락 네 개가 박혀 있는 형태"라고 묘사했다.

9 아시아에도 치타가 있다. 이 치타들은 한때 지중해 연안에서 인도까지 광범위한 영역에서 살았지만 오늘날에는 심각한 멸종위기에 처한 채 이란에만 남아 있다. 과거 아프리카에는 치타의 수가 아주 많았고 널리 분포되어 있었으나, 현재는 과거에 그들이 대대로 살아왔던 영역의 24퍼센트에서만 존속하고 있다.

서는 이 동물들이 지구의 모습을 극적으로 변화시키고 있을 수 있다. 미국 서부 지역에 울창한 관목 숲이 많은 이유—그 관목들은 젖소 사료를 생산하는 데 방해가 되었기 때문에 목장주인들이 그 나무라면 진저리를 친다—가 잎사귀를 먹는 거대한 동물들이 관목 숲을 다 먹어치워서 그 자리가 초지가 되었고 결국 그 동물들도 수천 년 동안 사라졌기 때문이라고 주장하는 이론이 있다. 만일 그렇다면 개개의 종뿐만이 아니라 지역 전체를 다른 시대의 유물이라고 생각할 수도 있을 것이다. 우리가 자연계와 관련을 맺는 대부분의 방식 역시 오래전에 일어난 변화들을 반영한다. 브리튼을 다시 살펴보면 한때는 "빈민들의 먹거리"로 알려졌던 대서양 대구의 도매가격은 최고급 품질의 쇠고기보다 두 배나 더 비쌀 수도 있다. 과거 최초로 아메리카로 건너간 유럽 어부들이 낚시 바늘에 미끼를 끼울 새도 없이 아주 쉽게 잡아올렸던 대구는 거의 모든 곳에서 희귀종이 되었고, 브리튼의 생선과 감자튀김 세트는 현재—어떻게든 그 음식을 대구로 만든다 해도—거의 대부분 아이슬란드나 북극해에서 잡은 대구로 만들고 있다.

브리튼의 연근해 대구 어업은 1920년에 거의 도산했기 때문에 한 역사가는 오늘날 브리튼 사람들 중에는 그물로 고기를 잡는 어업에 종사하는 사람들보다 잔디깎기기계 공장에 다니는 사람들이 더 많다고 지적했다. 바다로 둘러싸인 섬나라의 실정도 이러하다.

연근해 어업이 완전히 붕괴된 유럽의 다른 국가들과 마찬가지로 브리튼 역시 현재는 다른 국가들의 해역에서 조업권을 산다. 멀리 떨어진 해역은 브리튼이 가진 '유령의 영토'다. 육지에서 아주 멀리 떨어져 있는 그 해역은 브리튼의 경제를 활성화하고 인구를 증가시킨다. 만일 유령의 영토가 없다면 그 섬은 살아갈 수 없을 것이다. 1840년대에 브리튼이 아일랜드보다 먼 곳에서 수입하는 식량은 불과 5퍼센트였다. 끔찍한 세계대전—식량의 70퍼센트 이상을 해외에 의존해야 했던 병목 시대—을 겪고 난 뒤, 브리튼의 정부들은 식량의 자급자족을 최우선 과제로 삼았다. 그러나 브리튼 사람들이 먹는 음식의 40퍼센트는 지금도 여전히 해외에 의존하고 있다.

목재 수입은 1230년부터 시작되었다. 19세기 초에 스코틀랜드의 수도 에든버러를 대대적으로 확장했을 당시에 필요한 목재는 모두 발트 제국과 스칸디나비아에서 수입했다. 1740년대에 런던에서는 5,000개의 가로등에 모두 고래기름으로 불을 밝혔지만 그 당시에도 모든 포경업은 본국 연안에서 멀리 떨어진 곳에서 이루어졌다. 에너지 위기에 부분적으로 직면한 브리튼은 세계 최초로 재생불능자원인 석탄에 의존하는 경제 구조의 국가가 되었고 그 후로 심지어 새의 깃털까지도 어쩔 수 없이 수입해야 했다. 20세기에 들어 브리튼은 10여 년 동안 거의 7,000톤의 깃털을 배로 실어 들여왔다. 그 가운데 1902년 한 해 동안에는 무려 20만 마리나 되는 왜가리—이전에 그 섬의 습지대에서 흔하게 볼 수 있었던 새들 가운데 하나—에서 뽑은 깃털을 수입했는데 이는 영국 여자들 사이에서 깃털 모자가 대유행이었기 때문이다.

심지어 자연에 대해 애정이 깊어서 전 세계에 큰 영향을 미친 영국인들조차도 생태계의 유령이 출몰하자 타격을 입고 있다. 산업혁명 동안—이로 인해 그 섬에 남아 있던 삼림 가운데 많은 곳이 파괴되었고 도시 스모그와 도시 외곽지역의 스프롤 현상[10]이 점점 더 심해진 데다,

---

10 도시와 그 교외까지 도시개발이 무질서하게 확산되어 나가는 현상 – 옮긴이.

어떤 강들은 아주 심하게 오염되어 그 강물을 만년필 잉크 대신 써도 될 지경이었다—영국 시인들에게서는 역류현상이 일어났다. 여기서 굳이 그 시인들의 이름을 들먹일 필요는 없지만 블레이크, 워즈워스, 콜리지, 그 외 낭만주의 시인들이 전통적으로 언급한 자연에 대한 감상은 모래 한 톨 한 톨에서 신의 얼굴을 찾도록 우리를 계속 일깨우고 있다.

"발걸음을 옮기는 곳마다/ 나그네는 사라진/ 또는 사라져가고 있는 황량한 야생을 본다." 워즈워스는 1814년에 그렇게 썼다. 물론 우리가 낭만주의 시인들을 오늘날까지 기억하는 것은 그런 경고성 시 구절 때문이 아니다. 우리는 대다수 사람들이 어둡고 황량하고 야만적이라고 생각하던 야생의 풍경에서 숭고함을 찾아낸 그 시인들을 찬양한다. 낭만주의 시인들은 저녁 노을을 보면서 경이로움을 느끼도록 우리를 가르쳤다. 그리고 이건 분명히 과장된 말이겠지만 들판과 개울에 대한 그들의 사랑은 전 세계적으로 야생에 대한 이상을 고취할 수 있게 해줬고 먹장어, 혹멧돼지, 흡혈박쥐처럼 언뜻 보기에는 매력 없는 동물들의 진가를 현대인들이 알아볼 수 있는 토대를 마련했다.

그러나 야생에 대한 낭만파 시인들의 사랑은 모순적이었다. 그것은 자연이 파괴되는 것에 대한 반응인 동시에 자연의 파괴를 초래하기도 했기 때문이다. 윌리엄 블레이크라는 소년이 런던에서 페캄 호밀밭까지 걸어가 "야생화에서 천국"을 처음 봤을 때, 어쩌면 낭만주의 시대의 여명이었을 그 순간 그는 인류에게 길들여져 더 이상 어린아이조차 위험하지 않은 자연 속에 드러눕는다. 만일 낭만주의 시인들이 우리가 자연을 인지하는 방식에서 일종의 혁명을 불러왔다고 한다면, 어느 정도는 그들이 새로운 현실, 그러니까 야생의 위협이 거의 다 사라지고 없는 현실에 눈을 떴기 때문일 것이다. 19세기 초 영국은 오늘날 우리가 처한 양상과 크게 다를 바 없었다. 삼림이 파괴된 섬. 주로 나비·새·고슴도치로만 요약되는 그곳의 동물군.

그 양상은 아메리카 해안에서도 그대로 되풀이되었다. 소로는 크고 사나운 동물들이 이미 사라진 매사추세츠 숲에서 『월든』(Walden)을 썼다. 현대 자연문학 가운데 가장 영향력 있는 책에 속하는 애니 딜라드(Annie Dillard)의 『자연의 지혜』(Pilgrim at Tinker Creek)도 마찬가지로 황폐한 버지니아에서 이야기가 전개된다. 그리고 가장 야생적인 아메리카를 생생하게 묘사한 작가, 에드워드 애비(Edward Abbey)도 자유롭게 사는 회색곰을 한 번도 보지 못한 채 저세상으로 떠났다. 그러나 그런 형태의 자연도 여전히 경이로움을 불러일으킨다. 누군가는 우리를 자연에 가장 가까이 데려간 작품들에서 묘사된 야생은 사실상 마음 놓고 다가가 편안함을 느낄 수 있을 정도로 안전한 야생이라고 주장하기도 했다. 하지만 그 무엇보다 더 큰 진실을 명심해야 할 것이다. 자연은 신전이 아니라 폐허라는 진실. 아름다운 폐허라고 해도 폐허라는 사실은 변함이 없다.

오늘날 영국을 재야생화하려는 노력을 해나가고 있다. 재야생화를 향한 걸음은 어쩔 수 없이 미진하긴 하지만. 많은 영국인이 자신에게 늘 익숙했던 넓게 펼쳐진 전원에 강한 애착을 가지고 있어서 장소에 따라서는 나무들을 다시 들여오는 일도 경쟁이 치열하다. 가장 야심찬 재삼림화 프로젝트 가운데 하나는 스코틀랜드 하일랜드 지방의 애프릭 협곡에서 이루어지고 있다. 이곳은 면적이 580제곱마일(1,500제곱킬로미터)이고 관통도로가 없다. 나는 그 계곡을 끝에서 끝까지 건너면서 브리튼에서 가장 외딴 곳에 있는 호스텔에서 하룻밤을 보냈다. 칼레도니아소나무는 울퉁불퉁하고 뒤틀린 가지들이 끝없이 부는 바람 속으로 뻗어나가는 참으로 아름다운 나무[11]지만, 깊은 야생지대에서 시간을 보내본 사람이라면 그 누구도 그런 장소를 애프릭 협곡으로 착각하지 않을 것이다. 그곳은 시작이며 갈림길이다.

한편 2009년에 스코틀랜드 남서부의 항구도시인 글래스고에서 부담 없이 운전할 정도의 거리에 있는 스코틀랜드 서쪽의 냅데일 숲에는 노르웨이에서 들여온 비버를 여러 마리 풀어놓았다. 5년 동안 면밀히 감시하고 관찰해온 시험적인 재도입은 거의 15년 만에야 공식적인 절차가 끝났다. 매우 당연한 우려와 관심이 쏟아졌다. 알을 낳기 위해 물길을 거슬러 올라오는 물고기들이 비버가 만들어놓은 댐 때문에 방해를 받을 수도 있다는 우려부터, 급격히 늘어나는 비버 개체 수를 조절해줄 수 있는 자연적인 대형포식동물들이 그 섬에 없다는 우려에 이르기까지. 그렇지만 비버의 귀환을 반대하는 가장 흔한 이유는 관심의 결여였다. 비버들 없이 500년을 살아왔던 많은 사람은 비버를 위해 노력과 비용 또는 위험을 감수할 어떠한 이유도 찾지 못했다.

"이 지역 사람들은 지역을 대표하는 것이 무엇인지 전혀 모르고 있다"고 잉글랜드 북부의 리즈 대학교 야생지대 연구소의 마크 피셔(Mark Fisher)는 말한다. 피셔는 회색늑대와 스라소니처럼 사람들의 마음을 사로잡는 종의 재도입이 이루어지기를 바라는 사람들 가운데 하나다. 그러나 그는 브리튼의 재야생화가 나무와 비버로 먼저 시작되어야 한다는 사실을 알고 있다. 그는 자신이 살고 있는 지역에 관한 자연의 역사와 그것의 다양한 사회적, 생태계적 대가들을 정확하게 알고 있었다.

---

11 나의 선조들인 매키넌 가문의 역사적인 '식물 휘장'에 등장하기도 한다.

영국이 잃은 것 가운데 같은 경로를 따라가서는 안 되는 것과 가장 강력하게 경고하고 싶은 것을 묻자, 그는 아주 놀라운 대답을 들려주었다. "나는 우리 대부분이 인간의 자유를 잃고 살아가고 있다고 생각합니다." 그는 말했다. "야생의 자연을 경험할 인간의 자유."

야생의 풍경 속에 홀로 서 있는 것은 인간이 자유로울 수 있는 기준선을 경험하는 것이며 인간이 오직 자기 자신의 몸과 정신의 한계 이외에 다른 어떤 것에도 구속받지 않는다는 것을 의미한다. 우리 가운데 아주 많은 사람은 우리가 매일 살고 있는 규제와 전통, 그리드 컴퓨팅[12]과 원거리 통신망의 세계에 대한 반대급부로서 자연에 접근한다. 그러나 이전에 다른 사람들이 이미 정해놓은 '자연'의 의미가 정비된 강과 개간된 숲, 새가 사라진 하늘과 물이 말라버린 습지 같은 풍경을 뜻할 때 '자연'은 오히려 더 심하게 자연과 대립된다. 미국의 철학자 레오폴드가 그의 글 가운데 가장 수수께끼 같은 글을 쓰게 된 것은 바로 이러한 진실 때문이었을 것이다. 1949년 콜로라도 강—결국 거대한 댐은 콜로라도 강의 물줄기 방향을 완전히 바꾸어놓아 강물은 더 이상 바다로 흘러가지 못하게 된다—에 대한 예찬을 끝맺으면서 레오폴드는 "지도에 여백이 하나도 없는데 마흔 가지 자유가 다 무슨 소용일까?"라고 쓰고 있다.

피셔는 여전히 그 자유를 찾기 위해 노력하고 있다. 그는 사슴의 자취

---

12 그리드 컴퓨팅은 네트워크에 연결된 사용되지 않는 수많은 자원들을 활용함으로써 외계 지적생명체 탐사계획을 비롯해 재정 모델링, 단백질 폴딩, 지진 시뮬레이션, 기후변화 모델링과 같은 자연과학 문제 해결에 이르기까지 매우 복잡한 연산이 필요한 문제를 해결할 수 있게 해준다 – 옮긴이.

를 뒤쫓고 덤불들 사이를 기어다니며 방목 가축들조차 접근하지 못하는 산속 바위 턱들을 기어오른다. 종종 그는 무단침입도 마다하지 않는다. 개발되지 않은 사유지를 자유롭게 출입할 수 있도록 허가하는 법이 영국에서 새롭게 제정되었지만 일반 대중이 드나들 수 있는 곳은 여전히 10퍼센트도 되지 않는다. 하지만 피셔가 무엇보다 분노하는 것은 이제 그레이트브리튼에서 인간들의 손에 개발되지 않은 지역을 거의 찾아볼 수 없다는 현실이다.

피셔는 기회가 닿을 때마다 북아메리카를 여행한다. 그곳에서 그는 영국의 과거 모습을 상기시켜줄 수 있는 지역들을 찾아 다닌다. 한번은 옐로스톤 국립공원을 찾아갔을 때 드넓은 초원의 숲 한구석에서 한 무리의 늑대가 나타나는 것을 보았다. 그는 그 광경을 보고 무릎을 꿇었다고 한다. 그러나 그를 주저앉게 한 것은 늑대가 아니라 자연림, 즉 단순한 나무들이었다. 또 뉴햄프셔의 화이트마운틴 국립산림지역에서 도보여행을 하던 그는 갑자기 올라간 어느 바위 전망대에서 거의 80만 에이커(약 32억 제곱미터)의 삼림지대가 펼쳐진 장관을 보았다. "나는 그저 눈이 퉁퉁 붓도록 울 수밖에 없었습니다." 그는 말한다. "그러니까 내 말은, 영국에서는 그런 경험을 할 수 없다는 겁니다. 그런 장관이 존재하지 않으니까요."

불확실한
자연

1620년경 프란스 스나이데어스(Frans Snyders)라는 플랑드르 화가가 네덜란드의 어느 세금징수인의 집에 걸 「생선 가게」라는 그림을 완성했다. 그런데 그 그림을 본 누구라도 안트베르펜 앞바다에서 헤엄칠 생각을 전혀 하지 않을 것 같다. 커다란 나무 도마 위에 죽은 바다생물이 수북이 쌓여 있고 집게발과 촉수들. 그리고 많은, 매우 많은 눈알이 있다. 한쪽 옆에는 생선 가게 주인이 서 있다. 괴물들 가운데 서 있는 한 남자의 초상.

그 그림을 좀더 오랫동안 바라보면 당신은 그 끔찍한 피조물들이 지극히 평범한 생물이라는 사실을 깨닫기 시작할 것이다. 대구·청어·큰넙치·큰돌고래·바닷가재. 단지 모든 것이 지나치게 클 뿐이다. 네덜란드 그 어디에도 해산물을 그렇게 마구잡이로 쌓아놓은 생선 가게는 없을 것이다. 그러나 그 이미지를 환상이라고 할 수는 없다. 스나이데어스가 그린 해산물은 그중 한 가지만 제외하고 모든 종이 과거 네덜란드 연안의 바덴 해에서 잡히던 것들이다. 한 가지 예외는 붉은다리거북인데, 남아메리카 토착 동물인 이것은 네덜란드 무역선에 실려 유럽으로 들어왔다.

화가들이 보통 사람들보다 통찰력이 더 뛰어나다고 생각하던 시절이 있었다. 스나이데어스 같은 화가는 오징어의 눈알에서 분노[13]를 포착하기 위해 인고의 시간을 보내면서 시력을 점점 더 강화했을 수도 있다. 반복적인 운동으로 시력을 향상시키는 건 불가능하다는 것이 마침내 과학적으로 증명되었지만 마시[14] 같은 사람은 끝내 그걸 믿지 않았다. 어린 시절 거의 맹인에 가까울 정도로 시력이 나빴던 그는 책을 읽을 수 없었기 때문에 대신 자기를 둘러싼 풍경을 연구했다. 그는 자기가 보고 있는 것이 무엇인지를 아는 것보다 자신의 눈이 얼마나 잘 기능하는지가 더 중요하다는 것을 발견했다. 마시는 "시력은 일종의 기능이다. 보는 것은 일종의 기술이다"라고 썼다.

오늘날 자연계도 마찬가지다. 우리는 야생 경관을 바라보면서 우리 눈으로 그곳의 역사를 보는 것까지 바라지는 않는다. 오직 마음의 눈만이 그것을 포착할 수 있다. 생물계는 고갈되었지만 한편으로 '변모'하기도 했다. 이것은 노바스코샤[15]에 있는 댈하우지 대학교의 해양생태학자 하이케 로체(Heike Lotze)가 스나이데어스의 그림에서 보는 현실이다.

바덴 해에서 성장한 로체는 어디를 가든 주머니에 바닷바람을 한가득 넣고 다닐 것 같은 사람이다. 그녀가 어린 시절을 보낸 독일 노르덴 근처의 고향집은 수백 년 전 바다를 매립하기 위해 처음으로 제방을 쌓

---

13 1620년대 네덜란드에서는 채식주의가 유행이었다. 그래서 한 스나이데어스 연구가는 그것이 연민을 가지고 물고기를 그린 화가의 묘사에 영향을 받았을 수 있다고 주장했다. 스나이데어스는 물고기가 죽음의 고통 속에서 몸을 비틀거나 원망하는 듯한 눈으로 노려보는 모습을 종종 보여준다.

14 미국의 외교관, 학자, 자연보호론자 – 옮긴이.

15 캐나다 동부 대서양 연안에 있는 주(州) – 옮긴이.

은 낮은 모래턱 바로 뒤쪽에 있었는데, 지금 그곳은 홍당무 거리(Carrot Street)라는 이름을 지닌 도로로 변했다. 로체가 태어날 무렵, 그 연안은 그녀의 가족이 살던 집에서 3마일(5킬로미터) 정도 떨어져 있었고 그 바다는 26피트(8미터) 높이의 제방으로 막혀 있었다.

로체에게는 감사하게도, 바덴 해는 현재 전 세계에서 지역의 역사적 생태계를 가장 철저하게 조사·연구하고 있는 곳 가운데 하나다. 이 바다는 네덜란드 본토와 독일, 덴마크를 프리지아 제도라고 알려진 일련의 보초도(방파제 역할을 하는 섬)와 갈라놓는 길고 좁은 해협이다. 바덴 해는 만조 때의 해안선과 간조 때의 해안선 사이의 간격이 세계에서 가장 넓은 지대인데, 그것은 다시 말해 지구상의 다른 어떤 장소도 조수 간만의 차에 이처럼 많은 물이 육지에 길을 내어주는 곳은 없으며 그 반대의 경우도 마찬가지라는 의미다. 만조 때 그곳은 얕은 바다가 되고 간조 때는 대체로 개펄이 된다.

바덴 해는 약 7,500년 전 빙하기가 끝날 때 형성되었고 얼마 지나지 않아 최초의 인간들이 그곳에 정착해 살기 시작했다. 그곳이 진흙투성이였다 해도, 그들에게는 자신들을 따뜻하게 맞이해주는 집처럼 느껴졌을 것이다. 독일에서 가장 긴 라인 강을 포함해서 유럽의 여러 주요 강에서 토사가 밀려들었지만 바덴 해는 한편으로 광막한 해안습지에 의해, 다른 한편으로는 많은 여과섭식생물에 의해 여과되어 물이 아주 맑았던 것으로 추정되며 이상할 정도로 폭신하고 부드러웠다. 바덴 해에는 빙하가 이동하면서 여기저기 불규칙하게 내려앉은 표석(漂石)[16]들 외

---

16 빙하에 의해 실려온 암석 - 옮긴이.

에 다른 자연석은 거의 없다. 유일하게 바다 밑바닥에 단단한 표층이 있는데 그것은 생물들이 만든 것이었다. 갯지렁이류(Sabellaria spinulata), 즉 바다지렁이들이 종유관처럼 매달려 있는 기이한 암초들을 따라 굴과 진주담치가 끝없이 깔려 있는 표층을 만들었다. 무엇보다도 바덴 해는 진정한 바다였다. 그 자체로 완전한 자연의 세계.

역사생태학자들은 인간들이 새로운 지역으로 이동할 때 일반적으로 취하는 행동 양식을 잘 알고 있다. 인간은 제일 먼저 큰 것부터 먹는다. 초기 신석기 시대의 수렵인들과 채집인들은 오리와 물개, 알락돌고래와 떠 있는 고래들[17]을 잡기 위해 바다를 살폈고 야생돼지와 사슴, 비버와 수달을 사냥하며 주로 육지에서 식량을 구해 먹고 살았다. 로마제국 시대에는 살아 움직이는 거의 모든 육상동물이 식탁에 올라왔다. 생쥐와 비슷한 설치류인 들쥐가 중요한 식량이었지만 여우, 살쾡이, 매, 까마귀 같은 특이한 것들도 마다하지 않았다. 그러나 육상동물이 점점 사라져 가는 가운데 먹고 살기 위해 고군분투하던 바덴 해안 사람들이 마침내 물고기에 관심을 집중하기 시작한 것은 약 1,500년 전 중세 이후부터였다. 그때까지도 그들은 주로 담수호와 강에서 물고기를 잡았다. 그로부터 다시 700년의 세월이 흐르면서 연어, 철갑상어, 강꼬치고기의 개체 수가 점차 줄어들었다. 이때부터 다시 인간은 환경에 적응하기 위해 바다로 관심을 급선회하면서 앞으로 나아갈 해결책을 찾

---

17 고래들이 떠 있는 이유를 설명하는 이론 가운데 익사하지 않기 위해 수면에 떠 있다는 설이 있다. 허파로 공기를 호흡하는 포유류인 고래들은 병이 들거나 다치거나 늙어서 죽을 때가 가까워지면 물밑에서 질식해 죽기보다는 차라리 물 위에서 죽기 위해 수면으로 올라온다.

아냈다.

아주 놀라운 순간이었다. 일종의 부활. 육지의 풍요로운 야생은 사라지고 잊혔지만 바다에는 상상을 초월하는 풍요로움이 있었다. 유럽 제국들이 지구를 한 바퀴 돌 수 있었던 것도 그러한 바다의 보고(寶庫) 덕분이었다. 그 당시에는 바닷물의 유입을 막아줄 뿐만 아니라 선체 안에 바닷물을 저장해 물고기들을 산 채로 먼 항구까지 옮길 수 있도록 설계된 범선들이 바다 위를 항해하는 진귀한 광경들을 볼 수 있었다. 동이 트기 전에 일어난 빵집 주인이 고래와 바다표범에서 얻은 정제유로 램프에 불을 밝히고, 바닷새들의 알―1년에 3만 개 정도의 바닷새 알이 바덴 해의 보초도(堡礁島)에서 암스테르담 빵집으로 실려갔다―을 깨뜨리기 시작하던 그런 시대였다. 시장에는 야생 물새가 가득했고 네덜란드 최초의 요리책에는 알락돌고래 페퍼스테이크 요리법이 실렸다. 쥐돌고래가 모습을 나타내면 여름이 곧 시작된다는 확실한 전조로 여겼고 제비가 날아다니기 시작하면 봄이 올 거라는 예고로 받아들였다.[18]

바덴 해에서 제일 처음 사라진 해양생물은 고래였다. 1700년대 초 무렵 대서양에서 귀신고래의 개체군이 완전히 자취를 감추었고, 북방긴수염고래는 유럽의 어느 곳에서도 더 이상 발견할 수 없었다. 처음에는 전체적으로 개체 수가 차고 넘쳤지만, 몇 세기가 지나면서 거의 전멸해버

---

18 알락돌고래 고기는 한때 인기가 아주 많았다. 1885년 『미국 수산자원 학회지』(Transcripts of the American Fisheries Society)에 게재된 어떤 기사의 통신원은 노스캐롤라이나 해안의 케이프 해터라스 섬에서 잡은 석쇠에 구운 알락돌고래 고기를 먹어보고, 사람들이 왜 그 고기 맛을 잊어버렸는지 의아해했을 정도였다. "식도락의 황금기는 오래전에 지나갔다. 그 시대에 왕을 비롯해 고관대작들은 알락돌고래를 별미 중의 별미라고 여겼다"고 그 통신원은 썼다.

리는 양상이 빠르게 자리를 잡았다. 고래·돌고래·알락돌고래·바다표범·바닷새·해덕·낙연어·대구·가오리·넙치·가자미·작은가자미·청어·멸치류·스프랫청어·연어·도다리·장어·바닷가재와 심지어 물이끼나 거머리말까지 그런 양상에 동참했다. 그리하여 현재 바덴 해에서는 주요 생물의 거의 90퍼센트가 고갈되었고 5분의 1 이상이 완전히 사라졌다.

제방 건설로 인해 바덴 해는 원래 크기의 반으로 줄어들어, 라인 강물이 더 이상 그곳으로 흘러들어오지 않는다고 말할 지경에 이르렀다. 육지와 바다의 모호한 경계는 사라졌다. 1,000년 전까지 바덴 해의 정착민들은 습지 위로 융기된 언덕에서 살거나 변화하는 사구들 사이에 임시 거처를 만들었다. 오늘날, 바덴 연안의 지면은 단단해져 있다. 사람들이 석조나 콘크리트로 만든 해안선이 400마일(약 640킬로미터) 넘게 펼쳐져 있고, 굴과 갯지렁이가 서식하던 모래톱은 모두 사라졌다. 그리고 거머리말 초지들은 코드잔디 같은 외래종의 풀밭으로 바뀌었다. 이 코드잔디는 침식된 연안을 안정화하기 위해 새로 심은 것들이었다. 바덴 해는 너무도 많이 변해서, 원래 그곳의 바닷물은 아주 맑았지만 오늘날 사람들이 그 바닷물은 본래부터 탁했다고 생각할 정도며 지금까지 남아 있는 알락돌고래들은 여름이 아니라 겨울에 출몰할 정도다. 오늘날 같은 연안에서 상업적 목적으로 어획되는 어종 가운데 스나이데어스의 「생선 가게」에 등장하는 어류는 단 한 종도 없을 정도다. 이처럼 한때는 자급자족했던 자연계에 남은 것이 거의 없어서 어떤 생물학자는 바덴 해를 더 이상 바다라고 부를 수 없다고 말하기까지 했다.

로체에게 과거의 바덴 해는 추억과 망각 사이의 정점에 있는 어떤 기억처럼 역사와 통계를 통해서만 알고 있는 장소다. 오늘날 바덴 해의 많은 부분은 국립공원으로 지정되어 보호받고 있다. 어업으로 살아가던 시절은 이제 거의 끝났다. 바덴 해는 이제 관광 산업에 주력하고 있다. 사람들은 야생의 바다를 보기 위해 그곳을 찾는다. 심지어 자신의 손보다 겨우 클까말까할 물고기를 잡아 올리는 남아 있는 어부들도 로체가 들려주는 그곳의 역사를 믿지 않으려 한다. "사람들은 내가 그저 지어낸 이야기를 한다고 생각해요." 그녀는 말한다. "그들은 바덴 해에서 지금보다 더 큰 물고기들이 살았던 적은 결코 없었다고 장담합니다."

최근에서야 바덴 주민들은 자신들이 사는 지역의 바닷속에서 뭔가 이상한 일이 일어난다는 것에 관심을 기울이기 시작했다. 위기 종이었던 바덴 해의 점박이바다표범이 수렵으로부터 안전하게 보호받으면서 개체 수가 2만 마리 이상으로 급속히 증가했다. 과거에 이 바다에는 현재의 개체 수보다 두 배나 많은 바다표범이 살고 있었다. 그러나 현재 바다표범의 수는 오늘날의 사람들이 보기에 그 어느 때보다 많아 보인다. 그들은 바다표범의 귀환을 '기이한' 현상이라고 말한다.

인간의 영향력이 압도적인 장소들이 있다. 가령 한때 맨해튼 주변이나 그 섬에서 살았던 총 80종의 어류가 어떻게 해서든 뉴욕의 하수관들을 통해 여전히 헤엄치고 있을 거라고 생각하는 사람은 아무도 없다. 과연 이 지역의 변화 규모는 얼마나 될까? 또 변화의 폭은 얼마나 될까?

전반적인 변화의 규모를 짐작해보기 위해 우선 나무들이 점점이 흩어져 있는 사바나를 가로질러 이동하는 아프리카 코끼리들을 상상해보자. 그 광경은 경이롭다. 이동하는 코끼리 무리는 종종거리며 걷는 사람들의 발걸음이 아니라 구름 떼가 몰려가듯 움직이는 것 같아 보인다. 시인 존 딘(John Donne)[19]은 코끼리들을 "전혀 해를 끼치지 않는 거대한 존재"라고 불렀다. 하지만 딘은 동식물학자가 아니었다. 200마리의 아프리카 코끼리 떼는 하루에 60톤 이상의 식물—동일한 무게의 건초로 5,000마리 이상의 소들을 먹여 살릴 수 있다—을 먹어치우거나 파괴할 것이다. 물론 코끼리들은 건초를 먹지 않지만 눈앞에 보이는 녹색 식물이라면 거의 뭐든 먹어치우며, 50피트(약 15미터) 높이의 나무 꼭대기에 매달린 잎들을 먹기 위해 그 나무를 부러뜨려야 한다면 주저하지 않고 그렇게 하고 만다.

중앙아프리카 세렝게티 지역의 코끼리들은 1800년대 말, 상아 사냥꾼들의 손에 거의 완전히 사라졌다. 오늘날 세렝게티는 자연 다큐멘터리와 『내셔널 지오그래픽』을 통해 풀로 뒤덮인 광활한 평원의 모습으로 친숙한 곳이다. 그러나 그 지역의 과거 모습은 지금과 달랐다. 1930년대에 그 지역의 많은 곳은 나무가 빽빽하게 우거진 삼림지대였다. 그곳에 사람들이 거의 살지 않았기 때문에 식민지 행정관리들은 그곳의 대부분 지역을 녹지로 지정했다. 마사이 목동들은 나무가 무성한 그 지역에 치명적인 수면병을 옮기는 체체파리가 들끓기 시작하자 그곳을 버리고 떠났다. 그러고 나서 1955년에 코끼리들이 되돌아오기 시작했다. 그와 동시에 그 숲은 점차 사라지기 시작했다.

---

19 『누구를 위하여 종은 울리나』로 유명한 17세기 영국의 대표적인 형이상학과 시인 – 옮긴이.

코끼리 개체군이 아프리카의 다양한 지역에서 회복되었을 때 동일한 양상이 되풀이되었다. 즉 삼림지대가 사라지고 초원이 늘어나기 시작했다. 한동안 이것은 '코끼리 문제'로 인식되면서 비정상적인 현상으로 간주되었으며 사람들은 코끼리들이 너무 많이 늘어난 결과라고 생각했다. 오늘날 그것은 어떤 완전한 생태계가 핵심 생물을 잃어버림으로써 얼마나 달라질 수 있는지를 보여주는 예로 더 자주 언급되고 있다.

코끼리들은 자신들이 사는 지역을 근본적으로 변화시키는 동물—비버와 바다거북부터 지렁이와 인간에 이르기까지—에 속하는 생태계 엔지니어로 알려져 있다. 이 생물들이 만들어내는 대규모의 변화들은 하향 침투를 초래한다. 예를 들어 코끼리들이 짓이겨놓은 숲은 더 많은 도마뱀의 서식처가 된다. 과학자들이 실험적으로 코끼리로 인한 피해를 복구하자 파커스난쟁이도마뱀은 자신들이 살고 있던 나무를 버리고 떠날 만큼 아주 강하게 이 삼림지대를 선호했다. 대부분의 동물 무리와 영양 역시 코끼리사바나(코끼리들이 만들어놓은 사바나 지대)를 선호하는데, 이곳은 포식동물들이 숨을 만한 장소가 많지 않고 부러진 나무들이 지면 가까이에서 다시 싹을 틔우기 때문이다. 심지어 코끼리 똥도 유용하다. 건기에 코끼리 똥은 개구리들이 편히 쉴 수 있는 촉촉한 안식처가 되어준다. 카메룬의 코끼리 똥 더미에 대한 향기롭지 않은 한 연구에 따르면, 코끼리 똥은 91종의 식물 씨앗을 다른 지역으로 퍼뜨리는 역할을 한다고 한다. 또 코끼리들은 물웅덩이를 만들고—언젠가 나는 완전히 성장한 암코끼리가 스노클(snorkle)처럼 코끝만 살짝 내놓고 진창 속에 들어가 뒹구는 것을 보았다—경우에 따라서는 동굴을 만들기도 한다고 알려져 있다. 우간다 엘곤 산의 코끼리들은 거의 1만 2,000년 동안 소금 퇴적물에 몸을 문질러대어 산비탈에 약 400피트(약 120미터)에 이르는 동굴들을 만들어냈는데, 이곳은 표범에서부터 박쥐까지 온갖 동물의 은신처로 이용되고 있다. 이 동물들은 대체로 한밤중에 소금채취 작업을 한다.

코끼리라는 단 한 종의 생물을 제거해보자. 그러면 우리는 완전히 다른 환경에 처하게 될 것이다. 지금의 아프리카가 한때는 1,000만 마리나 되는 코끼리들의 서식지였다는 사실을 생각해보라. 아니면 오늘날 그곳에 살고 있는 개체 수보다 20배가 넘는 코끼리들이 과거에 그곳에 살고 있었다는 것을 생각해보라. 빙하기가 끝난 뒤, 코끼리 같은 동물들이 남극 대륙과 오스트레일리아를 제외한 모든 대륙을 돌아다녔다는 사실을 잊지 말기 바란다. 심지어 캘리포니아의 채널 제도에서부터 러시아 북극지역[20]의 브랑겔 섬에 이르기까지, 많은 섬에 난쟁이 후피동물들이 살았다. 코끼리, 매머드, 마스토돈 그리고 이와 비슷한 종류들은 홍적세 때 그들이 살던 영역의 90퍼센트에서 자취를 감췄다. 그 당시 동물들은 아마도 현대의 코끼리들이 아프리카와 아시아에 영향을 미친 것처럼 똑같이 자신들의 서식지에 영향을 미쳤을 것이다.

생태학자들이 고심하고 있는 한 가지 미스터리는 삼림을 유지하기에 적합한 토양과 강수량을 갖고 있는 세계의 많은 지역에 초원이 있는 이유가 무엇일까 하는 것이다. 설명할 수 있는 한 가지 이유는 코끼리들과 다른 대형초식동물들이 나무들이 그 지역을 잠식하지 못하게 함으로써 대초원 생태계가 자리를 잡을 수 있게 해주었다는 것이다. 더 먼

---

20 털로 뒤덮인 작은 매머드들은 브랑겔 섬에 여전히 존재했다. 그 동물들이 사라진 것은 불과 약 4,000년 전, 이집트인들이 최초의 피라미드를 만들고 있을 때였다.

북쪽에서도, 오늘날 습한 툰드라 지대가 과거 한때는 풀이 우거진 건조한 스텝(steppe)으로 대부분 뒤덮여 있었는데 매머드들의 엄청난 섭식 활동으로 그곳의 스텝이 유지된 것일 수도 있다. 고대의 대형초식동물들이 전 세계의 초원들을 만들어냈다고 추정하는 것만으로도(그들의 영향이 거기서 멈췄다고 생각할 근거는 거의 없다), 우리는 이미 지구 지표면의 거의 절반에 대해 이야기하고 있는 셈이다.

특히 코끼리 엔지니어링의 혜택을 입은 또 다른 한 생물 종이 있다. 그 종은 바로 우리 인간이다. 환경심리학 분야에서 발견한 사실들 가운데 가장 지속적인 것은 바로 인간이 만들어진 환경보다 자연적인 환경을 더 좋아한다는 사실이다. 그렇지만 우리는 자연경관들 가운데에서도 주변에 물이 흐르고 나무가 점점이 흩어져 있는 탁 트인 공간들— 맨해튼의 센트럴파크 옆에 있는 유명한 고층 건물에서 바라보는 전망들을 상상해보라—을 가장 좋아한다. 생물학자 에드워드 윌슨(E.O. Wilson)이 "가장 분명하게 드러나는 인간의 본능을 살펴보려면 풍요로운 자연에서 출발하는 것이 좋다"고 말했듯이 이런 성향은 여러 문화와 세대를 가로지른 실험들에서 사실임이 입증되었다. 또 마찬가지로 탁 트인 공간이 우리 선조들의 고향, 즉 인간들이 진화했던 아프리카의 평원을 닮았기 때문에 가치 있게 여기는 것이라고 주장하는 '사바나 가설'도 제시되었다.

그 평원들은 분명히 코끼리들이 만들어내는 지역 형태이기도 하다. 실제로 우리는 코끼리들이 사라진 세렝게티를 보호구역으로 지정한 무렵, 그 지역을 버리고 떠났던 마사이 목동들이 코끼리 개체군이 회복되자 다시 소 떼를 데리고 돌아왔다는 사실을 알고 있다. 코끼리들이 남긴 가장 확실한 흔적은 그들의 이동 경로다. 그것은 코끼리들이 가장 편하고 안전한 길을 발견하기 위해 수백 년에 걸쳐 언덕들과 계곡들을 오르내리며 육중한 발로 단단하게 다져놓은 발자취다. 오늘날 우간다 북부의 많은 지역을 가로질러 뻗어 있는 코끼리의 이동 경로는 그 지역에서 찾아볼 수 있는 최상의 도로로 알려져 있다. 그리고 북아메리카의 버펄로 이동 경로 역시 마찬가지인데, 고대부터 만들어진 경로 가운데 어떤 길은 그대로 현대의 고속도로나 철로로 이용되기 시작했다. 고고학자들은 인류의 조상들이 마침내 아프리카를 떠났을 때 어떻게 이처럼 빠르게 전 세계로 퍼져나갈 수 있었는지에 관해 계속 논쟁하고 있다. 쉽게는 인간들이 코끼리나 그 외의 동물의 발자취를 따라갔으리라는 것을 상상해볼 수 있다. 수천 년 전 신세계에 최초로 도착한 인간들은 아마도 대항해시대의 모든 유럽 탐험가들과 적어도 한 가지 측면에서는 비슷했을 것이다. 새로 도착한 그들은 그곳의 거주자들이 이미 구축해놓은 세계를 발견했고 그 세계를 완전히 변화시켰을 것이다.

이 세상에서 사라질 때 아무 흔적도 남기지 않고 사라지는 생물은 아마 없을 것이다. 작은 동물들 또한 생태계 엔지니어일 수 있다. 예를 들어 인도갈기산미치광이[21]는 굴을 파서 중동을 사막화하는 데 일조하고 심지어 사람들과 사자, 호랑이, 표범 사이의 관계에도 영향을 미친다. 맹수들이 인도갈기산미치광이를 잡아먹으려다가 부상을 입을 경우에는

---

21 일명 '아프리카포큐파인' 또는 인도호저. 몸에 길고 뻣뻣한 가시털이 덮여 있는 동물 – 옮긴이.

오히려 인간을 공격할 가능성이 아주 높아진다. 인도에서 주민 42명을 잡아먹은 악명 높은 구말라푸르표범의 발에는 인도갈기산미치광이의 가시털 두 개가 박혀 있었다. 아메리카나 오스트레일리아 토종이 아닌 꿀벌들은 자신들에게 덜 협조적인 생물들을 희생시켜서 식물이 잘 자라나 수분할 수 있는 꽃을 더 많이 피우게 한다. 그런 파급효과들은 '캐스케이드'(cascades, 연쇄파급효과)라고 알려졌는데 가장 강력한 캐스케이드는 우리가 포식자라고 부르는 육식동물들과 관련이 있다.

1990년대에 알래스카 남서 연안에서 수수께끼가 하나 생겼다. 모피 무역으로부터 살아남아 아주 성공적으로 개체 수를 회복한 해달들이, 오랜 세월 번성해왔던 많은 지역에서 갑자기 사라지기 시작한 것이다. 그다음 10년 동안 해달의 개체 수는 90퍼센트까지 급격하게 감소했다.

해달이 사라지고 있는 원인을 알아내기 위해 완전히 다른 시대와 다른 생물들을 살펴보던 연구자들은 마침내 그 이유를 밝혀냈다. 1800년대 중반부터 포경업으로 인해 북태평양에서 큰 고래들―혹등고래, 흰 긴수염고래, 귀신고래 그리고 200년 넘게 살 수 있는 경이로운 북극고래―의 수가 점점 감소했다. 제2차 세계대전 이후 산업적 포경업으로 풍부했던 참고래, 긴수염고래, 항유고래의 개체 수가 감소했으며 고래는 훨씬 더 심각한 타격을 입었다. 20세기 후반도 전 세계의 포경선은 매일 평균 100마리의 고래들을 죽였다.

1970년대에 미국이 모든 영해에서 고래잡이를 전면 금지한 이후에는 점박이바다표범들이 이유를 알 수 없는 가파른 감소세를 보이기 시작했다. 그다음에는 물개들의 숫자가 줄어들었다. 1980년대 내내 바다사자들의 서식지가 무너져갔다. 1990년대에는 결국 해달의 개체 수까지 하향곡선을 그리기 시작했다. 마침내 여러 과학자들은 그 원인이 바로 킬러고래(범고래)라고 말했다. 사실 킬러고래라는 이름은 부적절하다. 모든 킬러고래가 고래를 죽이는 것은 아니다. 그 가운데 일부만 전문적으로 고래를 죽인다. 포경업은 고래들이 사라진 바다를 남겼다. 그리고 사람들이 하는 것처럼 고래들도 곧 먹이사슬에서 자신들 아래에 있는 생물들을 먹기 시작했다. 그 고래들이 해달에 관심을 갖게 되었을 때, 해달은 그들에게 간식거리에 불과했다. 단 한 마리의 킬러고래가 웬만큼 먹고 살려면 1년에 1,800마리가 넘는 해달을 먹어치워야만 한다. 그럴 경우 식욕이 왕성한 단 4마리의 킬러고래가 1년 안에 해달을 멸종시킬 수도 있다.

해달들은 그 연쇄파급효과의 끝이 아니었다. 해달이 사라지자 또 다른 연쇄반응이 시작되었다. 해달 역시 포식동물이었다. 그리고 해달이 좋아하는 먹이 가운데에는 성게가 있었다. 성게는 보통 초록, 자주, 빨간색으로 뜨개질바늘 뭉치처럼 생긴, 해저에 사는 생물이다. 이번에는 성게가 또 다른 연쇄파급효과를 낳았다. 성게는 깃발처럼 생긴 긴 해초들(북태평양 연안을 따라 형성된 대형켈프 숲의 '나무들')을 특히 좋아하는 초식동물이다. 먹이사슬에서 해달을 제거해보라. 그러면 급속히 증가하는 성게 개체군이 얼마 지나지 않아 켈프(대형해조류) 숲을 그루터기까지 깨끗하게 먹어치울 것이다. 연쇄파급효과는 그것으로 끝나는 게 아니다. 거대한 켈프 숲이 거대한 성게 밭으로 바뀌어버린 모습을 상상해보라. 해달을 잡아먹는 흰머리수리의 식단부터 시작해서 따개비들의 성장률, 그리고 연안에 와서 부딪치는 파도의 높이에 이르기까지 모든 것이 변할 것이다.

대부분의 수수께끼가 그렇듯이 해달들이 사라져가는 수수께끼 역시 그 해답은 아주 간단해 보인다. 하지만 그 퍼즐조각들을 맞추기까지

10년이 넘는 세월이 걸렸고 그 해답조차 여전히 논쟁을 불러일으키는 가설로 남아 있는 실정이다. 한 동물학자는 생태계 연쇄파급효과의 과학을 "배경음에 어울리는 패턴과 질서의 발견"이라고 표현한다. 그것은 직관과 어긋나는 영역이다. 상식적으로 생각했을 때 만일 우리가 거대 포식동물들을 제거하면 그 동물들이 평소에 잡아먹던 동물의 수는 당연히 증가할 것이다. 그러나 서아프리카의 가나에서는 정반대의 현상이 일어났다. 즉 사자, 표범, 하이에나, 들개 들을 제거하자 뜻밖에도 온순한 초식동물로 알려졌던 개코원숭이들이 교활하고 조직적이며 게걸스러운 육식동물로 돌변해서 자신들의 먹잇감이 될 만한 동물들을 초토화시켰다. 또 한 지역에 사슴을 유입한 것이 흑곰들을 말살하는 결과를 가져오게 될지 누가 알았겠는가? 퀘벡의 앤티코스티 섬에서는 바로 그런 일이 일어났다. 사슴 개체군이 섬의 딸기나무를 마구 부러뜨리며 잎을 먹어치우는 바람에 결국 섬에 살던 곰들이 굶어 죽게 되었다.

우리 주위의 얼마나 많은 세상이 이런 극단적인 결과로 변해버렸을까? 나는 산타크루즈 대학교의 생태학자이자 생태계 연쇄파급효과 이론의 선구자인 제임스 이스티스(James Estes)에게 그런 질문을 던졌다. 켈프 숲들이 어떻게 불모의 성게 밭으로 변모하게 되었는지 그 원인과 과정을 해양생물학자 존 팔미사노(John Palmisano)와 함께 최초로 밝혀낸 사람이 바로 이스티스다. 그러나 켈프 숲 자체도 이미 더 오래전에 인간들의 영향에 의해 만들어진 결과물일 수 있다고 이스티스는 말했다. 수백 년 전 해달가죽은 해양모피 무역의 금본위제(金本位制) 역할을 했다. 그리고 지금은 거의 완전히 잊힌 거대한 스텔러바다소가 해조류 군락 사이를 헤엄쳐 다녔다. 오늘날 열대 수역에서만 발견되는 듀공과 매너티도 바다소목에 속한다(순하고 둔한 이 동물은 엄니 없는 바다코끼리처럼 생겼다). 바다소들은 한때 아시아와 북아메리카의 북태평양 연안에 널리 퍼져 있었으나 인간 수렵꾼들에게 거의 몰살당해서 선사 시대 때부터 살아온 그들의 서식지 대부분에서 사라졌다. 1741년 무렵 최초로 학술 데이터베이스에 기록될 당시, 스텔러바다소는 이미 러시아 극동 지역의 고립된 코맨더 섬 주위에서만 발견할 수 있었다. 그로부터 27년 뒤 그 동물들마저 사냥으로 멸종되었다. 아프리카 코끼리 떼가 오늘날 사바나 삼림지대에서 풀을 뜯어먹는 것처럼 굶주린 바다소들이 해조류 숲에서 해초를 뜯어먹고 있는 광경이 어땠을지는 이제 상상에 의지할 수밖에 없다.

바다소와 코끼리 같은 거대한 초식동물들, 그리고 사자와 상어 같은 대형포식동물들은 현대인의 출현 이래로 가장 심각하게 개체 수가 감소한 생물들에 속한다. 이스티스는 현대의 연쇄파급효과들에 대해 알게 된 사실을 토대로, 오랜 세월에 걸쳐 인류가 지구의 90퍼센트 이상에서 생태계의 자연적 진화를 변화시켰다고 추측한다. 1,000년 동안 그런 손실들의 연쇄파급효과들은 점진적으로 이루어졌기 때문에 뚜렷하게 눈에 띄지도 않았을 뿐만 아니라 오늘날에도 대부분 알려지지 않았고 아마 우리가 알 수도 없을 것이다. 오늘날 아메리카 야생의 원래 모습에 가장 가깝다고 알려진 옐로스톤 국립공원 같은 지역을 여행할 때 이스티스는 더 이상 "이곳은 예전 그대로다"라고 생각하지 않는다. 대신 그는 "이 경관은 장담하건대 과거 모습과 엄청나게 다르다"라고 생각한다.

"그러니까 우리는 사실 다른 세계에 대해 이야기하고 있는 거로군요." 내가 말했다.

"아주 다른 세계죠, **완전히 다른 세계.**" 이스티스는 대답했다.

우리는 변화의 지평에 대해 적어도 한 번은 더 살펴보아야 한다. 만일 인간 이외의 생명체에 대해 이런 표현을 써도 된다면 우리가 살펴볼 것은 좀더 '개인적인' 변화상이다.

이번에는 아파르트헤이트 시대의 남아프리카에서 살았던 코끼리들을 재검토해볼 필요가 있을 것이다. 1980년대 초에 크루거 국립공원에서는 코끼리 개체군이 엄청나게 증가하고 있었다. 그래서 야생동물 관리인들은 멀리서 수많은 성체 코끼리에게 마취총을 쏘아 쓰러뜨린 뒤 총을 쏘아 죽이기로 결정했다. 대체로 개체 수 조절을 위한 그런 살상은 어린 코끼리들이 보는 앞에서 이루어졌다. 그리고 새끼 코끼리들을 한꺼번에 모아 필라네스버그 국립공원 남서쪽으로 몇백 마일에 걸쳐 약 40개 정도 산재해 있는 다른 공원이나 보호구역으로 보내버렸다. 만일 한 지역 내에서 과잉된 종의 개체 수를 줄여서 다른 종들의 개체 수가 그만큼 늘어났다면, 환경보존을 위한 이런 끔찍한 행위는 분명히 타당하다고 생각되었을 것이다.

10여 년이 지난 뒤, 필라네스버그의 현지 생물학자들은 그들이 이름 붙인 "새로운 상황"이 나타나는 것에 주목했다. 말 그대로 유례없는 상황이었다. 코끼리들이 멸종위기에서 벗어나 다시 번식을 시작한 흰코뿔소들을 닥치는 대로 죽이고 있었다. 1992년부터 1998년까지 코끼리들이 죽인 코뿔소는 무려 49마리에 이를 거라고 추정하고 있다. 그것은 명백한 대학살이었다. 그 범인은 크루거 국립공원에서 어미를 잃었던 어린 수컷 코끼리들로 밝혀졌다. 난폭하게 미쳐 날뛰는 코끼리들의 그런 행동은 분명히 그들이 새끼였을 때 겪었던 정신적 외상에 뿌리를 두고 있다는 결론에 다다를 수 있을 것이다. 그렇지만 결국 그 연구는 동물들의 문화적 습성 때문이라는 결론으로 귀결되었다.

성체가 된 수컷 코끼리들의 몸에는 그들을 아주 사납게 만드는 강력한 테스토스테론이 분출되며 이때 그들은 발정기에 접어들게 된다. 그런데 필라네스버그 국립공원의 젊은 수컷 코끼리들은 어릴 때 받은 정신적 충격과 함께 발정기에 접어들었고 아주 오랫동안 그 시기에 머물렀다. 코뿔소 킬러로 의심되는 어떤 젊은 코끼리는 나이가 2배나 많은 수컷 코끼리에게서도 좀처럼 보기 드문 다섯 달의 아주 긴 발정기를 겪다가 결국 목숨을 잃었다. 더 자연스러운 환경, 다시 말해 어미를 잃지 않은 상태에서 정상적으로 성장한 경우 젊은 수컷 코끼리의 발정기는 더 나이가 많고 몸집이 더 큰 수컷들과 부딪치면서 기가 꺾이듯이 갑자기 끝나게 된다. 힘이 센 수컷 코끼리에게 자리를 내어주고 물러나면서 젊은 수컷에게서 분출하던 호르몬은 멈추게 된다. 어떤 경우에는 몇 분 사이에 멈춰버리기도 한다. 그래서 시험 삼아 필라네스버그로 6마리의 나이 많은 수컷 코끼리들을 들여오자 코뿔소 살해가 중단됐다. 코끼리 폭력 사태가 발생했던 것은 연장자 코끼리들이 없기 때문이었다.

아프리카의 '괴수들'—그 대륙의 나이 많은 거대한 코끼리들에게 주어진 별명—은 대개 몇십 년 전에 사라져버렸다. 코끼리 상아는 코끼리가 살아있는 동안 계속 자란다. 지금까지 기록된 가장 큰 코끼리 엄니는 1890년대에 킬리만자로 산등성이에서 총살된 수컷 코끼리에게서 잘라낸 것으로 무게가 무려 200킬로그램이 넘는다. 사실 사냥꾼들이 일반적으로 제일 늙은 동물들을 표적으로 삼는다는 증거—그런 동물들은 절정기의 동물들보다 덜 기민하고 덜 위험한 경향이 있다—는 적어도 석기시대 중기까지 거슬러 올라가야 하며 그런 경향은 계속되었다. 성체 코끼리들의 사망률이 점점 더 늘어나는 주요 원인은 인간들의 사냥이었다.

우리는 자연계의 생명체들이 정상적으로 나이 들지 못하게 만들었다.

그리고 그 영향은 너무도 커서, 늙은 동물들을 주제로 글을 쓴 몇몇 동물학자 가운데 한 사람인 앤 이니스 대그(Anne Innis Dagg)는 우리가 동물들의 사회질서를 관찰할 때 보게 되는 모습들이 그 동물들의 "자연스러운 행동"인지 아닌지를 알 수 있는 가능성은 더 이상 없을 것이라고 주장한다. 코끼리는 연장자의 중요성을 서서히 인정받고 있는 몇몇 종 가운데 하나다. 1993년, 탄자니아의 오랜 가뭄 동안 가장 나이 많은 암컷 코끼리들이 이끄는 코끼리 무리는 더 젊은 암컷 코끼리들이 이끄는 무리보다 더 많이 살아남았다. 이 코끼리 무리에게는 과거에 겪었던 가뭄 당시 연장자들이 멀리 떨어져 있는 물웅덩이들로 무리를 이끌고 갔던 것을 기억하고 있을 정도로 충분히 나이가 든 지도자가 필요했다. 그들의 목숨을 구해줄 그 웅덩이들에 대한 심상 지도를 계속 이어가기 위해서는 성체 코끼리들뿐만 아니라 늙은 코끼리들 역시 몇백 년 동안 연속적으로 존재해야 한다(심각한 가뭄은 약 50년마다 탄자니아를 강타하는데, 코끼리들의 최대 수명은 약 65년이다).

그런 영향들은 단지 두뇌가 발달하고 수명이 긴 종에게만 국한된 것이 아니다. 1990년대 초에 어업학자 조지 로즈(George Rose)는 최초로 북서 대서양에서 대구의 이동 경로를 기록하기 위해 뉴파운드랜드 섬의 그랜드뱅크(Grand Bank)[22]로 향했다. 자연의 바로크적 풍요로움을 상징했던 그 지역의 어업이 하향 길로 접어들고 있었기 때문에 대구의 이동 경로가 절실히 필요해진 것이다. 로스는 수온과 해저 지형에 근거해서 이동 가능한 경로를 예측했다. 음향측심기들이 그의 예측이 거의 정

---

22 세계 최대 대구 어장 – 옮긴이.

확했다는 것을 입증했다. 물고기들은 그곳에 있었다. 그러나 그는 또한 전혀 예상하지 못했던 어떤 현상도 목격했다.

코끼리들이 그렇듯이, 마지막 '괴수'로 불리던 대구 역시 오래전에 사라졌다. 1890년대 이래 대서양에서 200파운드(약 90킬로그램)가 넘는 대구는 잡히지 않았다. 그러나 음향측정기 판독에서 로즈의 관심을 사로잡은 것은 가장 크고 나이 많은 물고기들이었다. 그는 모든 물고기 떼의 선두마다 검은 얼룩 같은 것들이 있는 것을 명백하게 볼 수 있었다. 그의 연구팀은 그들을 '정찰병'이라고 불렀다. 대부분의 물고기 떼에는 그런 리더들이 불과 몇몇밖에 남아 있지 않았다. 로즈는 많은 의문을 안고 뭍으로 나왔다. 그 정찰병 대구들은 아무것도 분간이 되지 않는 그 광활한 바닷속에서 대체 어떤 표지판을 보면서 끝까지 헤쳐 나갈 수 있었을까?[23] 자신들이 이끄는 무리가 언제 어디서 알을 낳을지 어떻게 결정했을까? 로즈가 지켜보고 있었던 것은 정말로 몇 년 동안의 기억과 지혜를 가진 물고기, 대대로 전해 내려온 지식의 계승자였을까?

그 의문들에 대한 답은 금방 떠오르지 않을 것이다. 1992년, 수 세기 동안의 남획으로 인해 대구 개체 수는 현저하게 줄어들었다. 오늘날에도 그랜드뱅크에서 대구를 발견할 수는 있지만, 그 대구들은 크기가 작을 뿐 아니라 5년 이상 생존한 대구는 거의 없었다고 로즈는 말한다. 나이 든 물고기들은 사라졌다. 그리고 대구가 역사에 기록된 지 500년 만에 처음으로 대구가 이동을 하지 못하는 불상사가 발생했다.

---

23 대구는 야행성으로 밤에만 움직인다 - 옮긴이.

자연은
어떤 모습일까

소설 『모비 딕』에서 가장 인상 깊은 장면 가운데 하나는 태평양에서 선원들이 '라인'(Line)이라 부르던 곳, 곧 적도를 따라가는 동안 일어난다. 그곳의 이름 없는 섬들 한가운데에서 피쿼드(Peguod) 호의 선원들은 한밤중이 되어서야 간신히 향유고래를 죽이고 그 시체를 배의 측면에 단단히 묶어놓고 조각조각 잘라 배에 싣기 위해 동이 트기를 기다린다. 고래를 잡은 포경선은 그렇게 하는 것이 관례다. 그러면 곧 죽은 고기를 먹는 상어들이 피비린내를 맡고 몰려올 것이다. 사실 너무 많이 몰려들어서, 허먼 멜빌(Herman Melville)이 묘사하듯 바다는 "거대한 치즈 덩어리"처럼 보일 것이고, "상어들은 치즈 속의 구더기"처럼 보일 것이다. 그래서 긴 나무막대기 끝에 납작하고 날카로운 삽을 매단 것처럼 생긴 고래작살로 상어들을 고래에게서 떼어내 쫓아버려야 한다.

그렇지만 '라인'에서 멀리 떨어진 섬들의 "헤아릴 수 없이 많은 상어 떼"는 포경선 선원들이 겪어보았던 그 어떤 상어들보다 훨씬 더 거칠고 사나워서 고래작살에 찢어진 배에서 터져나온 내장을 서로 뜯어먹을 뿐만 아니라 몸을 활처럼 구부려 자기 내장까지 뜯어먹는데, 입으로는 내장을 삼키고 벌어진 상처로는 그 내장을 토해내기를 몇 번이고 되풀이할 정도로 잔인하고 광포하다. 피쿼드호의 위엄 있는 작살잡이 대장—작살로 면도를 하고 온 몸이 "기이한 문신"으로 뒤덮여 있는 퀴퀘그는 '코코보코'라는 가상의 섬에 사는 식인족 추장의 아들이다—조차 그 엄청난 소용돌이에 당황한다. 호롱불에 의지해 배의 고래해체실로 내려가 그 괴물들을 난도질하고 나서 마침내 갑판으로 다시 올라온 그는 완전히 죽은 줄 알고 배에 끌어올려놓았던 상어에게 하마터면 손이 잘려나갈 뻔한다. "어떤 신이 상어란 놈을 만들었는지 퀴퀘그는 관심 없어. 피지 신인지 낸터컷 신인지는 모르지만 상어란 놈을 만든 신은 빌어먹을 인디언이 분명해"라고 그는 말한다.

오늘날의 바다 모습에 익숙한 사람들에게 그 광경은 선원들의 실생활보다는 작가인 멜빌의 상상력을 더 많이 반영하고 있는 것 같아 보인다. 산호초가 대부분인 곳에서는 상어들을 찾아보기가 쉽지 않다. 그리고 산호초들은 중동 내의 홍해에서부터 인도와 남태평양을 거쳐 중앙아메리카의 연안들과 멕시코 만, 카리브 해 쪽으로 계속 뻗어나가면서 진주처럼 흩어져 있다. 그 바다의 산호초들을 전부 합하면 애리조나나 이탈리아만한 면적을 덮을 수 있다. 그 가운데 4분의 3은 30마일(약 48킬로미터) 정도 떨어져 사람들이 살고 있는 바닷가 주변에서 볼 수 있는데 그곳에서 상어들이 구더기처럼 우글거린다면 확실히 주의를 끌 것이다.

멜빌 시대 이후 대부분의 역사 속 세상 사람들은 대체로 19세기 고래잡이 선원들이 만났던, 멀리 떨어진 암초들을 잊고 있었다. 10년 전 세상에서 가장 오염되지 않은 산호초를 찾던 해양생물학자들은 오늘날 라인 제도라고 알려진 곳을 탐사하기 시작했다. 이곳은 미국령의 해외 영토인 세 개의 섬과 키리바시 공화국의 깃발 아래 길게 늘어서 있는 남태평양의 환상 산호도다. 이 섬 가운데 가장 멀리 떨어져 있는 킹맨 섬은 해양 황무지에 가깝다. 우선 간조 때 드러나는 바다와 육지의 경계선에 가느다란 띠처럼 끊어질 듯 간신히 이어진, 나무 한 그루 없는 그 해변에서는 사람이 살 수 없다. 게다가 그 섬을 보호하기 위해 만든 항구는 1939년대에 팬아메리칸 항공사의 '비행기들'을 위한 중간 기착지로 이용되면서 유례없는 혹사를 당했다. 오늘날 킹맨 섬과 그 주변 바다는 미국 국립야생보호구역으로 지정되어 있다.

해양생태학자이자 미국지리학회 레지던트 탐험가로 활동하고 있는 엔리크 살라(Enric Sala)는 라인 제도 재탐사를 위한 탐험대의 일원으로 참여하고 있었다. 배를 타고 가장 멀리 떨어진 환상 산호도가 있는 곳으로 가까이 다가간 바로 그 순간, 그 과학자들은 그곳이 뭔가 다르다는 것을 느꼈다고 한다. 그는 그곳의 대기가 바닷새들과 그 새들의 소리로 가득 차 있었기 때문이라고 설명한다. "열대에서 사람이 살고 있는 섬으로 가보세요. 그런 곳에는 새들이 사라지고 없답니다. 사람들이 새와 새알을 먹거나 쥐들이 갓 부화한 새끼 새들을 잡아먹기 때문이죠." 살라는 그렇게 말한다. 그 팀은 점점 더 멀리 떨어진 암초들로 뛰어들었고, 다이빙할 때마다 상어들을 발견하고 열광했다. 그리고 마침내 킹맨 섬에 다다랐을 때 바닷속으로 제일 먼저 뛰어든 사람은 탐험대의 카메라맨이었다. 훼손되지 않은 순수한 자연 그대로의 모습을 찍으리라는 희망을 안고. 하지만 그는 물속으로 들어가자마자 곧바로 뛰쳐나왔다. "여기선 잠수를 할 수 없어!" 그가 외쳤다. "상어가 너무 많아, 그리고 그놈들은 아주 별나!"

마침내 그들은 킹맨 암초 아래로 다이빙했다. 다 함께 뛰어들자, 상어들이 흩어졌다. 그러나 상어들은 이내 그곳으로 되돌아와 다이버들을 확인하더니 마침내 평소에 자신들이 이동하는 경로를 따라 다시 사라졌다. 상어 떼가 사라질 때까지 한참을 기다리고 나서야 비로소 과학자들은 암초에 서식하는 생물들에 대한 조사 작업을 시작할 수 있었다. 이번에는 카메라맨이 한 프레임 안에 30마리의 상어들을 담은 사진들을 가지고 배로 돌아올 수 있었을 것이다. 그들은 남태평양의 역사와 소설 『모비 딕』을 통해 알았던 상어들, "셀 수 없이 많고 아주 포악해서 노와 방향타를 마구 물어뜯는 상어들", 한 선원이 수심 1미터밖에 안 되는 바다 속에서 뒤꿈치를 물어뜯기고 "굶주린 괴물 무리"가 그의 피 냄새를 맡고 몰려들 때 간신히 해안으로 도망쳐 나왔던 그런 상어들, 선원들이 "상어들로 들끓는 석호들"이라고 항해일지에 적어놓았던 것과 똑같은 상어들을 만났다. 킹맨 다이빙 팀 가운데 한 사람은 후일 그 암초 섬에서 겪은 경험으로 "죽다 살아나 생물학자로 거듭났다"고 말했다. 천연의 암초가 실제로 어떤 모습인지 비로소 알게 되었기 때문이다.

"오염되지 않은 자연 그대로의 산호초가 있는 곳에서 무작정 헤엄을 쳐서는 안 됩니다." 살라는 말한다. "우리처럼 검은 잠수복을 입고 들어간다면 얘기가 다르지요. 하지만 만일 당신이 무방비상태로 들어가 물을 퍽, 퍽, 퍽 튀기며 힘차게 헤엄을 친다면, 상어들이 밑에서 당신의 하얀 배를 보면서 먹이인 줄 알고 군침을 흘릴 겁니다. 나라면 절대 그런 짓은 하지 않을 겁니다. 그곳은 다른 세계예요. 공포의 지대죠."

인간의 흔적을 찾아볼 수 없는 순수한 자연을 이해하기 위한 최후이자 최고의 선택은 바다다. 외해는 육지에서 아주 멀리 떨어져 있으며 해

저 깊숙이 다다를 때의 위험요인과 기술적인 어려움 때문에 지구에서 인간의 행동에 가장 영향을 받지 않는 지대가 되었다. 인간이 정착하기 전의 대륙에 관한 기록은 없지만 역사는 사람들이 거의 본 적 없는 이전의 바다에 대한 기록들로 가득 차 있다. 이 기록들이 현대를 사는 우리로서는 이해할 수 없는 세계를 묘사하고 있다는 사실은 주목할 만하다.

2002년에 밴쿠버 브리티시컬럼비아 대학교의 어업학자들은 과거 헤카테 해협의 자연 상태를 보여주는 컴퓨터 시뮬레이션을 개발하고자 했다. 캐나다 서쪽 연안으로 물줄기가 흘러가는 헤카테 해협은 폭풍이 불지 않는 겨울에도 30~70피트(9~21미터)의 높은 파도가 빈번하게 밀려드는 곳으로 유명하다. 연구자들은 고래부터 플랑크톤까지 그 해협의 해양생물들을 51개 범주로 나누고 시간을 두고 각 생물들에 대한 데이터를 수집했다. 데이터의 80퍼센트 이상에서 이 해양생물의 개체 수가 오늘날보다 그 지역의 토종 개체군과 유럽이나 아시아 탐험가들 사이에 어떤 확실한 접촉이 있기 훨씬 이전에 더 풍부했다는 사실이 발견됐다. 실제로 이 51개 범주들의 40퍼센트 이상이 과거에는 적어도 지금보다 2배 이상 풍부했다.

간단히 말해서 1750년의 헤카테 해협의 모든 생물이 지금보다 더 풍부했다. 눈길을 끄는 거대한 생물들(오늘날보다 개체 수가 2배 더 많은 고래와 연어, 4배 더 많은 링코드[24], 16배 더 많은 해달 등)도 그 수가 더 많았지만, 더 작은 생물들의 개체 수도 엄청났다. 청어와 빙어 같은 이른바 '먹잇감 물고기'들도 더 많았고 조개류·새우·게·산호·해면·해조류도 훨씬

---

24 쥐노래미과의 어류 – 옮긴이.

더 많았다. 문제는 그래서는 안 된다는 사실이다. "그것은 정상적인 생태계 모델들과 맞지 않습니다. 그 해협에 포식어류가 그렇게 많았다면 먹잇감 어류의 수는 더 적었어야 정상이니까요. 고양이가 많을수록 쥐가 적은 게 정상이듯 말입니다." 헤카테 해협 시뮬레이션 개발에 참여했던 해양역사생태학의 선구자 토니 피처(Tony Pitcher)는 그렇게 말한다.

그것과 비슷한 흥미로운 조사결과가 남중국해에서부터 지중해까지, 북해에서 메인 만에 이르기까지, 그 문제를 조사하는 거의 모든 곳에서 나타났다. 한 가지 설명 가능한 것은 수집된 데이터들이 과거 대양들의 풍요로움을 과장하고 있다는 것이다. 어쨌든 허구의 작품인 『모비 딕』 같은 책은 말할 것도 없고 초기 탐험가, 정착민, 심지어 동식물학자들까지, 역사생태학자들은 이들의 비과학적인 관찰에 의존한다는 사실로 인해 비난을 받아왔다. 그러나 그런 정보 출처들—흔히 과거에 어떤 장소를 오직 눈으로 목격한 사람들의 말을 포함하는—을 무시한다면 우리의 지식은 깜짝 놀랄 만큼 빈곤해질 것이다.

2006년 샌디에이고의 스크립스 해양학회가 이끈, 카리브 해의 푸른 바다거북들이 둥지를 트는 바닷가의 과거와 현재를 비교·확인해보려는 획기적인 시도에서는 프랑스 과학자 샤를 드 로슈포르(Charles de Rochefort)의 『1666년 카리브 제도의 역사』(1666 The History of the Caribby-Islands)에서부터 초기 아메리카 소설들 가운데 하나인 윌리엄 윌리엄스(William Williams)의 반자전적 소설 『미스터 펜로즈: 바다 사나이 펜로즈의 일기』(Mr. Penrose: The Journal of Penrose, Seaman)에 이르기까지 163개의 역사적 문헌에서 푸른바다거북을 언급하고 있는 것을 발견했다. 이 연구의 입안자들은 둥지에 대한 오늘날의 자료들과 거북 사냥의 역사적 기록을 토대로 20세기 초에 거의 멸종위기에 처했던 푸른바다거북의 '회복'을 새롭게 조명하고 있다. 오늘날 푸른바다 거북의 개체 수는 과거 번성했던 시절의 0.33퍼센트에 불과하다. 연구 자들은 역사적 기록이 정확하지는 않다고 인정하면서 당시의 진짜 개체 수는 그보다 많았을 수도 있다고 말한다(물론 더 적었을 수도 있다).

헤카테 해협의 컴퓨터 모형은 현대의 어업 데이터, 고고학적 증거, 역 사적 기록, 토착민들과 그 후의 정착민들에게서 얻은 현지 관련 지식까 지 포함해서 입수할 수 있는 최대 범위의 원(原) 자료들을 이용해 만들 어졌다. 그러나 그것은 여전히 어리둥절한 결과를 낳고 있다. 피처는 과 학자들이 과거의 바닷속에 어떤 것들이 있었는지는 점점 더 분명하게 알게 되었지만, 과거의 바다가 어떤 모습이었는지를 말하기는 매우 힘 들다고 말한다. 그는 컴퓨터로 시뮬레이션한 자연의 모습을 파블로 피 카소(Pablo Picasso)가 그린 추상화에 비유한다. 즉 전체를 이루고 있는 각 부분들은 파악되지만 비율감과 배치가 현실과 들어맞지 않는다. 생 물로 혼잡한 바다가 실제로 어떻게 움직였는지에 관해서는 여전히 "어 림잡아 추산하는 정도"라고 그는 말한다.

예를 들어 헤카테 해협의 모형을 만드는 동안 연구자들은 온난기류 가 순환하던 몇 년 동안 북아메리카의 북서 연안을 따라 태평양 참다랑 어들이 주기적으로 꾸준히 나타났다는 증거를 찾게 되었다. 참다랑어 는 원주민들의 구전 설화들 속에 강렬한 인상을 남기며 자주 등장하곤 했다―참다랑어를 잡으려면 바다의 수면에서 흔들리는 발광성 플랑 크톤의 으스스한 녹색 빛을 따라 참다랑어 떼를 추적한 다음, 크기는 3 미터가 넘고 무게는 어른 다섯 사람을 합친 것과 맞먹으며 시속 50마일 (약 80킬로미터)의 빠른 속도로 헤엄치는 그 물고기를 창으로 찔러 죽여 야 한다는 사실에 비추어볼 때, 그것은 당연한 일일 것이다. 오늘날 참다랑어는 헤카테 해협 남쪽에서 약 800마일(약 1,200킬로미터) 떨어진 지점을 지나 일본의 남쪽 바다와 캘리포니아와 멕시코의 연안들 사이로 이동한다고 알려져 있다. 참다랑어는 오늘날 우리가 알고 있는 태평양 남서쪽의 어종이 아니었다. 또 과거에 참다랑어가 어떤 역할을 했는지는 과거 자연계의 질서[25]의 많은 불가사의 가운데 하나일 뿐이다. "참다랑어가 어떤 역할을 했는지는 알 수 없습니다. 우리가 알고 있는 것은 그 어종이 어떤 역할을 했다는 것뿐입니다. 그 어종이 그곳에 있었으니까요." 피처는 말한다.

지구의 그 어느 곳도 훼손되지 않은 곳이 없다는 건 자연의 역사에서 얻은 진실이다. 심지어 외따로 떨어진, 요즘 말로 '청정 상태'인 킹맨 섬까지도 때때로 아시아의 상어지느러미 수프로 돈을 벌려는 어선들에게 공격을 받는다. 또 기후변화가 그곳의 암초들에 영향을 미쳤을 수도 있다. 그런데도 킹맨 환상 산호도는 겉보기에 불가능할 것 같은 과거의 풍요로움이 실제로 어떻게 가능했는지를 밝히는 데 도움이 되었다.

어떤 특정한 지역에서 식물이나 동물의 풍요로움을 가늠할 때 과학자들은 흔히 생물자원, 즉 생물량으로 판단하곤 한다. 그러나 킹맨 섬

---

25 또 다른 변화: 각 동물의 평균 크기는 많은 종의 경우 수렵의 압박으로 줄어든 듯하다. 어떤 조개류들은 1만 년 동안 인간들이 캘리포니아 채널 제도에 미친 영향으로 인해 그 크기가 꾸준히 줄어들었다. 예전에 붉은전복은 한 개만 요리해도 디너 접시를 푸짐하게 채울 만큼 엄청나게 컸지만 이제는 12개를 요리해야 몇 입 먹었다는 느낌이 들 정도로 크기가 작아졌다. 북아메리카 동쪽 연안의 뱀상어들은 길이가 평균 8피트(2~3미터)였지만 이제는 그 크기의 절반 정도로 줄어들었고, 참돔은 유럽인들이 뉴질랜드에 정착한 이래로 약 50퍼센트까지 더 작아졌다. 심지어 참돔의 행동도 변한 것으로 나타난다. 과거에는 배 위에서나 연안에서 참돔을 흔히 볼 수 있었고 심지어 얕은 물에서 라이플총이나 작살로 잡을 수 있었지만, 지금은 잠수부조차 기피하는 '으스스한 존재'로 여겨지고 있다.

의 암초에서는 생물자원의 약 85퍼센트가 상어들을 비롯해 생태계 피라미드의 최상위 포식동물들인 것으로 파악되었다. 그것은 믿기 어려운 결과였다. 생태계 피라미드에서 가장 넓은 최하위층은 보통 식물이나 플랑크톤 같은 이른바 1차 생산자(광합성을 해서 무기물에서 유기물을 생산하는 생물)가 차지한다. 이 생물들은 흔히 먹잇감 동물로 간주되는 2차 소비자의 먹이가 된다. 그리고 피라미드의 중간 단계를 차지하는 이 먹잇감 동물들이 이번에는 생태계 피라미드의 최상위층을 차지하는 더 적은 수의 포식동물들에게 잡아먹힌다. 그러나 킹맨 환초는 맨 밑바닥이 가장 넓고 무거운 생태계 피라미드의 구조를 거꾸로 뒤집어놓은 꼴이다. 현미경으로 봐야만 보이는 미세한 생물보다 더 큰 생물 집단 사이에서 거꾸로 뒤집힌 생태계 피라미드가 기록된 것은 그곳이 최초였다.

몇 년 동안 조사와 연구를 거친 후에야 비로소 킹맨 환초의 비현실적인 자연이 어떻게 가능할 수 있었는지 그 이유가 밝혀졌다. 초침과 시침만 있는 시계를 상상해보자. 그 시계 내부에서 작은 기어 하나가 초를 재고, 훨씬 더 큰 기어와 맞물리는 톱니바퀴가 시간을 잰다. 작은 기어는 빠르게 돌지만, 작은 기어가 한 바퀴 돌 때마다 큰 기어는 아주 조금만 돌아간다. 피라미드의 맨 위층을 차지하는 포식동물의 개체 수가 엄청나게 많은 생태계도 대체로 그것과 똑같이 작용한다. 대부분의 먹잇감 물고기는 자신들의 생활 주기에 따라 빠르게 움직인다. 매년 작은 암초 물고기의 99퍼센트는 포식자에게 잡아먹히는 것으로 추정된다. 그러나 이 물고기들은 산호 안에 숨어서 빠르게 자라난다. 또한 성적으로 일찍 성숙해 포식어종의 먹잇감으로 자랄 수백만 개의 알을 낳고 이는 개체 수를 유지하기에 충분할 정도로 살아남는다. 한편, 상어를 비롯한 포식자들은 서서히 자라서 만년에 성숙하고 새끼도 별로 낳지 않으며 수명도 아주 길다. 어쨌든 그 두 어종은 "공존할 수 있는" 균형점을 찾아냈다. 어업이나 오염을 비롯해 인간들의 손길에 영향을 받은 '정상적인' 암초에서보다 훨씬 더 풍부한 개체 수를 유지한다. 킹맨 섬에 길게 펼쳐진 전형적인 암초에는 인근에 있는 인구 5,000명의 키리티마티 환상 산호도(크리스마스 섬으로도 알려져 있다)에 비해 무려 4배나 더 많은 포식어종이 살고 있다. 반면에 인간의 손길이 더 많이 미치는 암초의 물고기 수는 훨씬 더 적다.

킹맨 섬이 특별히 이례적인 것은 아니다. 비교적 인간의 영향력에서 멀리 떨어져 있는 몇몇 다른 암초에도 현재 포식어종들이 피라미드의 맨 위쪽을 과도하게 차지하고 있다. 사실 대부분 암초가 아주 깨끗한 상태로 보이지는 않지만, 많은 암초의 생태계 피라미드가 거꾸로 뒤집혀 있는 것은 가능한 일이다. 오늘날 인구밀도가 높은 연안들의 역사를 살펴 보면 셀 수 없이 많은 상어가 등장한다. 1880년대 플로리다의 신문기사는 선창가에 "떼 지어 몰려든" 상어들을 묘사하고 있다. 더욱 최근인 1920년에는 상어들이 어부들의 어획물을 공격하면서 그들을 자신들의 영역에서 몰아내기도 했다. 영국의 옛날 뱃노래들은 브리튼 섬 연안에 숨어 있는 파란 악상어들을 조심하라고 경고하고 있다. 1960년대에는 한 해에 약 6,000마리의 상어가 영국 남서쪽에서 어획되었다. 하지만 오늘날에는 그 어획량이 그 수의 5퍼센트 이하로 떨어졌다. 불과 지난 40년 만에 전 세계의 대형상어—길이가 6피트(약 2미터) 넘게 자라는 종—의 개체 수는 90퍼센트 이상 감소한 듯하다. 그 가운데 흉상어는 무려 97퍼센트까지 감소했다.

엔리크 살라 연구팀이 킹맨 섬에서 조사한 내용을 발표했을 때, 동시대의 과학자들은 미심쩍어했다. 그래서 연구팀은 상어 떼의 사진들을 동봉

해서 보고서를 다시 보냈다. 의심하던 사람들은 잠잠해졌다. 얼마 지나지 않아 회의적이었던 과학자들 가운데 몇몇이 그 암초를 찾아가 자신들의 눈으로 직접 확인해보고 싶다고 말했다.

풍요는 풍요를 낳는다. 이번에는 남극 대륙을 둘러싸고 있는 남극해의 크릴새우를 포함해서 또 다른 생태계 퍼즐을 생각해보자. 포경산업이 생겨나기 이전에 남극해의 수염고래들은 오늘날 사람들이 전 세계에서 잡아들이는 연간 총 어획량의 절반 무게와 맞먹는 엄청난 양의 크릴새우를 먹었다. 고래들이 그렇게 엄청나게 먹어치워도 크릴새우들은 개체 수를 그대로 유지하는 것처럼 보였다. 그러나 오늘날 우리는 수산자원을 심각하게 고갈시키고 있다. 이는 결정적인 차이다. 남극 대륙의 대형고래들이 1960년대에 거의 전멸되다시피 했을 때, 과학자들은 크릴새우의 개체 수가 급증할 것으로 예상했다. 그러나 그 결과는 정반대였다. 20세기 말에 크릴새우의 개체 수는 약 80퍼센트까지 곤두박질쳤다.

사람들은 기후변화가 그 원인이 아닐까 의심했다. 그 뒤로 2008년 독일의 극지생물해양학자 빅터 스메타체크(Victor Smetacek)는 아주 흥미로운 의견을 제시했다. 그의 주장에 따르면, 고래들은 크릴새우를 먹기만 하는 것이 아니라 크릴새우가 번성할 수 있는 환경을 조성해준다는 것이다. 그러면 더 많은 수의 크릴새우가 고래 개체 수가 점점 증가할 수 있도록 돕고, 그렇게 해서 두 생물 모두 상향 곡선을 그리며 증가해간다. 스메타체크는 그것을 '자이언트의 먹이사슬'이라고 불렀다.

그것은 때때로 '고래 똥 가설'이라는 명칭으로도 알려져 있다. 그 이론의 내용은, 대략 다음과 같다. 고래가 크릴새우를 먹고 사는 한편, 크릴새우는 플랑크톤을 먹고 산다. 그런데 플랑크톤이 풍부하게 유지되기 위해서는 철이 풍부하게 함유된 바닷물이 필요하다. 하지만 남극해는 대기에서 떨어지거나 남극의 토양에서 흘러나온 것과 같이 철분을 제공받을 수 있는 자연적인 발생원이 매우 제한적이다.

그런데 놀랍게도 고래들은 두 가지 방식으로 바다에 철분을 증가시킨다. 첫째, 고래들은 다른 생물이 철을 이용할 수 있도록 순환을 돕는다. 플랑크톤을 먹은 크릴새우의 몸에는 철분이 가득 차게 된다. 그러면 고래가 크릴새우를 먹고, 그런 다음 바다의 수면 가까이에 액체 형태로 배설한다. 철이 풍부하게 함유된 고래 배설물의 양은 어마어마하다. 한 연구팀은 고래가 만들어내는 천연비료를 "솜털 같은 배설물 기둥들"이라며 다소 시적으로 묘사했다. 고래가 만들어내는 배설물 기둥 하나의 표면적은 "공기주입식 고무보트만 하고, 아주 짙은 초록빛 바다색을 띠고 있다." 고래의 배설물은 해저로 불가피하게 가라앉기 전에 먹이사슬을 통해 여러 번 영양분을 순환시키고 배설물에 함유된 철분은 바다를 다시 비옥하게 만든다.

두 번째로, 고래들은 물속에 가라앉은 철분을 물위로 다시 순환시키는 역할을 한다. 놀라울 만큼 많은 고래 종류 중에서 더 작은 종에 속하는 이빨고래종[26] 가운데 크기가 가장 큰 향유고래들은 믿을 수 없을 만큼 깊은 곳까지 잠수한다. 성체 향유고래들은 보통 수면에서 3,000피트(약 900미터)까지 내려가서 두 시간 동안 장엄한 물속 여정을 지속하

---

26 고래는 크게 수염고래류와 이빨고래류로 나뉜다 - 옮긴이.

면서 그 깊이의 3배, 즉 9,000피트(약 2.7킬로미터)까지 잠수할 수 있는 것으로 알려졌다(비교하자면 인간은 아무런 기계장비 없이 최대 수심 95미터에서 약 4분 정도까지 잠수할 수 있다). 향유고래들은 당신이나 나만큼 공기에 의존하는 존재이지만 숨을 참은 채로 수명의 70퍼센트 이상을 물속에서 보낸다. 칠흑처럼 어두운 바닷속에서 생명에 치명적일만큼 엄청난 수압을 견디며 깊숙이 잠수할 때, 고래들은 생존에 필수적이지 않은 모든 신체 기능을 정지시킨다. 거기에는 소화 기능도 포함된다. 고래들은 수심 깊은 곳에서는 배설을 하지 않는다. 그들은 바다 깊숙한 곳에서 대왕오징어처럼 철분이 풍부하게 함유된 먹이들을 잡아먹고, 수면 가까이에서 플랑크톤이 먹고 번성할 수 있을 정도로 영양분이 가득한 내용물을 장에서 비워낸다.

이 모든 것은 마치 생물학자의 만우절 농담처럼 들리지만 그 효과만큼은 의미심장하다. 현재 남극해에서 살고 있는 약 1만 2,000마리의 향유고래들이 매년 수면으로 50톤의 철분을 끌어올린다. 포경업이 생기기 이전의 향유고래 개체 수가 현재 추정한 바로는 12만 마리—오늘날 개체 수의 10배—였다는 사실을 생각해보라. 갑자기 500톤의 심해 철분이 매년 해수면으로 올라오고 있는데 그 가운데 대부분은 크릴새우를 먹고 사는 수염고래들이 순환시키고 있다. 남극해의 포경 기록은 이처럼 철분이 부족한 환경에서 그 많은 고래가 어떻게 살 수 있었는지와 생물학자도 납득할 수 없을 정도로 수염고래의 개체 수가 역사적으로 엄청났다는 것을 보여준다. 그래서 그 수치가 과장되어 보고된 것으로 생각하는 이도 있었다. 그렇지만 그 고래들이 오히려 바다 전체의 생산성을 증가시켰을 수도 있다. 그리고 그렇게 함으로써 그들 자체의 개체 수도 엄청나게 늘어날 수 있었을 것이다. 지구상에서 가장 큰 포유류인 남극해의 흰긴수염고래의 개체 수는 지금보다 100배 정도 더 많았을 거라고 추정하고 있다.

철분으로 바다를 비옥하게 만든다는 생각은 최근에 전혀 다른 차원의 격렬한 논쟁은 곧 기후변화에 대한 이견 다툼을 불러일으켰다. '규조류'라고 알려진 일종의 플랑크톤은 바다에서 철분을 흡수할 뿐만 아니라 대기 중의 탄소도 흡수한다. 주로 화석연료의 연소 과정에서 발생하는 탄소는 현재 대재앙 수준의 지구온난화로 인간 문명을 위협하고 있다. 연구자들은 규조가 죽으면 그 사체가 해저로 가라앉는데, 거기서 규조가 함유하고 있는 탄소가 수백 년, 심지어 1,000년 동안 대기와 접촉을 피할 수 있었을 거라는 이론을 제시했다. 현재 과학자들은 철분으로 바다가 비옥해지면 인간들의 활동으로 인해 발생한 탄소 오염을 막을 수 있을 만큼 충분한 양의 규조가 탄소를 흡수해 바다 밑으로 가라앉을 수 있는지 실험하고 있다. 지금까지 가장 중요한 연구들 가운데 하나는 '자이언트의 먹이사슬' 가설을 주장한 스마타체크가 직접 주도했다. 2012년 그의 연구팀은 플랑크톤의 대량 번식을 유도하기 위해 인위적으로 철분을 바다에 뿌림으로써 플랑크톤이 대기에서 흡수해 바다 밑으로 가라앉는 탄소 양을 최소한 절반 이상 늘릴 수 있었다고 보고했다.

철분을 이용한 해양비옥화는 기후 안정화를 위해 지구에서 가장 큰 생태계들을 조작하는 '지구공학'으로 알려져 있다. 다른 제안들로는, 뜨거운 태양 광선을 우주공간 속으로 되돌려 보내기 위해 대기 속에 반사형 입자들을 뿌리는 방법, 그리고 인공적인 '슈퍼 트리'(super trees)로 대기 중의 탄소를 흡수해 지하에 저장하는 방법 등이 있다. 그러나 그런 방법들을 지지하는 사람들 사이에서도 '지구공학'은 화석연료의 의존도를 빠르게 감소시킬 방법을 발견할 수 없는, 세계 공동체가 마지막으로 시도하는 위험한 대응방법으로 간주되고 있다. 철분 뿌리기 실험의 잠재적 위험에는 가령 독성물질을 함유한 조류들의 범람이나 플랑크톤이 대량으로 늘어나 다른 모든 생물의 산소 결핍을 초래하는 '데드 존'(dead zone)[27]의 발생도 포함된다. 하지만 기후변화와 싸우기 위한 도구로서 해양비옥화의 잠재력을 고려한다면 이 방법을 무시할 수만은 없다. 해양정책전문가들은 철분을 이용한 해양비옥화로 대기 속에서 잠재적으로 제거할 수 있는 탄소 양이 최근에 형성된 국제 탄소무역 시장(여기서는 탄소 오염도에 값을 매긴다)에서 10억 달러에 상당하는 가치가 있다고 평가하고 있다.

그렇지만 과거에는 아주 많은 수의 고래가 바다에 거의 해를 입히지 않으면서도 철분으로 바다를 비옥하게 만들었다. 실제로 그 고래들은 대기로부터 얼마나 많은 탄소를 제거했을까? 한 연구팀은 "'탄소 이출'에 영향을 미치는 고래 배설물의 역할이 지금까지 간과되었다"고 어쩌면 당연한 것일 수도 있는 사실을 발표했다. 그들은 그것을 수치로 확인하기 시작했다. 향유고래 한 종의 영향력을 계산해본 결과, 현재의 적은 개체 수로도 매년 대기에 있는 26만 톤의 탄소가 제거되는 것으로 밝혀졌다. 향유고래의 개체 수를 포경업으로 남획하기 이전 상태로 되돌려놓으면 탄소 제거량은 무려 240만 톤에 달할 것이다. 고래 한 종의 탄소 감소량만으로도 탄소 거래소에서 2,000만 달러 이상의 가치가 있다. 게다가 향유고래들은 13종의 대형고래 가운데 단지 한 종일뿐이고, 다른 종들은 거의 모두 지난 20세기 동안

---

27 바다, 강 등에서 조류(藻類) 성장을 촉진시키는 질산염 때문에 산소가 부족하여 수중 생물체가 살 수 없는 지역 – 옮긴이.

떼죽음을 당했다.

그뿐만 아니라 고래의 몸은 그 자체로 놀라운 탄소 저장고다. 최저치로 계산한 포경업 이전의 고래 개체군의 수치를 기준으로 했을 때 남극해 한 곳에서만 흰긴수염고래들의 개체 수를 복원해도 360만 톤의 대기 탄소를 살아 있는 고래의 뼈, 근육, 지방 속에 간직해놓을 수 있을 것이다. 그것은 오래된 고목들이 긴 수명 동안 둥치, 가지, 뿌리 속에 탄소를 저장하는 것과 거의 비슷하다. 지금까지 가장 성공적인 철분 뿌리기 실험들과 비교해볼 때 남극해의 흰긴수염고래들을 복원하는 것은 그런 프로젝트 200개의 효과와 맞먹을 것이다. 그것은 고래들이 철분을 순환시켜 대기 중의 탄소가 감소하도록 촉매 작용을 하는 것은 고려하지 않고 단지 고래 몸속에 저장된 탄소만을 의미한다.

살아 있는 생물들이 죽으면 그 몸속에 있던 탄소는 보통 부패 과정을 거쳐 몸 밖으로 배출된다. 그렇지만 대부분의 고래들은 죽으면 심해를 거쳐 바다 밑바닥으로 가라앉는다. 요람처럼 흔들리며 가라앉는 그들의 모습이 상상된다. 가라앉은 고래 사체들은 수백 년 또는 수천 년 동안 대기 중의 탄소를 깊은 바다 속으로 끌고 들어간다.

옛날에는 아주 많은 수의 고래 사체가 해저로 가라앉았기 때문에 어부들이 처음 출어를 나가 그물로 바다 밑바닥까지 샅샅이 훑다보면 몸집 큰 어른의 주먹만 한 고래 귀뼈들이 어망에 심심치 않게 걸려들었다. 죽은 고래가 가라앉은 곳마다 다양한 생물 종이 번성했다. "고래 사체의 낙하"로 인해 새롭게 알려진 생물 종은 최소 28종이 넘는다. 바꿔 말하면 옛날에는 그런 뜻밖의 횡재가 아주 흔해서 죽은 고기만 먹고 사는 동물들이 어렵지 않게 진화할 수 있었다는 얘기다. 거대한 동물의 사체가 완전히 분해되기까지는 대략 50여 년이 걸린다. 이것은 고래 한 마리가 살아 있을 때만큼 죽은 뒤에도 오랫동안 "생태계를 먹여 살릴" 수 있다는 것을 의미한다.

과거의 풍요로웠던 생태계는 대기에 얼마나 많은 영향을 미쳤을까? 누구도 장담할 수 없다. 기후변화 생태학은 최근에 새롭게 등장한 첨단 학문 분야로, 2012년 예일 대학교에서 그 주제에 관한 최초의 워크숍이 개최되었는데 첫 모임이었지만 그 반향은 대단히 흥미로웠다. 북아메리카 서해안의 해조류 숲에 관한 조사 연구에서는, 해달의 개체 수가 회복된 지역들과 회복되지 않은 지역들 사이의 탄소 양에 깜짝 놀랄 만한 차이가 있다는 사실이 발견되었다. 해달의 개체 수가 회복된 지역들에는 켈프가 100배 이상 풍부했다. 해달의 개체 수가 완전히 회복된 켈프 숲에 저장된 탄소 양은 오늘날 탄소무역 시장에서 9,000만 달러의 가치를 지닌다. 또 다른 연구에서는 아프리카의 세렝게티 평원에서 어마어마한 영양 떼를 유지한다면 동물들을 보기 위해 세계 전역에서 아프리카로 비행기를 타고 오는 관광객들의 탄소발자국[28]과 맞먹는 탄소 양이 저장될 만큼 매우 성공적으로 연소물을 제어할 수 있다는 사실을 발견했다. 예일 대학교의 생태학자 오즈월드 슈미츠(Oswald Schmitz)의 말에 따르면, 생물 개체 수를 완전히 회복한 자연은 기후가 변화하더라도 "또 하나의 쐐기, 안정화 쐐기"[29] 역할을 했다.

---

28 개인 또는 단체가 직접, 간접적으로 발생시키는 온실 기체의 총량 – 옮긴이.

29 프린스턴 대학교의 물리학 교수 로버트 소콜로우(Robert Socolow)와 환경학 교수 스티븐 파칼라(Stephen Pacala)는 2004년부터 시작해 50년 뒤인 2054년까지 증가될 70억 톤의 탄소량을 7개의 쐐기로 나누고 각 쐐기가 제시하는 방법을 활성화한다면 10억 톤의 탄소를 없앨 수 있다고 주장했다. 7가지 안정화 쐐기는 에너지의 고효율화와 절약, 탄소의 포집과 저장, 탄소배출량이 낮은 연료의 생산, 탄소의 자연 저장기능의 활성화 등이다 – 옮긴이.

그렇지만 그것 역시 이전의 상태에 비하면 새 발의 피에 불과했다. 대기 중의 탄소가 빠르게 증가한 시기는 화석연료 사용이 급증한 시대였을 뿐만 아니라, 지구의 생태계가 수천 년만에 과거보다 더 빠르고 더 근본적으로 와해되고 변화한 시대이기도 했다. 달리 말해서 지구에 새로운 기후가 나타나게 된 것은 바로 우리 스스로 새로운 세계를 만들었기 때문이다.

3
인간의
본질

미래는 과거 안에 있다.
(I ka wa mamua, I ka wa mahope.)

하와이 속담

창조자와
피조물

1990년대 중국 중부의 마오 현에서 야생벌이 사라졌다. 늘 그랬듯이 다양한 원인이 있었다. 농약을 과도하게 사용하거나 꿀을 지나치게 채취하고 야생벌의 터전인 숲을 무분별하게 개간하고 있었기 때문이었다. 결국 사과 생산지로 유명한 마오 현에서 가장 중요한 사과나무 꽃을 수분해줄 벌이 부족해졌다. 그래서 1997년 무렵 그 지역의 거의 모든 과수원에서는 나무젓가락에 닭털이나 담배필터를 단 솔을 이용해 사람들이 일일이 이 꽃에서 저 꽃으로 수분을 해야만 했다. 얼마 지나지 않아 사람들이 폭풍우에 이리저리 흩어진 허수아비처럼 사과나무 가지에 불안정한 자세로 매달린 채 수분을 하는 광경을 세계 전역에서 볼 수 있게 되었다. 그것은 생물 종의 다양성을 유지하는 것이 왜 중요한지, 그리고 자연계가 붕괴되면 삶이 얼마나 힘들어질 수 있는지를 극명하게 보여주는 좋은 본보기 같았다.

그러나 15년 뒤, 미국의 연구자 세 명은 자신들이 "벌들의 우화"라고 이름 붙인 현상을 경제학적으로 분석한 책을 출간해 그 이야기를 뒤집어엎었다. 인터뷰 진행자들에게 마오 현의 사과 재배자들은 사실 자신들은 인공 수분을 선호한다고 말했다. 오히려 인간 꽃가루 매개자들은 더 정확하고 효과적으로 모든 꽃에 교잡수분을 할 수 있고, 벌들이 결코 위험을 무릅쓰고 수분을 하지 않을 바람이 불거나 비가 오는 날에도 일을 할 수 있었다. 게다가 과수원 노동자들에게 지급되는 임금은 대부분 그 지역에서 소비되어 지역 경제를 더욱 활성화시켰다. 일벌들은 하루 일과를 끝난 뒤 술집이나 식품점으로 직행하지 않는다.

"자연이 무상으로 베푸는 혜택들을 파괴하고 대체하는 것은 오히려 경제적으로 이익이 될 수 있다"고 연구자들은 결론을 내렸다. 그들이 인간 노동자와 과학기술로 대신할 수 있는 다른 생태계 과정들도 지금 당장 확인해봐야 한다고까지 주장했을 수도 있다. 하지만 뉴욕 트로이에 있는 렌셀러 폴리테크닉 대학교 경제학 교수 존 가우디(John Gowdy)가 이끄는 연구팀은 전혀 다른 각도로 이 문제에 접근했다. 그들은 벌들의 우화는 자연계가 항상 가치 있는 것은 아니지만 단지 돈으로만 자연의 가치를 재단하는 것은 아주 위험하다는 사실을 말해준다고 주장했다. "생태계의 배태성을 전혀 의식하지 않는 사람들에게 시장 가치는 일종의 훈련일 뿐이다. 이것은 21세기를 살아가는 경제적 인간인 우리들의 모습이다."

자연의 역사에서 얻을 수 있는 가장 불편한 진실은, 우리가 손상된 자연 속에서도 생존할 수 있으며 심지어 아주 잘 살 수 있다는 것이다. 마오 현 사람들은 그 지역에 벌들이 없다 해도 살아갈 수 있다는 것을 발견했다. 런던과 파리 사람들은 도시에서 오래전에 사라진 불곰에게 대체로 비슷한 기분을 느끼고 있다. 캔자스와 서스캐처원 사람들은 그곳에 살던 물소 떼 없이도 번영을 누리고 있다. 중국과 이집트 사람들도 그곳에 살던 코끼리가 없어도 계속 잘 살아가고 있다. 지구의 광대한 지역들은 그곳의 가장 큰 동물과 가장 오래된 삼림을, 거의 또는 전부 잃었지만 여전히 사람들이 살기 좋은 장소로 남아 있다. 유럽 대륙 전체는 고상하게 자리한 생태계의 불모지다. 인간들의 문화·유물·혁신에 있어서는 풍요롭지만 생물들의 풍부함과 다양성에 있어서는 빈곤하기 그지없다.

우리가 어떤 자연 속에서 살고 있느냐 하는 것은 우리 스스로 선택한 것이다. 인간존재들은 광범위하고 다양한 자연 상태 속에서 살아가고 있다. 대형동물들이 우글거리는 대륙과 대양에서 사는 사람들이 있는가 하면, 단지 꽃을 수분하기 위해 이웃들을 한데 모아야 할 정도로 아주 작고 변화된 지역에서 사는 사람들도 있다. 분명히 어떤 한 세대가 풍요로운 생태계에서 빈약한 생태계로 변하게 만든 것은 아니다. 사람들은 각기 다른 시간과 공간에서 살아가면서 자신들의 환경에 적응했다. 그러나 그런 적응 과정에서 일반적으로 그들이 알고 있던 자연환경을 어느 정도 손상시킬 수밖에 없었고, 그에 따른 결과들을 받아들여야 했다. 이러한 역사생태학에서 얻은 또 하나의 처세훈은 다음과 같다. 우리는 용서하고, 허락하고, 적응한다. 그리고 잊는다. 우리는 한 생물로서 우리에게 주어진 선택사양들이 어떤 것인지 잊은 채로 선택하면서 표류해왔다.

수만 년의 세월이 흐른 뒤, 축적된 결과들을 무시하거나 간과하기가 더욱 어려워졌다. 2000년에 생물학자 외젠 스퇴머(Eugene Stoermer)와 대기화학자 파울 크뤼천(Paul Crutzen)은 홀로세(Holocene)[1] ―빙

---

1 약 1만 년 전부터 현재까지의 지질 시대. 신생대 제4기의 두 번째 시기로, 충적세(沖積世) 또는 현세(現世)라고도 부른다 - 옮긴이.

하기가 끝나면서 시작된 지질 시대—가 끝나고, 인간이 지구를 변화시킴으로써 새로운 시대가 시작되었다고 주장하는 논문을 발표했다. 그들은 이 새로운 시대를 인류세(Anthropocene)[2]라고 불렀는데, 이는 대략 인간 시대(Human Age)로 번역된다. 이 학자들은 18세기 후반, 특히 인류의 기술력을 가속화한 제임스 와트(James Watt)의 증기기관 발명을 기점으로 이 시대가 시작되었다고 지적했다.

인류의 영향이 새로운 지질 시대로 간주될 만큼 엄청났다는 증거로, 크뤼천과 스퇴머는 다른 요인들 가운데 특히 인류세의 지구에 14억 마리의 소가 살고 있다는 사실, 가스와 결부되는 그 모든 천연 공급원에서 발생되는 것보다 석탄과 기름 연소를 통해 더 많은 이산화황이 대기 속에 쏟아지고 있다는 사실, '스모그'라 불리는 새롭고 광범위한 기상 현상이 출현한 사실, 지구 지표면의 50퍼센트가 인간들의 손으로 물리적으로 개조됐다는 사실, 그리고 지구의 기후가 화석연료에서 발생되는 이산화탄소로 아주 심하게 오염되어 있으며 적어도 향후 5,000년 동안 이산화탄소의 영향을 받게 될 가능성이 있다는 사실을 지적했다.

우리는 지구를 변화시킬 도구들을 당장 버릴 수도 있었지만 그렇게 하지 않고 오히려 지구를 너무도 심하게 변화시켜 결국 우리 스스로 만들어낸 무수한 산물로 신음할 지경에 이르렀다. 우리가 아무리 인류의 오만함을 경계하거나 나머지 피조물들에 대해 어떤 책임도 지고 싶지 않더라도 앞으로의 선택은 우리의 몫이다. 어느 야생생물학자가 말했듯이, 우리는 멋진 작품을 만들어내기 위해 "예술을 해야만 하는 운명이다."

---

2 스퇴머가 1980년대에 만든 신조어로, 인류로 인한 지구온난화 및 생태계 침범을 특징으로 하는 현재의 지질학적 시기를 가리킨다.

생물 다양성—우리가 지구에 살고 있는 다양한 생물들에게 붙여준 아주 이상한 기술관료적인 용어—에 관한 한 이것은 완벽하게 맞아떨어지는 진실이다. 지구 생물의 총수를 추산하려는 시도들에서 나온 수치는 300만 종에서부터 1억 종에 이르기까지 다양하다. 최근의 한 연구—다양한 생물 종을 가장 완벽하게 범주화한 전통적인 연구—는 지구에 세포를 기반으로 하는 생물형태가 870만 종가량 살고 있으며, 이 가운데 87퍼센트는 지금까지도 학계에 알려지지 않은 종들이라고 추측하고 있다. 이미 발견되어 분류된 종들은 비교적 크기가 크고 폭넓게 분포하며 개체 수가 많기 때문에 당연히 아주 쉽게 눈에 띈다. 반면에 아직 발견되지 않은 종들은 대체로 작고 분포범위가 제한적이며 잘 알려져 있지 않을 것이다.

단도직입적으로 말해보자. 우리는 우리의 생존을 위협당하지 않으면서 많은 생물 종을 멸종시킬 수 있다. 생물들을 멸종시킬수록 오히려 우리 자신이 위험에 처하게 된다는 경고를 할 때 우리는 흔히 미국의 생물학자인 파울 에를리히(Paul R. Ehrlich)과 앤 에를리히(Anne Ehrlich)가 1981년에 처음 제안한 '리벳[3] 가설'을 이용한다. 생태계의 구성요소들이 마치 항공기의 리벳과 같다는 이 가설은 많은 리벳이 모여 비행기를 지탱해주는 것처럼 각각의 종이 생태계의 작용에서 작지만 나름대로 중요한 부분을 담당한다는 것이다. 그리고 어떤 구조적 결함으로 비극적인 사고가 일어나기 전에 그 리벳(생물 종)을 제거할 수도 있다.

아마도 자연을 하나의 도시에 비유하는 것이 더 정확할 것이다. 당신

---

3 금속을 영구적으로 접합하는, 머리가 달린 핀이나 볼트 - 옮긴이.

은 하나의 거대한 도시에서 시간이 흐름에 따라 리벳들을 끝없이 제거
할 수 있다. 주차표지판이나 어느 버스정류장의 벤치 하나를 제거하는
것은 거의 눈에 띄지 않는다. 이처럼 몇몇 종의 손실은 마치 리벳 몇 개
가 빠져나가는 것처럼, 서서히 전체를 약화시키지만 바로 표시가 나지
는 않는다. 심지어 중요한 변화들―모든 경기장을 폐쇄시키거나 휴대
폰 서비스를 영원히 없앴다고 상상해보라―도 한 도시를 사람이 살 수
없는 곳으로 만들지는 않는다. 그 도시 거주자들의 일상생활은 더 불편
해지고 심미적으로도 불만족스러울 것이며 끊임없는 변화와 적응을 요
하겠지만, 사람들은 어깨를 한 번 으쓱하고 지친 미소를 지으면서 그냥
계속 살아갈 것이다.

국제자연보전연맹이 심각할 정도로 위기에 처해 있다고 분류한
4,000종 이상의 생물 가운데 많은 종은 전 세계적으로 사람들에게 아
주 가벼운 반향조차 불러일으키지 못한 채 사라져버렸다. 볼리비아친칠
라쥐는 사라졌을까? 그 쥐는 중남아메리카의 산악지대에서 해수면 위
로 거의 6,000피트(약 1,800미터) 높이에 있는 40제곱마일(약 104제곱킬
로미터)의 안개가 자욱한 숲에서만 사는 것으로 알려져 있다. 심지어 아
마 그 쥐들은 그 삼림 내에서도 특히 바위가 많은 지역에서만 서식할
수도 있다. 카페인을 함유하고 있는 콜라나무속에 속하는 작은 상록수
인 콜라프라에아쿠타(Cola praeacuta)는 어떤 언어로도 통칭이 기록된
적이 없다. 이 식물은 아프리카 카메룬 산 주위의 작은 언덕들에서만 발
견된다. 이 나무가 지구 표면에서 사라진다 해도, 다른 나무들이 곧 그
자리를 차지할 것이다. 한때 인도 북서부의 가파른 산 정상, 풀이 우거
진 비탈에서 아주 흔하게 볼 수 있었던 히말라야메추라기는 1876년 이
후로 보이지 않게 되었다. 그 메추라기가 여전히 존재한다고는 알려져

있지만, 인간의 삶에 미치는 영향이라는 관점에서 본다면 이미 사라졌다고 할 수 있다.

이 종들의 소멸은 세계를 변화시켰을 것이다. 무엇보다도 친칠라쥐는 운무림에서 서식하는 식물들의 씨앗이 먼 곳까지 흩뿌려질 수 있도록 도와준다. 콜라프라에아쿠타는 그 지역주민들에게 장작으로 유용하게 쓰인다. 그런가 하면 히말라야메추라기는 산악 목초지들을 만드는 데 알게 모르게 일조한 게 분명하며, 옛날에는 쉽게 잡을 수 있는 사냥감으로 알려져 있었다. 그러나 이 세 가지 종들뿐만 아니라 더 많은 종들이 인류의 미래를 위태롭게 만들지 않아도 멸종되었을 수도 있다. 이러한 종 목록에 인도네시아의 유일한 호수에 살았던 작은 물고기 포소붕구(poso bungu), 키프로스 지중해 섬의 석회암언덕 꼭대기에서 자라는 키트리안세이지(Kythrean sage), 그리고 마다가스카르 산악지대에 사는 코가 이상하게 생긴 카멜레온(bizarre-nosed chameleon)을 덧붙일 수 있을 것이다. 이 목록은 길다. 한 도시에 아주 많은 주차표지판과 아주 많은 버스정류장 벤치가 있는 것처럼.

───────

한계도 있다. 멸종위기가 더 심각해져서 절정에 다다를 수도 있지만, 한달음에 그렇게 되지는 못한다는 사실을 우리는 알고 있다. 전체적으로 볼 때, 자연계는 지구에서 살아가기 위한 삶의 근간이다. 한편으로 그것은 육류를 식품점에서 구하고 수도꼭지를 틀면 물이 나오는 시대에는 잊고 살기 쉬운 생활의 토대다. 초원은 여전히 우리의 가축들에게 먹이를 제공한다. 삼림은 여전히 우리가 이용할 물을 저장하고 여과시킨다. 심지어 야생의 먹거리 역시 현대 생활에서도 여전히 중요하다. 바다는 매일 수십 억 명의 사람들을 먹여 살리며 매년 약 9,000만 톤의 물고기를 우리에게 제공한다. 미생물부터 대형동물에 이르기까지 생물 공동체는 끝없이 산소를 생산하고, 표토를 만들어내고, 인간이 만들어낸 화학적 오염물질들을 물에서 제거하고, 부식 속도를 늦춰주고, 해충들을 막아주고, 기후를 완화시켜주고 있다. 경제학자들은 이러한 '생태계 서비스'의 가치를 높이 평가하고 있다. 추상적으로 보기에 그 수치—선구적인 연구자들의 추산에 따르면 대략 33조 달러였다—는 매우 많아 보이지만 현실적으로는 매우 적은 수치다. 이 수치는 생물계가 인류의 과학기술을 대체하는 가치에 비하면 조족지혈이다. 자연은 값을 매길 수 없을 만큼 소중하다. 환경역사가 워스터가 말했듯이, "우리는 죽은 행성에서 살아가는 방법은 배우지 못했다."

일상생활 속에서 각각의 종들은 항상 우리에게 도움을 주고 있다. 수천 가지 약품을 식물, 동물, 균류, 그 외의 생물형태에서 얻을 수 있다. 그 가운데 가장 잘 알려진 것은 과거에 멸종위기에 처해 있었던 마다가스카르 섬의 로지페리윙클이다. 꽃을 피우는 로지페리윙클에서 항암성분을 추출해 개발한 치료제 덕분에 소아백혈병은 이제 완치 가능한 병이 되었다. 각국에서 생산되는 대표적인 농작물들을 합산해보자. 현재 우리는 전 세계 채식 재료의 90퍼센트를 103종의 식물에서 얻고 있다. 그리고 식용 가능한 3만 종의 추가적인 식물 종을 이용해 점점 늘어가는 세계 인구에 식량을 공급할 수 있을 것이다. 캘리포니아의 데스 밸리[4]보다 더

---

4 미국에서 가장 기온이 높고 가장 건조한 지역으로 여름철 기온은 섭씨 49도까지 오르며 연 평균 강수량은 50밀리미터에 불과하다 – 옮긴이.

건조하고 기온이 섭씨 48도 이상인 지역에서 자라는, 식용 가능한 알뿌리와 열매 같은 채소를 생산할 수 있는 마라마 콩(틸로세마에스쿨렌툼, Tylosema esculentum)과 아프리카포도나무 같은 특이한 식물들 또는 서리가 내리기 전에는 시고 떫고 딱딱해 먹을 수가 없어서 서리가 내린 뒤 한겨울에 수확하는 북반구 과일인 서양모과가 그런 식물군에 포함된다. 어떤 생물의 실제적인 가치가 언제나 인간의 생존에 정말로 필요한가 아닌가로만 결정되는 것은 아니다. 일례로, 2012년 낙하산을 이용하지 않고 비행기에서 뛰어내려 지상에 착륙한 최초의 인간인 영국의 게리 코네리(Gary Connery)는 맹금류의 일종인 솔개를 관찰하면서 익힌 조종술을 이용하는 한편 날다람쥐의 신체구조를 보고 착안한 날개옷을 입고 그 비행기록을 세웠다.

이제 우리는 인간의 몸도 풍부한 다양성을 지닌 하나의 생태계라는 사실을 이해하기 시작했다. 건강한 사람들의 신체 표면과 내부에서는 지금까지 약 1만 가지 이상의 미생물이 개개인마다 독특하게 혼합된 상태로 발견되었다. 인체 안에서 발견된 이러한 다른 종들의 세포는 십중팔구 사람의 세포보다 수적으로 더 많다. 그러나 안심하라. 일반적으로 이 부가적인 세포들은 사람의 세포보다 크기가 훨씬 더 작기 때문에 이 생물들이 사람의 몸에서 차지하는 무게는 불과 1~3킬로그램밖에 되지 않는다. 이 미생물 대부분은 음식을 소화하고 비타민들을 처리하는 것을 도와주며 질병을 막아주기 때문에 우리 몸에 유익하다. 그리고 그 가운데 많은 세포가 우리 몸의 일부분으로 살아가는 데 완전히 적응되어 있기 때문에 실험실에서 그 세포들을 키우는 것은 북극에서 오렌지나 무를 키우는 것만큼 어렵다. 이 동반자 생물들이 없다면 우리는 오래 살지 못할 것이고, 그 반대 역시 마찬가지다. 인체 내의 다양한 생물은 우리를 인간으로 만들어주는 것 가운데 하나다.

————

다른 생물들이 우리의 삶에 중요한 기여를 하고 전체적으로 볼 때 우리가 이 지구에서 계속 존재할 수 있기 위한 토대가 된다는 생각은 지난 20년 동안 제시된 가장 중요한 개념이다. 그런 생각은 생물의 가치가 실제적으로 인간에게 얼마나 유용한지를 기준으로 평가될 수 있다는 생각을 조장하기도 했다. 이 개념을 더 넓게 확장해보면 가령 마오현의 벌 같은 생물들이 존재하는 것보다 존재하지 않는 것이 인간의 이익을 위해 더 가치 있는지 아닌지를 가늠하는 것까지 가능해진다.

몇 년 전, 나는 조 트루엣(Joe Truett)이라는 야생생물학자에게 정확히 실리적인 측면에서 연구의 타당성을 설명해달라고 요청했다. 그와 나는 뉴멕시코 남서부의 어떤 사막초원 자연보호지역 안의 느릅나무 아래 앉아 있었다. 그곳에서는 개체 수가 회복된 들소들이 햇볕에 타들어간 분지를 가로지르며 열을 지어 이동하고 있었다. 과거에 개체 수를 늘리기 위해 재도입된 사막 큰뿔양들을 퓨마들이 또다시 사냥하던, 험준한 바위투성이의 프라 크리스토발 레인지 산에서, 트루엣과 나는 보잘것없는 나무 그늘 아래에 앉아 지평선 위로 청회색과 계피색의 반점을 가진 기품 있는 맹금류 아폴로마도팔콘(aplomado falcon, 검은겨드랑새매)을 보려고 하늘을 살폈다. 미국에서 1950년대에 멸종된 그 종을 부활시키기 위한 노력의 일환으로 그 지역에 풀어놓은 새였다. 나는 물었다. 왜 이런 일이 일어난 겁니까?

트루엣은 그 질문에 별로 특별할 것 없는 내용으로 대답했다. 생물

다양성은 지구의 안정화와 회복에 기여하고 있다. 생태계 서비스(eco-logical services)들은 경제적 가치가 있다. 그리고 회복된 지역들은 자연의 잠재력과 변화의 결과들을 이해하기 위한 유용한 기준으로 이용된다. 이 논거들 가운데 그날 나를 만족시킨 것은 하나도 없었다. 나는 트루엣이 어떻게 해서든 그날 우리가 보고 있던 그 광경이 그 순간 내가 느꼈던 것만큼 지극히 중요한 것임을 입증해주기를 원했다. 나는 우리 인간들이 빈곤한 자연 상태가 아닌 더 풍요롭고 다양한 자연과 더불어 살아야 함을 뒷받침해주는 가장 설득력 있는 한 가지 이유를 듣고 싶었다.

마침내 트루엣이 이런 말을 했다. "그게 좋으니까요."

특별한 이유 없이 더 야생적인 세계를 선호한다는 것. 그 말은 매우 평범하지만 우리는 그 말을 자주 하지 않는다. 자연의 풍요로운 자원을 이용하는 방법에 대해 논의할 때면 대체로 자신들의 이권을 서로 견주는 경우가 많다. 가령, 어부 대 수산학자, 기름회사 대 토착민, 부동산개발업자 대 야외스포츠 애호가. 이 갈등의 근본적인 의문인 **누구의 자연인가**는 제일 먼저 짚어볼 사항이 아니다. 그보다 먼저 짚어볼 사항은 **어떤 자연인가**에 대한 문제다. 우리는 어떤 자연과 더불어 살고 싶은가? 이 의문에 대한 대답들은 과학이나 경제학의 영역에서만 나올 수 있는 것이 아니다. 우리의 모든 영역과 관련이 있다. 개인적이고 집단적인 가치의 측면에서 자연을 좋아하고 더 많이 원하는 것은 지극히 당연한 것이며 그 이유로 호기심·경외감·신비·환희를 내세우는 것 역시 완전히 정당한 것이다.

우리는 친칠라쥐·콜라프라에아쿠타·히말라야메추라기 같은 생물들을 멸종시켜야 한다고 생각되면 그 종들을 결코 살려두지 않을 것이다.

모든 생물을 가까이에서 살펴보면 그들은 저마다 언젠가 인류의 진보 과정에 돌파구가 될 특성들을 갖고 있다. 그러나 한편으로 그 생물들은 그에 못지않게 그 자체로 경이로움을 불러일으키는 존재들이기도 하다. 예를 들어 북아메리카에서 흔히 볼 수 있는 박새는 가을이면 겨울 동안 먹을 씨앗들을 숨겨놓은 장소를 기억해야 하기 때문에 뇌가 더 커지고, 봄이 오면 짝짓기를 위해 힘을 비축해야 하기 때문에 뇌가 다시 움츠러든다. 거대한 군함새는 한 번에 뇌의 반쪽만 잠이 들 수 있는데, 이런 특성을 알고 나면 그 새가 어떻게 최대 12일 동안 쉬지 않고 먼 바다 위를 날아다닌 기록을 세울 수 있었는지 충분히 이해할 수 있다.

20세기 초에 무분별한 사냥으로 멸종된 에스키모마도요는 다른 어떤 새들보다 아주 효율적인 근섬유를 갖고 있는 것으로 알려져 있다. 마도요를 경비행기에 비유한다면, 평범한 항공기가 활주로에서 이륙할 때 소비하는 것과 같은 양의 연료로 마도요는 1,000마일(약 1,600킬로미터)을 날 수 있다. 또 다른 조류 종인 오스트레일리아의 덤불흙무더기새는 잎과 가지로 직경 5미터, 높이 1미터가 넘는 두엄 더미를 쌓아올린 다음 그 안에 알을 낳아 두엄이 썩으면서 발생하는 열로 알을 부화시킨다. 경험 많은 수컷 덤불흙무더기새가 만든 두엄 더미는 내부온도를 5도 내외로 항상 일정하게 유지한다.

비버나 수달에 해당하는 오스트레일리아의 포유동물인 오리너구리는 보통 민물에 사는데 전혀 앞이 보이지 않는 흙탕물 속에서 먹잇감이 움직일 때 발생하는 전기를 '감지'해 그 위치를 정확히 찾아낼 수 있다. 북극곰은 과거에 이미 75마일(120킬로미터)이나 되는 엄청난 거리를 헤엄칠 수 있다는 것이 확인되었다. 최근에는 암컷 북극곰이 아직까지 그 누구도 설명하지 못한 감각들을 이용해 9일 동안 잠을 자지도 않고 물이나 먹이도 전혀 입에 대지 않은 채 쉬지 않고 정확히 북쪽을 향해 약 427마일(690킬로미터)을 헤엄쳐 가는 신기록을 세웠다. 그뿐만 아니라 북극곰은 단열이 아주 잘 되는 모피코트 덕분에 적외선 카메라에 잘 잡히지 않는다. 코끼리물범은 최대 2시간까지 숨을 참을 수 있는 데 비해 인간의 최고 기록은 11분에 불과하다.[5] 그리고 아프리카의 개미들은 지면으로 40톤 이상의 흙을 퍼올리면서 땅속으로 약 25피트(약 8미터)까지 파고들어가, 건축학적 지식의 도움을 전혀 받지 않고서도 통풍이 아주 잘 되는 수백 개의 지하 방을 만들어 도시를 구축할 수 있다.

현재 우리 몸의 표면이나 몸 안에 살고 있는 수백 개의 다른 생물이 우리 인간들을 만드는 것의 일부라는 사실을 이해한다면, 아마도 우리의 몸 밖에서 살고 있는 생물에 대해서도 같은 말을 할 수 있을 것이다. 지구의 다른 생물형태들은 아주 많은 방식으로 존재를 드러낸다. 만일 그들이 이미 현실에 존재하지 않았다면 우리 인간들의 상상력으로는 도저히 그런 생물들을 생각해내지 못했을 것이다. 이런 의미에서 인간 이외의 다른 생물들은 단지 우리의 상상력을 불러일으킬 뿐 아니라, 그 자체가 일종의 상상력이다. 그 생물들은 언제나 불확실하기만 한 미래에 대비하여 정렬해 있는 삶의 천재들이다. 따라서 우리가 그들의 탁월함을 도외시하여 쇠퇴하게 만드는 것은 우리 자신의 정신이 죽어가는

---

5 바다표범의 기록에는 도저히 미치지 못하지만, 사람들은 그 기록보다는 더 오랫동안 숨을 참을 수 있었다. 그러나 대기 속에서 일반적으로 발견되는 것보다 훨씬 더 높은 산소량과 기체혼합물을 먼저 잔뜩 들이마시고 난 뒤에야 그 기록이 가능했다.

것을 순순히 받아들이는 것이나 다름없다.

———

우리는 자연이란 "우리가 아닌 다른 모든 것" "우리가 만들지 않은 모든 것"이라는 일반적인 정의를 이용하면서 자연계를 인류와 분리된 것으로 생각해왔다. 그것은 세계를 바라보는 하나의 유용한 방법이다. 그러나 궁극적으로 더 넓은 시각을 얻기 위해서는 반드시 인간이라는 종—결국 다른 모든 생물만큼 기적적인 또 하나의 생물일 뿐인—을 자연계 전체 그림에 포함시켜야 한다. 어떤 자연인가라는 의문은 인간의 본질(human nature)에도 똑같이 해당된다.

환경보존생물학의 창시자들 가운데 한 사람인 술레는 우리를 둘러싸고 있는 자연은 가치에 대한 문제를 넘어서서 실제로 인간존재들을 하나의 생물로 만들어준다고 믿는다. 20세기 전후로 세계 전역을 조사하는 인류학자들은 한 가지 눈에 띄는 양상에 주목하기 시작했다. 수렵채집인들은 그렇지 않은 사람들보다 시력이 훨씬 더 뛰어나다는 사실이 그것이다. 실제로 수렵채집인 조상들과 거리가 먼 사람일수록 유전적으로 근시안이 되는 경향이 있는 것으로 나타났다. 이런 현상을 가리켜 "느슨한 선택"(relaxed selection)이라고 한다. 즉한 인간 집단이 먹을 것을 구하거나 생존에 위협이 되는 동물들을 망보기 위해 원거리 시력에 더 이상 의존하지 않을 때, 근시안을 야기하는 흔한 유전적 돌연변이는 한 개인이 생존하거나 자식을 낳더라도 거의 또는 전혀 영향을 미치지 않게 된다. 그런 능력에 대한 진화의 압박이 사라진 것이다. 예민한 후각 역시 많은 야생동물에게는 여전히 중요한 만큼 과거에는 인간의 생존에도 아주 중요한 것이었다. 그러나 후각과 관련된 유전자의 약 60 퍼센트가 현재 대부분의 사람들에게 비활성화되어 있다. 이 유전자는 약 1만 년 전 농경이 시작되고 난 이후에 사라졌을 가능성이 높다.

술레는 한편으로 "느슨한 선택"이 우리와 자연의 유대를 약화시킬 수도 있다고 주장한다. 수렵채집인들이 식물을 분류하는 데 이용하는 방법들—예를 들어 이것은 새롭게 발견된 산딸기류 열매가 먹을 수 있는 종과 밀접하게 연관된 것인지 아니면 독성이 있는 변종인지를 판단할 수 있다—을 조사·연구한 결과, 그 방법들이 전문적인 식물학자들이 사용하는 방법 체계와 놀라울 만큼 유사한 것으로 밝혀졌다. 북알래스카의 원주민들과 몇 년 동안 함께 생활한 인류학자 리처드 넬슨(Richard K. Nelson)은 다음과 같이 말한다. "이누피아크족의 전문적인 사냥꾼에게는 우리 사회에서 많은 훈련과 경험을 쌓은 과학자만큼이나 많은 지식이 있다. 물론 그 지식이 서로 다른 종류의 것일 수 있긴 하지만." 그러나 농경이 시작된 이후로 그런 지식은 점점 더 무용해졌다. 호랑이의 생각을 읽는 능력이나 새들의 행동을 보고 폭풍을 예측하는 능력보다 멀티태스킹에 대한 소질이나 도시 생활의 스트레스를 견디는 선천적인 능력이 오늘날 생존에는 더 중요하다.

술레의 말에 따르면, 이러한 경향은 그를 포함한 많은 생물학자가 주류사회에서 아주 멀리 떨어져 있다고 느끼는 이유를 설명하는 것일지도 모른다. 술레는 사람들에게 자연계를 돌보려는 마음을 불러일으키고자 노력하면서 평생을 살아왔다(현재 그의 나이는 70세다). 과학자로서 그가 이룬 연구결과는 포식동물이 생태계에서 사라질 때 생길 수 있는 연쇄적인 파급효과들을 밝히는 데 도움이 되었다. 그러나 사냥과 서식지 파괴는 지금까지도 포식동물의 영역을 계속 없애나가고 있다. 술레는 불교를 믿은 지 오래되었지만, 전 세계적으로 영향력 있는 종교 활동 가운데 지속적으로 자연에 대해 진정으로 이해하고 감사하는 종교 활동은 찾아볼 수 없다고 말한다. 1991년에 술레는 대규모 재야생화에 주안점을 둔 최초의 주요 환경운동집단인 와일드랜드 네트워크(Wildlands Network)의 설립을 도왔다. 그는 지금까지의 시도들을 "하나의 실패"라고 말한다. 이 다양한 접근들—과학적 환경운동, 영적 환경운동—이 아무것도 성취하지 못한 것은 아니지만 어쨌든 눈앞의 이익보다 살아 있는 지구를 우선시하는 사람들은 여전히 얼마 되지 않는다.

"생명이나 환경을 중심에 두는 우리 같은 사람들은 왜 사람들이 아무 생각 없이 자연을 파괴하면서 돌아다니는지 이해할 수 없습니다. '도대체 어떻게 그럴 수 있는 걸까?'라고 우린 말하죠. 그렇지만 우리는 다릅니다. 우리는 다른 사람들이 열중하는 것과는 다른 것들을 사랑합니다." 술레는 말한다.

유전적으로 인류에게 자연을 돌보는 성향이 얼마나 있는지 파악하는 것은 아직까지 미지의 영역이라고 할 수 있다. 만약 술레의 말이 맞다면, 그리고 현재 생물계의 다른 생물들과 공감하는 인간의 능력이 빈약해 인간 게놈의 차원에서 감지할 수 없다면, 자연의 미래는 사실 매우 암울해 보일 것이다. 그러나 낙관적인 한 가지 가능성은 마치 피아노 천재들이 음악을 만들고 즐기는 인간의 능력을 구현하는 것처럼 술레 같은 환경 중심적 사상가들이 우리를 대신해서 자연과 인간의 본유적 유대 관계를 계속 이어가주는 것이다. 천부적인 음악가들이 드물다고 해서 인류 문화에서 리듬과 멜로디가 서서히 사라지는 것은 아니다. 그런 천재들이 희귀하다고 해도 이 세상에는 여전히 많은 성가대가 있고 작은 파티에서 기타를 연주하는 사람들이 있다. 지금 우리는 그 어느 시대보다 쉽게 음악을 접할 수 있다. 반면에 우리와 자연의 관계는 점점 더 멀어지고 단절되고 있다. 음악의 역사가 거의 잊힌 세계, 노랫소리가 들리는 경우가 점점 드물어지고 대다수의 사람들이 악기 연주를 거의 이해하지 못하는 사회를 상상해보라.

이것을 자연계에 대입했을 때 이는 21세기의 세계를 살아가고 있는 경제적 인간들인 우리의 모습과 같다. 천성적으로 타고났든지 아니면 그렇게 길러졌든지 간에 술레의 경고는 같다. 즉 우리가 더불어 살게 될 자연의 종류를 선택하는 것은 곧 우리가 어떤 종류의 인간이 될 것인지를 선택하는 일이다. 우리가 세계를 만들고 세계는 우리를 만든다. 우리는 창조자이자 피조물이며 제작자인 동시에 제품이다.

재야생화의
시대

20세기는 환경보존의 황금기였다. 1900년의 첫 달력이 걸렸을 때 이 지구상에서 국립공원이 있는 나라들은 미국, 오스트레일리아, 캐나다, 뉴질랜드, 멕시코, 러시아를 포함해서 몇 개가 되지 않았다. 그러나 그로부터 100년 뒤 미국에서 실시한 조사 결과에 따르면 125개국에 10만 개 이상의 보호구역이 있는 것으로 밝혀졌다. 그 가운데 대부분은 최초의 세계공원회의가 열린 1962년 이후에 설립되었다. 추가적으로 1962년은 미국의 해양생물학자이자 작가 레이첼 카슨(Rachel Carson)이『침묵의 봄』(Silent Spring)을 출간하여 자연환경보호운동을 대중운동으로 촉진시키는 데 큰 도움을 준 해이기도 하다.

그와 같은 맥락에서 1900년대는 멸종위기에서 생물들을 구하기 위한 사상 최초의 다국간 협정으로 시작되었다. 물론 오늘날의 아주 많은 조약들이 그렇듯이 이는 실천적 측면보다 서류상으로 더 인상적이었던 해달과 물개 사냥에 대한 1년 동안의 모라토리엄이었다. 당시의 사정을 잘 아는 한 관찰자는 금방이라도 멸종될 위기에 처한 것 같았던 많은 종이 인간들의 헌신적인 노력으로 살아남은 것을 보고 깜짝 놀랐다. 우리는 비록 간신히 명맥을 이어가고 있긴 하지만 초원버펄로·카페마론 나무·시베리아호랑이·캘리포니아콘도르·몬트세라트난초·흰긴수염 고래·세인트헬레나회양목·마운틴고릴라와 현재 타키(takhi)[6]라고 알려진 야생마, 여러 종의 코뿔소, 세상에서 가장 작은 수련, 그리고 해달과 물개를 포함해서 아주 많은 종이 계속 살아갈 수 있게 해준 20세기의 환경보호운동가에게 고마워해야 한다.

지구에서 마지막으로 남은 몇몇 야생삼림지대를 위한 지속적인 투쟁과 함께 비슷한 종류의 세계적 자연환경보호운동이 형성되고 있는 가운데 20세기 후반부터 심각한 문제들이 나타나기 시작했다. 1960년대에 미국의 생물학자인 로버트 맥아더(Robert MacArthur)와 윌슨은 섬 생물지리학, 즉 섬에 사는 생물들이 어떻게 그리고 왜 그곳에 살고 있는지 연구하기 시작했다. 두 사람은 섬의 크기가 그곳에 살고 있는 생물들의 개체 수와 연관성이 있다는 사실을 밝혀냈다. 다른 모든 조건이 동일한 경우, 더 큰 섬에 생물들이 더 많이 살고 있었고, 더 작은 섬에는 생물들의 수가 더 적었다.

이 '지역 효과'는 처음 플로리다 주 애틀랜타 연안의 작은 맹그로브 언덕들에서만 실험적으로 나타났다. 그러나 그 후로 실시된 조사 연구에서, 그 현상이 내륙에서만 나타나는 것일 수도 있다는 사실이 밝혀졌다. 예를 들어, 국립공원들은 사람들이 사용할 수 있도록 완전히 개조된 전원지대로 둘러싸인 야생의 섬인 경우가 많다. 1955년에 생물학자 윌리엄 뉴마크(William Newmark)는 북아메리카 서부의 국립공원들에 살

---

6 이전에는 '프셰발스키(Przewalski) 말'이라고 불렸다.

고 있는 생물들의 수가 그 공원의 규모에 따라 거의 줄을 서다시피 차례차례 감소하고 있다는 것을 보여주었다. 밴프와 요세미티 같은 전 세계적으로 유명한 야생지대 가운데 뉴마크가 조사한 거의 모든 보호구역에는 잘 알려지지 않은 작은 생물뿐만 아니라 카리부(북미산 순록)부터 늑대에 이르기까지 큰 포유동물도 자취를 감추었다. 1930년대에는 세계 최초의 국립공원인 옐로스톤에서 회색늑대가 사라지면서 그에 따른 연쇄적인 파급효과가 일어났다. 엘크를 비롯해 이리저리 이동하며 풀을 뜯어먹는 동물들이 급증했고, 그로 인해 어린 버드나무나 사시나무가 살아남지 못하게 되었다. 버드나무와 사시나무의 개체 수는 결국 95퍼센트까지 감소했다.

어린 나무들이 사라지면서 비버들의 개체 수도 줄어들었고 그와 함께 비버들의 댐 덕분에 형성되었던 풍부한 물속 서식지들도 사라졌다. 결국 1995년 초부터 캐나다에서 잡은 늑대들을 옐로스톤에 풀어놓았다(이 국립공원에는 현재 100마리의 늑대가 10개의 무리를 이루며 살고 있다). 그러자 그곳의 숲과 비버도 회복되기 시작했다. 다른 국립공원들 대부분도 옐로스톤과 비슷하게 변해 있어서 야생 상태가 회복되려면 사람들의 인위적인 개입이 필요하다.

한편 지구의 지상보호구역들 가운데 약 60퍼센트는 약 10제곱킬로미터가 넘지 않는 규모의 녹색 섬이다. 다시 말해 걸어서 반 시간이면 전체를 너끈히 둘러볼 수 있을 만큼 작은 땅덩어리에 불과하다. 이 작은 공원들 가운데 3분의 1이 200에이커(약 0.8제곱미터)를 넘지 않는다. 이는 거북이조차 점심식사 전에 한 바퀴 둘러볼 수 있을 만한 면적이다. 1996년에 자연생태저술가 데이비드 쾀멘(David Quammen)은 현대에 자연을 보존한다는 것은 작지만 완전한 러그 소장품이 아니라 조각조각 잘려나가 아무 쓸모가 없게 된 페르시아 러그와 마찬가지라고 경고했다.

자연보호운동은 사라지지 않았다. 마지막으로 남은 기회의 땅들과 멸종위기에 처한 생물들을 보호하기 위해서라도 자연보호운동은 절박한 목표를 이뤄야 한다. 그 생각은 또한 진화하고 있다. 현재 공원들 사이에 야생동물들이 이동할 수 있는 생태통로를 만들고 아주 먼 곳까지 돌아다니는 동물들도 충분히 살아갈 수 있는 넓은 공간을 보존함으로써 섬 효과(island effect)를 줄이자는 제안들이 남극 대륙을 제외한 모든 대륙에서 나오고 있다.

그 예로는 다음과 같은 것들이 있다. 와이오밍 주에서 유콘 주까지 로키 산맥을 따라 2,000마일(약 3,220킬로미터)까지 뻗어나가게 될 옐로스톤-유콘 연결 프로젝트. 남아프리카 공화국에서 짐바브웨, 모잠비크까지 300마일(약 480킬로미터)에 걸친 접경지대를 따라 보호구역들을 연결·확장할 림포포 초국경 대공원. 그리고 과거 무인도나 마찬가지였던 냉전시대 철의 장막—뜻밖에도 야생동물의 피난처가 되어주었던 인간출입금지구역—을 서유럽과 동유럽을 잇는 자연보전구역 네트워크로 만들고자 하는 유럽 그뤼네스반트(녹색띠)[7] 프로젝트.

그러나 자연환경보호운동은 지금도 충분하지 않으며 지금까지 한 번도 충분했던 적이 없다. 그것의 가장 치명적인 결함은 아마도 자연과 인간을 서로 분리하려던 것에 있었던 듯하다. 여기에는 공원, 저기에는 사람, 저기에는 무엇, 그리고 저기에는 다른 무엇. 지금까지 대륙적

---

7 옛 동·서독 국경지대 – 옮긴이.

규모의 자연환경보호운동 가운데 성공했다고 말할 수 있는 것은 하나도 없다. 지구에서 인간이 아닌 생물들의 보호를 위해 따로 떼어둔 구역이 15퍼센트에 이르지만, 계속 늘어나는 인구와 물질적 욕망을 가진 인간들을 맞닥뜨렸을 때 그들에게서 그 보호구역들을 지켜내기 위해서는 엄청난 저항을 이겨내야 할 것이다. 더 야생적인 자연과 더불어 살기 위한 투쟁은 당연히 계속되겠지만, 앞으로 그것은 우리가 알고 있던 자연환경보호운동과는 다른 양상을 띨 것이다. 그것은 자연보호운동이 아닌 다른 이름으로 불리는 게 마땅할 정도로 다를 것이다. 우리의 시대는 "재야생화의 시대"가 될 것이다.

———

생태계 복원에 대해 가장 먼저 비난할 수 있는 측면은 그것이 다른 형태의 시간 여행만큼이나 어리석고 낭만적인 "향수에 젖은 과학"에 근거하고 있다는 점이다. 사실 우리는 먼 옛날 인구밀도가 낮은 지구에서 수렵채집인이 살았던 것과 같은 방식으로 자연과 더불어 살아갈 수 없다. 모든 외래 동식물을 시간을 되돌려 그들이 원래 태어난 대륙으로 각각 돌려보내고자 하는 것 역시 가망 없는 일이다. 아프리카의 남대서양 서쪽에 있는 영국령 어센션 섬이 그 일을 한다고 가정했을 때 그 규모를 상상해보라. 그곳의 알려진 식물들 가운데 83퍼센트가 외래종이다.

그런가 하면 캐나다의 식물 종들 가운데 거의 4분의 1이 지난 500년 동안 외부에서 들여온 것들이다. 뉴욕 주에서는 그 수치가 3분의 1에 다다른다. 과거에 외래종들을 독려했던 '생물순화학회'가 있는 19세기의 뉴질랜드에는 불과 50년 동안 600종이 넘는 외래 식물이 들어왔다.

그리고 그곳의 포유동물 가운데 31종—그 제도에 서식하는 동물들 가운데 바다표범과 박쥐를 제외하고 모피가 있는 모든 동물들—은 토종이 아니다.

그러나 사실 자연은 문명이 만들어낸 인공물 같은 식으로 실재하지는 않는다. 코끼리는 과학기술의 발전으로 쓸모없어진 마차 같은 존재가 아니다. 소라게는 다이얼식 전화기처럼 골동품으로 전락하는 것이 아니다. 열대우림은 새로운 취향이나 아이디어의 등장으로 인해 밀려나는 유행 같은 것이 아니다. 아직까지 존재하고 있는 모든 생물은 정확히 당신이나 나만큼 동시대적이며 자연의 잠재력, 곧 풍부함과 다양성을 유지하는 자연의 능력은 여전히 그대로다. 복구를 기다리고 있는 것은 과거의 어떤 복제품이라기보다는 이 잠재력이다. 여전히 자연은 우리와 함께 있으며 우리는 끊임없이 자연을 접할 수 있다. 우리는 단지 자연을 기억하고, 다시 연결하며 '재야생화'하기만 하면 된다. 가능한 자연의 모습을 기억하고, 그것을 우리의 삶에 의미 있는 것으로 다시 연결시켜 더 야생화된 세계를 다시 만들어야 한다.

사실 얼마 되지 않는 몇몇 지역에서 인류 출현 이전의 과거와 비슷한 풍경을 다시 만나보는 것은 가능하다. 그런 곳들이 아직 남아 있는 것은 인간들의 발길이 닿은 적이 거의 없었기 때문이다. 두드러진 한 예는 남아메리카 서해안에서 600마일(약 972킬로미터) 떨어진, 적도 선상에 있는 갈라파고스 제도다. 대부분의 사람들에게 갈라파고스는 영국의 동식물학자 찰스 다윈(Charles Darwin)이 자연적 선택의 과정을 통해 종들이 진화한다는 이론을 발전시키는 데 영감을 얻은 곳으로 익숙하다. 다윈이 훼손되지 않은 어떤 성역에서 그의 위대한 통찰을 얻은 것이 분명하다고 쉽게 상상할 수 있다. 그러나 그 제도는 1535년에 지구에서 인간이 발견한 마지막 장소들 가운데 하나였으며 다윈은 그로부터 정확히 300년 뒤에 그곳에 도착했다.

갈라파고스 제도는 초기에 방문한 사람들이 그 지역에 대해 실제 기록을 남긴 지구에서 몇 안 되는 외딴 곳 가운데 하나로 유명하다. 초기 관찰자들의 관심을 끈 것은 오늘날 우리가 매료된 생물과 같은 종이었다. 거대한 거북, 그 시대의 스페인어로 갈라파고스(galapagos). 느릿느릿 움직이는 그 파충류가 그 군도를 지배했다. 심지어 크기가 너무 작아 물이 마르지 않는 민물 샘조차 없는 섬에서도 그 짐승들이 우글거렸다. "여기서 우리는 때로는 육지거북, 때로는 바다거북에게 먹이를 주면서 누워 있다. 이곳에는 두 종류의 거북 모두 풍부하다. 특히 육지거북은 맛도 아주 기가 막힐 뿐만 아니라 수적으로도 엄청나다. 그 동물들이 얼마나 많은지 말하면 아마 믿지 못할 것이다." 1684년에 최초로 거북에 대한 상세한 탐험일지를 작성한 모험가이자 해적이었던 윌리엄 댐피어(William Dampier)는 그렇게 말했다. 심지어 해적, 포경업자, 탐험가, 해군, 그 외의 선원들이 한 세기 동안 잔인하고 불필요한 학살을 끝없이 자행한 이후로도, 오랫동안 항해하는 선박들은 여전히 신선한 고기를 얻기 위해 그 지역에 들러 한 번에 800~900마리나 되는 많은 거북을 잡아가곤 했다.

그런 역사적 대량 학살의 규모는 오늘날 우리가 생각하기에 충격이 아닐 수 없다. 그러나 통조림 음식과 냉장고가 출현하기 전까지 거북은 기적의 음식이었다. 거북은 괴혈병을 방지하는 신선한 비타민이 풍부하게 함유하고 있을 뿐만 아니라, 많은 양의 지방이 들어 있어서 버터처럼 발라 먹을 수도 있고 열을 가하면 올리브유처럼 담백하고 향긋하다고 한다. 그 고기는 분명히 맛있었던 듯하다. 일단 "갈라파고스땅거북을 맛보면, 다른 동물 고기는 쳐다보지도 않게 된다." 심지어 어느 선장은 그렇게 기록하기도 했다. 그리고 항상 신선한 거북고기를 먹을 수 있었다.

거북은 통처럼 차곡차곡 포개놓을 수 있어서 공간을 많이 차지하지도 않았고, 먹이나 물을 주지 않아도 계속 살아 있었는데 경우에 따라서는 1년이 넘게 살아 있기도 했다. 사로잡은 거북들은 처음 몇 주 동안 그 자체로 훌륭한 식수가 되어주기도 했다. 거북의 방광에서 물을 빼내면 되었다. 가장 신선하고 좋은 물은 거북의 심장을 둘러싼 막에서 빼낸 것이라고 한다.

거북들에 대한 초기 보고서들의 내용이 결단코 무자비한 학살과 잔학 행위에만 국한된 것은 아니었다. 선원들은 그 동물에 대해 잘 알게 되었고 그래서 많은 사람이 거북을 찬미했다. 그 동물의 힘은 가히 전설적이었다. 큰 수컷 거북은 보통 몸길이가 5피트(약 1.55미터), 넓이가 4피트(약 1.24미터), 키 역시 4피트(1.24미터), 무게는 400파운드(180킬로그램)가 넘었다. 한 관찰자는 거북이 한 마리가 성인 남자 두 명을 등에 태운 채로 "전혀 무거워하지 않고" 기어다닐 수 있다고 묘사했다. 심지어 다윈도 거북 등에 올라타보고 싶은 충동을 억누르지 못했다고 한다.

산전수전 다 겪은 뱃사람들도 거대한 거북을 처음 만났을 때 두려움을 느꼈다고 솔직히 인정했다. 반면에 또 어떤 이들은 거북이 아주 영리한 동물이라고 말했다. 갑판 위에서 거북들은 사람이 부르면 왔고, 배의 어떤 곳에만 머물러 있거나 다른 곳에는 가지 못하도록 쉽게 훈련시킬 수 있었다. 그 동물들은 시원한 소나기를 맞을 때나 진흙탕을 찾아가 뒹굴 때 의심할 여지가 없는 환희의 감정을 드러내는 것으로 알려졌지만 심지어 그들에게 즐거움을 느끼고 표현하는 능력이 있다는 것도 무시되었다.

무엇보다도 그 거북들은 불가사의 그 자체였으며 지금도 그러하다. 그 번식 개체군들이 어떻게 해서 내륙에서 아주 멀리 떨어진 남태평양 밑에서 수직으로 솟아올라 뒤죽박죽 흩어져 있는 화산섬들에서 살게 되었는지 아직까지 아무도 그 이유를 정확하게 밝혀내지 못했다. 그 의문에 대해 생각해낼 수 있는 최선의 답은 단지 그 거북들이 아주 오래 살 수 있고—제일 처음 그곳에 도착한 거북은 짝짓기를 위해 한 세기를 기다렸을 수도 있다—헤엄에 서툴거나 전혀 헤엄을 치지 못하더라도 물에 빠지지 않고 바다 위에 떠 있을 수 있다는 사실에서 유추할 수 있다. 후자는 갈라파고스 제도를 방문한 선원들이 전투태세를 갖추기 위해 갑판을 정리하면서 자신들이 잡아놓았던 거북들을 배 밖으로 내던지고 난 뒤에 알게 되었다. 어느 미 해군대령은 소규모 접전이 끝난 이튿날 아침에 배 주위에 50마리의 거북들이 둥둥 떠 있는 것을 발견했다.[8]

거북들이 그런 식으로 이동했다 하더라도, 유전적 연구는 최초로 인간들과 만나기 100만여 년 전에 갈라파고스 제도에 큰 거북들이 존재했다는 사실을 보여준다. 다윈이 'HMS 비글'이라는 괴상한 이름의 배에 탑승한 무렵에는 갈라파고스 제도를 정확히 인간이 그곳에 나타나기 전의 상태로 되돌리기에 이미 너무 늦었다. 염소·소·돼지·개·쥐와

---

8 2004년 자이언트거북이 아프리카 동해안에서 산 채로 파도에 떠밀려 왔다. 그 거북은 거기서 450마일(약 724킬로미터) 떨어진 인도양의 알다브라 환상 산호섬에 사는 종으로 밝혀졌다. 이것은 선사시대의 거북들이 멀리 떨어진 섬들로 떠내려갔을 수 있다는 최초의 직접적인 증거다.

그 외 몇몇 동물과 약 24종의 식물이 이미 그 섬들에 유입되어 있었고, 그 지역에 살던 자이언트거북들 가운데 두드러진 두 종과 함께 몇몇 특이한 설치류도 이미 멸종했던 것으로 보인다.

다윈 역시 거북고기를 먹었다. 그러나 아종(亞種) 사이에 맛의 차이가 없었다 하더라도 다윈이 거북고기를 먹어보고 나서 '자연선택'이라는 개념을 생각해낸 것은 아닌 듯하다. 그는 그 제도에 사는 네 종류의 흉내지빠귀들을 관찰하다가 최초로 '자연도태'에 대한 생각을 떠올리게 되었다. 그는 그 새들이 단 하나의 종에서 비롯된 자손임이 분명하다고 결론을 내렸다. 거북들의 훨씬 풍부한 다양성은 단지 그의 이론을 발전시키는 데 보조역할을 했을 뿐이었다. 그는 각 아종의 등껍질 모양이 각기 달랐다고 회상했다. 그 군도에서 가장 큰 섬인 부츠 모양의 이사벨라 섬에는 다섯 종류의 거북들이 살고 있었는데, 대부분은 지표면에서 먹이를 찾았고 등껍질이 단순한 돔 모양이었다. 더 건조한 섬에 사는 거북들은 등껍질의 앞쪽 가장자리가 안장 모양으로 들려 있어서 목을 길게 빼내어 높은 곳의 선인장 잎사귀를 먹을 수 있었다. 그것은 마치 갈라파고스 제도 내에 어떤 강력한 힘이 진화론을 증명하기 위해 자연적인 실험실을 만든 것 같았다.

게다가 다분히 역설적이게도, 다윈이 방문하고 몇 년이 지난 뒤 갈라파고스 제도는 빠르게 역방향의 진화를 겪었다. 기름사냥꾼들은 거북들을 죽이고 살은 썩게 내버려둔 채 지방만 빼내갔다. 그런가 하면 희귀종을 수집하는 사람들은 그곳으로 쳐들어와 생존한 거북들을 추적했다. 다윈은 야생 돼지와 염소가 도처에 있는 것 같다고 쓰기도 했는데, 바로 그 외래 생물들이 그 제도의 독특한 생태계를 빠르게 전복시키기 시작했다.

갈라파고스땅거북들은 20세기 초에야 마침내 보호를 받게 되었고, 전 세계적인 포획 사육 프로그램들을 통해 그 개체군이 부분적으로 회복되었다. 현재 갈라파고스 제도에서 서식하고 있는 자이언트거북의 개체 수는 전성기의 10퍼센트까지 회복된 상태다. 그렇지만 전통적인 자연환경보호—거북들을 보호하고 그들의 서식지를 마련하는 것—는 그 동물들의 개체 수를 완전히 회복시키기에는 역부족이었다. 예를 들어 이사벨라 섬에서 그 거북들이 번성했던 시절의 무성했던 아열대 삼림은 회복되지 않았다. 그리고 외래종 가축들, 특히 염소들 때문에 거북의 개체 수 회복은 방해를 받고 있다. 이란 서부의 고산지역들에서 처음 사육된 염소들은 거친 먹이도 잘 먹고 아주 적은 물만으로도 가뭄을 이겨낼 만큼 강인한 체질로 유명하다. 20세기 말경에 갈라파고스 제도의 염소 개체군은 수십만 마리로 증가했다. 거북들은 염소와 도저히 경쟁할 수 없었다. 그 섬은 재야생화가 절실했다.

1998년, 아주 단순한 한 가지 목표, 즉 염소들을 박멸한다는 목표로 대단히 야심찬 섬 회복 운동인 이사벨라 프로젝트가 시작되었다. 하지만 국제적인 홍보 활동도 없었고 홍보에 도움이 될 만큼 대중적 호소력을 지닌, 거대한 거북들이 등장하는 달력조차 제작되지 않았다. 그 300만 달러짜리 프로젝트에서 수석 연구원으로 일했던 미국의 생물학자 조시 돈런(Josh Donlan)의 말에 따르면 그 지역의 염소들을 없애기 위해서는 "자연보존을 위해 죽이는 것"이라는 생각을 받아들일 수 있는 "교양 있는 후원자들"이 필요했다고 한다.

우선 50만 발의 탄약을 미국에서 공수했다. 그리고 1,200시간 이상의 비행경력을 갖고 있는 항공사격 명사수들이 마침내 헬리콥터를 타고 한 시간당 평균 50마리의 염소를 사살했다. 이 소탕 작전에는 사냥개,

지상의 저격수, 그리고 '슈퍼 유다 염소'—살아남은 숫염소나 다른 염소 무리들을 유인하기 위해 약물을 투입해 영구적으로 배란을 하지 못하게 만들고 무선추적발신기를 장착시킨 암염소—들이 동원되었다. 그 기습 공격이 끝날 무렵 뒤에 남겨진 동물 사체의 평균 밀도는 1제곱마일당 거의 40마리였고, 그 결과 염소 개체군은 99퍼센트 이상 감소했다. 염소고기는 죽은 동물만 먹는 청소부 동물의 먹이가 되거나 섬의 토양에 영양분이 되었다. 이사벨라 프로젝트의 지도부는 염소들을 그 섬의 얼마 되지 않는 주민을 위한 식량원으로 제공할 경우 대대적인 박멸 작전 이후 사람들이 다시 그 동물들을 유입하려 들 것이라고 판단했다.

적어도 전 세계의 120개 섬에서 염소들이 사라졌다. 그리고 표적은 염소만이 아니다. 이사벨라 프로젝트는 1,200마리의 당나귀도 죽였다. 2012년 갈라파고스 제도의 두 섬에 22톤에 달하는 독극물 미끼를 투하했다. 급속히 퍼져나가는 외래종 쥐를 박멸하기 위한 캠페인은 보기 드물게 대대적이라는 점 이외에는 흔히 볼 수 있는 소탕 작전이었다.

"자연보존운동가들이 독살범으로 돌아서고 있다"라는 글귀가 영국 『가디언』지의 헤드라인에 실렸다. 이런 섬에서 큰 피해를 입은 외래종에는 토끼와 심지어 집고양이까지 포함된다. 재야생화는 분명히 우리로 하여금 논란의 소지가 있는 새로운 관점으로 세계를 바라볼 것을 요구한 것이다.

이제 더 이상 염소들이 풀을 뜯어먹지 않는 이사벨라 섬에서 자이언트거북들은 자신들이 과거 수천 년 동안 해왔던 행동들을 다시 마음껏 할 수 있는 거대동물이 되었다. 나뭇잎을 뜯어먹고, 씨앗들을 먹고 배설하고, 흙을 마구 휘젓고…… 그 거북들 주위로는 새로운 경관, 그들이

500년 전에 알았던 것과 같은 경관은 아니지만 분명히 거북들에게 친숙하고 어울리는 새로운 경관이 조성되고 있다. 그 거대한 동물들은 다시 그늘진 물웅덩이에서 즐거운 시간을 보낼 수 있게 되었다.

────

이와 정반대로 지구상에는 처음부터 사람들이 존재했던 곳, 언제나 인간과 함께해온 자연 상태를 가진 지역들도 있다. 당신은 그런 곳들이 있을 리 만무하다고 생각할지도 모른다. 왜냐하면 인류의 초기 조상들이 몇백만 년 전에 진화를 시작했던 아프리카조차 과거에는 인간을 제외한 생물들만 살고 있었으니까 말이다. 그러나 좀더 최근의 예들이 있다.

빙하기가 끝날 무렵 캐나다와 미국 북부의 거의 모든 곳, 그리고 유럽 북서부와 아시아까지 모든 지역이 두꺼운 빙하로 뒤덮여 있었다. 그 무렵 현재의 우리와 똑같은 지능을 가진 인간존재가 수천 년 동안 유럽 남쪽의 빙하 대륙에 살고 있었다. 아시아에서 육교(land bridge)[9]를 통해 온 최초의 사람들이 북아메리카 대륙으로 건너와 얼음으로 뒤덮이지 않은 통로를 이용해 대륙 한복판으로 갔거나 아니면 태평양 연안 하류로 항해해 갔거나 아니면 그 둘 모두거나 간에, 그 이야기는 거의 엇비슷하다. 그 사람들은 빙하가 녹으면서 새로운 땅이 드러나는 것을 목격한 증인들이다. 사실 그 시대는 지금까지도 기억 속에 남아 있는 듯하다. 많은 토착문명의 기원 설화들은 바위투성이에다 잿빛을 띤, 대

────

9 여러 시대에 주요 대륙을 연결했던 지협들을 지칭하는 용어 - 옮긴이.

개 생명체가 존재하지 않는 듯한 지역들을 묘사하면서 시작된다. 높이 솟은 얇은 얼음층 사이로 뚫린 터널을 카누를 타고 통과해가는 여정을 묘사하는 브리티시컬럼비아 북부와 알래스카의 틀링기트족 이야기는 특히 생동감이 넘친다. 그곳을 지나가는 것은 항해 시대의 해양 탐험이나 우주개발 시대의 궤도 비행 못지않게 많은 용기를 필요로 했을 것이다.

그 후로 유럽 북부와 아시아, 북아메리카의 많은 곳에서 사람이 살 수 있는 지역이라는 것이 확인되는 순간부터 사람들이 그곳으로 옮겨가 살면서 오늘날의 생태계를 발전시켜온 것은 확실해 보인다. 현재 캐나다의 밴프 국립공원이 있는 로키 산맥도 그 가운데 하나다. 1885년에 설립된 밴프는 세계에서 세 번째로 오래된 국립공원이다. 2000년에 제정된 캐나다의 국립공원법은 그 나라의 공원들에서 "생태학적 온전성"(ecological integrity)을 최우선 사항으로 삼았다. 이 어휘는 최소한 이론상으로는, 은근히 혁신적으로 자연을 최우선하는 듯한 느낌을 준다. 비교하자면 미국의 공원제도에서는 자연환경보호와 인간이 자연을 향유하는 것(즉 인간이 자연에서 얻는 즐거움)을 공식적으로 대등한 위치에 두고 있다. 생태학적 온전성에 초점을 맞추는 것으로 정책이 바뀌면서 캐나다 전역의 모든 공원에서 일하는 직원들은 갑자기 "해당 공원의 자연 지역 특성"이 무엇인지를 결정해야 하는 새로운 과제를 떠맡게 되었다.

참조를 위해 찾아가야 할 곳은 오직 한 곳, 바로 과거였다. 밴프 국립공원의 조사원들은 1872년까지의 200개가 넘는 고고학적 연구와 500장의 역사적 사진, 탐험가들의 일지 등을 샅샅이 조사하면서 모피 교역, 철도, 고속도로, 도시 외곽, 이동통신 기지국을 비롯해 지금까지 축적된 모든 현대 물질문명의 영향을 받기 전 로키 산맥의 모습을 얼마간 들여다볼 수 있기를 바랐다. 마침내 그들은 깜짝 놀랄 만한 사실을 발견했다. 21세기에 이르러 사람들은 '밴프 국립공원'이라면 즉시 '엘크'를 떠올리게 되었다. 엘크 무리들은 방문자들이 그 국립공원에서 보고 싶어 하는 풍부한 야생의 세계를 곳곳에서 제공해주고 있었다. 그렇지만 그 조사를 통해 오히려 옛날에는 엘크가 그처럼 흔히 볼 수 있는 초식동물이 아니었다는 사실이 밝혀졌다. 그곳에서 가장 흔했던 동물은 지금도 그 공원에 살고 있는 큰뿔야생양이었다. 그리고 두 번째로 많았던 동물 종은 지금은 그 공원에서 사라지고 없는 초원들소(아메리카들소, 버펄로)였다. 초원들소가 없는 밴프는 지역 '특유의' 온전한 자연 상태가 아니었다.

밴프 국립공원이 만들어지던 시기에 최후의 들소는 캐나다 초원에서 학살당하고 있었다. 결국 캐나다의 야생에서 초원들소는 결국 단 한 마리도 살아남지 못하게 되었으며 미국에서 생존한 초원들소는 불과 23마리밖에 되지 않았다.[10] 목장에서 길든 채 소와 근친교배를 하는 들소와는 반대로 야생동물인 들소의 개체 수 회복은 속도가 느렸다. 야생의 초원들소의 개체 수는 현재 대륙 전반에 걸쳐 약 2만 500마리로, 이것은 1930년대 이후로 거의 꿈쩍도 하지 않은 수치다. 이 들소들은 대대로 살아온 서식지의 불과 1퍼센트에 해당하는 한 지역에서만 살고 있다.

초원들소들이 당당한 위상을 지키며 존재하는 곳은 신화와 기억 속이다. 밴프의 계획 도시지역을 걸어 다녀보라. 그러면 버펄로 스트리트

---

10 이와는 반대로 숲속에 사는 아메리카나무들소들은 미국에서는 멸종되었지만 캐나다 북부에서는 생존했다.

(Buffalo Street)의 박물관에 전시된 박제한 들소 머리부터 바이슨 커트 야드(Bison Courtyard) 안 바이슨 레스토랑(Bison Restaurant)에서 맛볼 수 있는 들소 카르파초(bison carpaccio)에 이르기까지 곳곳에서 들소를 만나게 될 것이다. 밴프에서 야생 들소가 사라진 지는 100년이 넘었지만 공원은 그 동물과 특별한 관계를 유지했다. 1898년 초부터 밴프 국립공원에는 버펄로 패덕(Buffalo Paddock)으로 알려진 울타리를 두른 목초지가 들어섰다. 원래 텍사스에서 살았던, 심각한 멸종위기에 처한 세 마리의 야생 들소들에게 서식처를 마련해주기 위해 만들어진 그 방목장은 그 후로 북아메리카 전역에서 구조해온 멸종위기에 처한 다양한 종의 마지막 피난처가 되었다. 그러나 1990년대 말에 이르러 버펄로 패덕은 결국 해체되었고, 들소들은 경매로 새 주인들에게 팔려나갔다. 그러나 그것은 수컷 들소 한 마리가 그 방목장에서 달아나 겨울내내 혼자 생활함으로써 사람들이 먹이를 주거나 돌봐주지 않아도 야생 들소가 공원 내에서 1년 동안 생존할 수 있다는 것이 증명되고 난 이후였다.

어떤 의미에서 초원들소가 밴프에서 사라진 것은 겨우 10년 남짓된 일이었다. 들소의 개체 수를 회복시키려는 계획에 반대가 별로 없었던 데는 그런 이유도 한몫했을 것이다. 2013년이 끝나기 전에 들소들의 발굽이 그 공원의 지면을 누비고 다닐 수 있게 되었다. 그런데 그 프로젝트에서는, 그 종의 든든한 보루가 되어주는 미국 옐로스톤 국립공원의 들소에 대해서는 단 한 번도 의견 대립이 일어나지 않았다.

보통 여론은 다음과 같은 두 계열로 나누어지는 경향이 있다. 인간 대 야생.

옐로스톤 내부에서 들소는 많은 사랑을 받는 야생동물의 상징이다.

그러나 그들이 공원 경계선 밖에서 돌아다닐 경우, 가축으로 키우는 소에게 병을 퍼뜨릴 수 있는 매개체로 취급된다. 옐로스톤의 동물 무리들을 조절하기 위한 들소학살—어떤 해에는 들소가 그 공원을 떠날 때 1,000마리 이상의 들소들이 총에 맞아 떼죽음을 당한다—때문에 때로는 게릴라전을 펼치며 들소들을 보호하는 동물보호운동가들과 비밀리에 숨어 있는 주정부 감시원들 사이에서 마치 소규모 전투를 방불케 하는 충돌이 일어나기도 한다.

"옐로스톤은 자연적인 상태가 어떤 것인가라는 생각에 여전히 사로잡혀 있습니다. 하지만 그곳의 현재 모습이 만 년 전의 모습이 아니기 때문에 우리는 이 절충안들을 받아들여야 합니다." 현재 들소 개체 수 회복을 위한 자문위원이자 적극적인 지지자이며 밴프 국립공원의 전직 관리인이었던 클리프 화이트(Cliff White)는 말한다.

옐로스톤 국립공원은 늑대, 쿠거(퓨마), 회색곰의 서식처이지만 그곳에서 가장 위험한 동물은 아메리카들소다. 들소의 뿔에 들이받혀보라. 그러면 당신의 몸은 공중으로 아주 높이 솟구쳤다가, 한 의료관계자가 상세히 묘사하듯 "갑자기 밑으로 떨어지면서 땅바닥에 내동댕이쳐져서"[11] 식칼만큼 넓고 요리사의 칼날만큼 깊은 부상을 입을 수 있다. 아메리카들소의 공격으로 인한 최악의 부상 가운데 대부분이 바로 그런 식으로 일어난다.

밴프 국립공원에서 잠재적으로 일어날 수 있는 안전성 문제에도 그

---

11 옐로스톤에서 들소로 인해 발생한 사상자들에 대한 보고서들을 읽어보면 왜 그런 사고가 일어났는지 이해할 수 있다. 예를 들어, 들소의 공격으로 최초로 사망한 사람은 야생 들소와 함께 사진을 찍으려고 들소 바로 옆으로 다가갔다가 공격을 당했다고 한다.

지역주민들은 동요하지 않았고, 목장주인들 사이에서도 들소의 재유입을 적극적으로 지원하는 분위기가 확산되었다.

그 공원과 주변에 살거나 그곳에 놀러온 대부분의 사람들은 산속에서 살려면 그만한 위험은 감수해야 한다는 것을 당연한 사실로 받아들이고 있었다. "이곳에 사는 사람들 거의 모두 한두 번쯤은 회색곰 때문에 놀라서 혼쭐이 났던 경험이 있습니다. 그렇지만 그들은 여전히 계곡에 회색곰들이 살기를 바랍니다." 평생을 그곳에서 살아온 어느 주민은 나에게 "이런 환경에서 들소가 산다면 정말 끝내줄 거"라고 했다. 더 야생적인 자연에서 사는 것의 문제는 위험과 난관보다는 사람들이 그것을 야생의 개념과 동일시하는 정도와 더 많은 관계가 있다. 재야생화는 자연의 문제이지만 문화의 문제이기도 하다. 밴프 사람들은 들소들을 원한다. 그 동물들이 그곳에 사는 것은 그 지역주민들의 성향과 어울리고 그들이 그곳에 사는 이유와도 부합한다. 어느 들소 옹호자는 들소 개체 수 회복을 위한 노력을 "환경운동이라기보다는 사회운동"이라고 일컬었다.

밴프의 들소 이야기를 한 줄로 요약하면 "인류에 의해 훼손된 야생에 대한 전형적인 이야기이자 상처를 치유할 기회"라고 할 수 있다. 그렇지만 인간과 동물의 관계를 더 깊이 파고들어가도록 요구하는 또 다른 버전의 이야기도 있다. 밴프 국립공원 연구원들은 뼈 발굴 작업과 탐험가들의 일지를 철저히 조사함으로써, 과거에 들소가 그곳에 살았다는 결정적인 증거를 찾았을 뿐만 아니라 일반적으로 발굽이 있는 동물들의 수가 그들이 예상했던 수치와 전혀 달랐다는 사실 또한 확인했다. 역사적으로 야생동물의 개체 수가 그처럼 부족했던 것에 대한 가장 설득력 있는 설명은 또 다른 한 종, 즉 호모사피엔스의 개체 수가 아주 많았기 때문인 것으로 밝혀졌다. 콜럼버스가 신세계를 발견하기 전 수백 년 동안, 밴프에서는 우뚝 솟은 봉우리들 사이로 이어지는 인상적인 현곡[12]들이 토착 사냥꾼을 위해 벽으로 둘러싼 효과적인 통로가 되어주었다. 토착민들은 그 지역의 대형포유동물을 아주 조금씩만 사냥했을 뿐 아니라 그 동물들의 개체군을 관리하기 위해 땅을 정기적으로 태워 초원의 질을 향상시키는 등의 조치를 취하기도 했다. 유적지의 반지하식 움집의 구조를 연구한 화이트는 토착민들이 초원에 살던 들소를 산으로 몰아가 좁은 협곡 안에 가둬놓고 필요한 경우 몰살시켰을 수도 있다고 믿는다. 이것은 최초의 카우보이가 출현하기 훨씬 이전 목축의 한 형태였다.

달리 말하면 캐나다 로키 산맥에 거주하던 인간들이 파티에 들소들을 초대했기 때문에 비로소 들소들이 그곳에 터를 잡고 살았을 수도 있다. 다른 한편으로 들소들이 사람들 때문에 그 지역에서 자유롭게 살지 못하고 로키 산맥을 가로질러 브리티시콜롬비아 동부와 그 너머로 확산된 것도 마찬가지로 가능한 일이다. 적어도 밴프의 경우에서만큼은 아메리카들소와 호모사피엔스가 1,000년 동안 긴밀한 관계를 유지해 왔다고 말해도 무리가 아니다.

한 생물로서 들소는 인간과 동물의 관계를 상징할 뿐만 아니라 지구

---

12 지류가 본류와 합류하는 지점에서 폭포나 급류를 이루고 있는 지형 – 옮긴이.

상의 야생동물을 상징하기도 한다. 빙하기포유류전문가이자 캘거리 대학교의 명예교수인 발레리우스 가이스트(Valerius Geist)의 말에 따르면, 한 종으로서 들소는 많은 측면에서 인간들의 영향을 받은 산물이다. 사람들이 처음 아메리카에 도착했을 때 들소는 긴 뿔이 달린 거대한 짐승들이었고 포식자들, 쉽게 말해서 창과 활과 화살을 든 사냥꾼들에에 맞서 한 걸음도 물러서지 않았다. 그러나 지금까지 살아남기 위해 그들의 몸집은 더 작아지고 태도는 더 조심스러워졌으며 동작도 더 민첩해지도록 진화했다.

그런 사실을 받아들이기 어려울 수도 있다. 인간들의 손에 훼손되지 않은 자연 그대로의 '야생'이라는 낡은 개념은 지난 150년 동안 지속된 가장 소중한 개념 가운데 하나였고, 18세기와 19세기 초에 총을 쏘거나 함정에 빠뜨리거나 덫으로 잡을 수 있을 정도의 크기를 가진 모든 생물의 존재를 위협한, 대량 학살 수준의 사냥을 멈추게 하는 데 도움을 주었다. 야생의 개념이 없었더라면 밴프 국립공원은 결코 설립되지 못했을 것이다.

그렇지만 야생과 인간의 경계가 희미하다고 보는 시각에는 나름의 이점도 있다. 그런 시각은 그 경계선을 더 쉽게 넘어갈 수 있도록 만들어줄 수 있다. 만일 들소들이 밴프에 돌아온다면, 거의 모든 면에서 인간들이 그 최초의 무리를 조종할 것이다. 그들은 사로잡힌 들소들의 또 다른 후손들일 것이고 울타리는 그들의 이동을 제한할 것이다. 울타리만으로 충분하지 않을 때는, "들소가 가고 싶어 하는 곳으로 몰고 가면 된다"는 속담도 있듯이, 말을 타고 들소 무리를 약 올리는 것부터 도태시키는 것까지 일련의 다른 조치를 고려해야 할 것이다. 만일 캐나다 사람들이 밴프에서 야생 들소와 함께 사는 법을 배울 수 있다면 그들은 다른 곳들에서도, 심지어 국립공원 밖에서도 그 동물들과 함께 살아갈 마음의 준비가 되어 있을 거라고 화이트는 말한다. 밴프 국립공원 내에서 최초의 들소 개체 수는 몇십 마리에 불과할 것이다. 그러나 어느 정도 시간이 지나면 캐나다 로키 산맥, 그리고 아마도 그 너머까지 들소 무리가 초원들을 오르내리게 될 거라고 화이트는 상상한다. 그것은 사라진 종의 재야생화일 뿐만 아니라 우리들 마음속에 잃어버린 뭔가를 재야생화하는 것이기도 하다. 그때야 비로소 우리는 야생의 초원들소가 회복되기 시작했다고 말할 수 있을 것이다.

2010년에 스코틀랜드의 로슬린 예배당을 복원하던 인부들이 지붕의 석조물 첨탑 안에서 벌집 하나를 발견했다. 그런 곳에 벌집이 있다는 걸 예사롭게 생각할 수도 있다. 그러나 로슬린 예배당의 벌집과 다른 대부분의 벌집들 간에는 결정적인 차이점이 있었다. 로슬린의 벌집은 실제로 벌들이 꿀을 모을 수 있는 벌집이 아니었다. 그것은 벌들과 교회신자들이 함께 살아가도록 하려는 의도에서 누군가가 만들어놓은 게 분명했다. 그 교회신자들은 벌집이 그곳에 숨어 있다는 사실을 오랫동안 모른 채 살아왔지만, 사실상 사람들과 벌들은 로슬린에서 500년이 넘는 세월을 함께 살아온 것이다.

과학자들은 앞으로 우리 주위의 많은 것들이 "새로운 생태계들"(novel ecosystems)일 거라는 사실을 알고 있다. 지역에 따라서는 역사적 맥락과도 거의 관계가 없을 것이다. 즉 이전의 종은 멸종되어버리고 새로운 종이 나타날 것이며 그 지역의 경관은 극적으로 변할 것이고 심지어 기후조차 상당히 달라질 것이다. 새로움은 현대 사회에서 신비한 힘을 지닌 부적 같은 것이지만 생태학에서 새로움은 바람직한 조건이 아니다.

또 다른 속담을 이 상황에 적용해볼 수 있다. "오래된 것은 그 자체로 입증된 것이며, 매우 오래된 것은 지혜를 담고 있다." 검증되지 않은 자연의 형태들이 어떻게 기능할지는 그 누구도 확실히 모르는 것이다. 그런데도 지구에 살고 있는 대다수의 사람들은 이미 새로운 환경, 곧 도시에서 살고 있다. 그리고 도심 지역의 많은 사람이 열대우림지대의 벌목과 생물의 멸종 같은 문제들의 결과를 놓고 논쟁하는 동안 한 자연 지역이 도시로 변모할 때 발생하는 생태학적 손실은, 네바다 대학교 보존생물학자인 데니스 머피(Dennis Murphy)의 말을 빌리자면 "논쟁할 필요가 없을 만큼 손실과 관련된 증거자료는 무궁무진하다."

로슬린의 벌집은 공생건축물(habitecture), 곧 인간이 사용하기 위해 만든 건축물에 다른 생물들이 서식하는 것의 한 예다. 거의 언제나 의도된 것은 아니지만 우리는 항상 공생건축물과 함께 살아간다. 몇몇 경우들을 보면—헛간제비와 헛간올빼미를 생각해보라—생물들은 우리가 만든 공간에 훌륭하게 적응하는 것을 알 수 있다.[13] 더 일반적으로 뒷마당 테라스 밑에 숨는 스컹크부터 비둘기를 퇴치하기 위해 설치해놓은 철조망 위에 보란 듯이 올라앉는 영리한 비둘기에 이르기까지 인간들 주변에서 사는 동물들은 환영받지 못하는 무임승객들이다. 예외가 없

---

13 헛간올빼미(가면올빼미, 외양간올빼미라고도 함)들은 현재 개체 수가 감소하고 있다. 그 이유는 오래된 헛간이 있던 자리에 동물들이 절대로 들어오지 못하도록 만든 새로운 창고들이 들어서고, 둥지를 틀 수 있는 나무 수풀이 있는 작은 농장이 점점 줄어드는 반면 산업형 농업을 위한 나무 한 그루 없는 거대한 농지가 점점 더 늘어나고 있기 때문이다.

는 건 아니지만, 야생동물에게 우호적인 건축물은 거의 대부분이 처음부터 의도적으로 만들어진 것이 아니다.

가장 대표적인 예는 텍사스 주 오스틴의 '콘그레스 애비뉴 브릿지'(Congress Avenue Bridge)일 것이다. 매년 여름 해 질 녘이면 군중들은 멕시코 큰귀박쥐들이 다리 밑에서 갑자기 튀어나와 비행하는 광경을 구경하기 위해 이곳에 몰려든다. 그 지역의 관광안내인은 "우산을 챙겨 와서 쓰는 게 좋을 거"라고 조언한다. 오스틴이 박쥐들을 선택한 것이 아니라 박쥐들이 오스틴을 선택한 것이다. 그리하여 오스틴이 100만 마리가 넘는 박쥐들과 함께 세계에서 가장 큰 도시박쥐 서식지가 된 이래로 1980년대 초 박쥐들이 멸종되지 않도록 오스틴 시민들을 설득하기 위한 투쟁이 시작되었고 국제박쥐보존협회(Bat Conservation International)가 만들어졌다.

로슬린의 벌집은 공생건축물을 가능하게 하는 핵심원리들을 상징한다. 즉 짐승들과 사람들이 따로 또 같이 살아가고 그 동물들이 그 건축물을 망가뜨리지 못하도록 하며 인간의 개입 없이 기능할 수 있도록 만들어졌다. 그리고 우리는 네 번째 원리를 덧붙이고 싶을 수도 있다. 로슬린의 벌집은 돌로 조각된 꽃들의 중앙에 난 구멍들을 들락거리는 벌들이 있어서 더 아름답다는 것. 그 별난 브리튼 섬에는 공생건축물의 초기 모델인 '벌 구멍들'(bee boles)도 있다. 꿀을 생산하는 벌집을 보호하기 위해 외벽에 뚫어놓은 구멍들의 역사는 기원전 2000년이라는 먼 옛날로 거슬러 올라간다. 영국 건축물 외벽에 뚫어놓은 벌 구멍 가운데 벌들이 주로 이용하지 않았다고 알려진 구멍 1,500개가 남아 있다.

그런가 하면 고기, 알 그리고 통신용으로 이용되는 집비둘기는 비둘기장을 포함해서 흔히 건물의 벽이나 박공 안에 둥지를 튼다. 오늘날 비둘기 똥은 아파트 주민들을 극도로 화나게 만들고 청동조각으로만 남은, 잊힌 정치가 동상의 이마에 문신을 새기고 있지만 한때 비둘기 똥은 소중한 비료로 사용되었다. 비둘기장 너머에는 사슴 정원이 있었는데 이는 야생 사슴들을 배려해 세심하게 만들어놓은 서식처였다. 반면에 스코틀랜드의 컬진 성에는 조수 웅덩이들을 따라 지어놓은 야생 오리들을 위한 집이 있었으며 심지어 런던 정남쪽에는 1820년대에 지은 거북들의 신전도 있었다.

가장 친숙한 현대의 공생건축물은 그 개념이 확장되긴 했지만, 새집이다. 오늘날에는 딱따구리 집, 올빼미 집·고니오리 집·박쥐 집·나비 집·다람쥐 집도 있다. 영국에는 고슴도치 집도 있다. 폴란드 사람들은 전통적으로 황새를 숭배해서, 과거에는 집집마다 황새가 둥지를 틀 수 있도록 지붕 위에 낡은 수레바퀴를 올려놓았다. 그러나 요즘은 틀을 미리 만들어놓은 황새둥지 조립세트를 사다가 지붕 위에 올려놓는다. 폴란드 정부 공식 홈페이지에서는 자국민들에게 용기를 북돋우기 위해 이상하긴 하지만 자국을 '황새 슈퍼파워'(stork superpower)라고 부른다.

공생건축물이 한계들을 갖고 있는 건 분명한 사실이다. 검은부리아비에서부터 스페인스라소니에 이르기까지 많은 종은 인간과 마지못해 공간을 공유하거나 또는 결코 공유하지 않는다. 도심에서 멀리 떨어진 목장주인의 집 벽을 뚫어 쾌적하고 안락한 울버린 굴을 만들어보라. 당신이 그 굴을 아무리 열심히 만든다 해도 울버린들은 얼씬도 하지 않을 것이다.

우리가 아무리 매력적인 도시를 만든다 해도 그 도시에 자리를 내어주고 사라진 생물들이 되돌아오지는 않을 것이다. 이제 우리에게 가능한 것은 그런 이상—불완전하면서도 계획되고 정리된, 그리고 우리의 손에 실제로 진흙을 묻히는 그런 자연의 모습—과는 거리가 먼 것들 뿐이다. 그러면 왜 거대도시들을 재야생화해야 하는 걸까? 근근이 삶을 연명하려는 까마귀, 쥐, 바퀴벌레들이 밝은 불빛 사이에서 뭘 하든 간에 크고 작은 도시에서 인간과 그런 생물들이 함께 살아갈 수 있도록 그들을 그냥 내버려두는 게 어떨까?

그 질문에 대한 답은, 우리는 야생동식물들 사이에서 살아갈 필요가 있지만 야생동식물들은 우리와 함께 살 필요가 없다는 것이다. 다양한 인간 종족을 예로 들면 대부분 이 말에 쉽게 수긍할 것이다. 가령 그것은 『내셔널 지오그래픽』 과월호에 실린 이국적인 부족사람들을 흘금흘금 보는 것과 같다. 그것은 소말리아에서 온 이민자들의 이웃으로 사는 것과는 전혀 다르다. 아무리 다른 문화라 하더라도 매일 접촉하다보면 익숙해지고 그 문화를 전체적으로 더 잘 이해하게 된다. 그러나 다른 생물들이 우리와 함께 사는 것을 환영한다는 것은 아직까지 너무 낯설고 과격한 생각으로 받아들여지고 있다. 그 길을 앞장서서 이끌어가는 것이 건축가나 도시계획자들이 아니라 예술가들인 것도 바로 그런 까닭이다.

"상징적으로, 만일 우리가 다른 종들과 의도적으로 함께 살 수 있다면 그것은 아주 중요한 진전일 것이다." 해로운 자외선으로부터 도시의 양서류들을 보호하기 위한 보호막과 공동 둥지를 짓는 조형물에 이르는 프로젝트들을 시작한 미국의 예술가 애덤 쿠비(Adam Kuby)는 그렇게 말한다. 쿠비는 서식지예술가(habitat artist)라고 부르는 것이 가장 적절할 것이다. 그는 당신이 예상한 것처럼 오스트리아의 자연인, 프리덴스라이히 훈데르트바서(Friedensreich Hundertwasser)[14] 같은 초기 예술가—인공적인 세계와 자연 세계를 혼합한 그의 작품에는 고층 아파트에 사는 그의 '나무 세입자들'이 포함되어 있다—에게서 영감을 얻은 것이 아니다. 그 대신 쿠비에게는 다른 질서를 이야기한 스승들이 있었다. 그가 다니던 미술학교 문 위에 뚫린 채광창으로 날아들어 따뜻한 형광등 위에 둥지를 튼 한 쌍의 새가 바로 그의 멘토들이었다. 쿠비는 그 새들이 우리와 연결될 준비가 되어 있었다는 것을 깨달았다. 그렇다면 반대로 우리가 그 새들과 연결하면 왜 안 되겠는가?

그가 하는 것은 작은 예술 행위지만, 적어도 그것은 하나의 운동이다. 영국에서는 런던에서 활동하는 예술가 기타 크슈벤트너(Gitta Gschwendtner)가 제작한 길이 150피트(45.7미터)의 작품 「동물 벽」(Animal Wall)에는 서서히 세입자들이 들어차고 있다. 「동물 벽」은 영국 웨일스의 카디프에 사는 사람들을 위한 1,000채의 새로운 아파트와 주택 개발 그리고 백할미새·참새·찌르레기[15], 파란박새·회색박새와 심지어 박쥐까지 새들을 위한 1,000개의 둥지 박스를 어우러지게 만든 작품이다.

더 평범한 건축물에서도 변화의 조짐이 보인다. 고속도로 엔지니어들과 경영자들은 미국 오스틴의 다리 밑에 사는 큰귀박쥐를 보고 영감을 얻어, 다리 안에 자리를 잡고 사는 멸종위기에 처한 4종을 포함해 총 37종의 미국 박쥐들이 지낼 공간을 마련하는 방법에 대한 교육 프로그램을

---

14 20세기 오스트리아의 건축가, 화가이자 환경운동가 - 옮긴이.

15 찌르레기는 북아메리카를 포함해서 세계 전역의 많은 곳에서 외래종이며, 영국 토종이 아니다.

만들었다. 그런가 하면 밴프 국립공원에서 야생동물들이 고속도로를 안전하게 지나다닐 수 있도록 설계한 지하생태도로와 고가생태도로는 단연 압도적이다. 회색곰들은 처음 그 도로에 어리벙벙해했지만 지금은 거의 날마다 그 도로를 이용하고 있다.

"우리 인간들은 뭐든 꼬리표를 붙입니다. 이것은 빌딩이고 저것은 절벽이고 이것은 나무라는 식으로. 하지만 동물들은 그런 식으로 세상을 보지 않습니다"라고 쿠비는 말한다. 그는 번화한 타임스퀘어에서 두 블록 떨어진 맨해튼 5번가와 42번가의 교차로 신호등의 구멍 속을 들락거리며 살아가는 한 쌍의 새를 보며 다른 생물들이 우리 인간들 사이에서 살아가기 위해 정말 엄청난 노력을 하고 있다는 사실을 더 깊이 깨달았다고 한다. "그 작은 새들은 어디서든 자신들에게 필요한 구멍을 정확하게 찾아냅니다."

쿠비가 꿈꾸고 있는 프로젝트들—아직까지 그가 실현하지 못한 예술작품들—가운데에는 그가 '벼랑거주지'(Cliff Dwelling)라고 부르는 것이 있다. 그것은 고층건물 외벽에 벽감을 만들고 송골매들이 편안하게 생활할 수 있도록 그곳에 둥지와 바위, 횃대를 설치하는 것이다. 그 새들—DDT 같은 살충제들에 취약하다는 사실이 밝혀진 뒤 오랫동안 멸종위기에 처한 종이었지만, 그 이후로 점점 개체군이 증가하면서 안정적으로 회복되었다—은 시카고와 토론토 같은 도심지역의 빌딩에 둥지를 트는 것으로 알려져 있다. 하지만 쿠비의 계획에 따르면 특히 고층건물은 송골매를 염두에 두고 설계되어야 할 것이다.

'벼랑거주지'는 지역사회 안에서 힘든 시험대가 될 수도 있을 것이다. 그 특이한 건축물로 인해 도심 광장에서 비둘기가 매에게 잡아먹히는 광경을 목격할 수 있기 때문이다. 그러나 그 작품은 지구의 도시에서 남은 인생을 살아가는 사람들에게 자연의 순환주기를 일깨워주고, 우리가 단지 자연만이 아니라 인간의 본질 역시 재야생화되어야 한다는 사실을 날마다 기억하게 해주는 역할을 할 것이다. 쿠비의 설계에 따르면 사람들은 빌딩 안쪽에서 일방유리를 통해 새들을 볼 수 있을 것이다. 그것은 달리 말해서 동물원과 정반대일 것이다. "여기서는 사람들이 갇혀 있습니다. 매들은 자유롭고요." 쿠비는 말한다.

이중의
사라짐

　　호놀룰루 비숍 박물관의 하와이안홀은 매력적인 3층 건물이다. 그 거대한 전시실은 마치 횃불을 밝혀놓은 것처럼 짙은 그림자가 드리워져 있고, 눈길이 닿는 곳마다 토템의 찡그린 얼굴들과 상어들의 형체가 있으며, 황새치 부리에 정교하게 조각해놓은 단검 손잡이 위에서 칼날들이 번쩍인다. 그렇지만 이런 것보다 훨씬 더 뜻밖의 것이 있다. 아주, 아주 많은 새가 오래전에 남긴 자취가 그것이다.

　1700년대 후반 식민지 시대가 시작되던 무렵 하와이의 모든 섬을 역사상 최초로 통일한 정치와 군사의 천재 카메하메하 1세(Kamehameha I)가 걸쳤던 왕의 망토를 보자. 바닥에 닿을 듯 말 듯한 그 망토는 거의 대부분 깃털로 만들어졌다. 크기가 참새만 하고 날개와 엉덩이 부분의 깃털 색깔이 하와이 왕실 색깔인 노란색인 경우도 있지만—민들레꽃 중앙의 빛나는 황금색—대체로 검은색을 띤 하와이마모의 깃털이다. 카메하메하의 망토는 약간 색이 바라긴 했지만 완성된 지 200년이 더 지난 지금도 여전히 아름다운 빛을 발하고 있다. 그리고 그 깃털 가운데 어떤 것들은 적어도 다른 여덟 명의 하와이 왕들에게 대대로 물려받은 것으로, 200

년이 훨씬 넘은 것이다(이 여덟 명의 왕들은 그들 자신의 조상들과 패배한 경쟁자들에게서 깃털을 모았다). 그 왕의 의복에는 전부 합해서 6만 마리 이상의 하와이마모의 깃털이 들어간 것으로 알려져 있다.

망토, 스커트, 장식용 투구에 이르기까지 비숍 박물관에는 깃털로 만든 물건이 아주 많다. 미국 50개 주 가운데 15번째 주가 되기 전 심지어 폴리네시아 방랑자들이 정착하기 전까지 하와이는 새들의 왕국이었다.[16] 그곳의 바다는 이빨을 다 드러낸 상어, 잭피쉬, 고래, 돌고래, 일종의 몽크바다표범과 함께, 하와이 이외에 세계의 다른 어느 곳에서도 발견되지 않은 포식어종들—귀가 체내에 있고 젖꼭지를 몸속으로 집어넣을 수 있어서 바닷속에서 아주 완벽하게 유선형을 이루는 동물들—로 우글거렸을 것이다. 그러나 육지 포유동물 중에서는 단 두 종(둘 다 박쥐)만이 인간들의 정착에 앞서 모든 둥지에 다른 새들이 자리를 잡도록 내버려둔 채 그 섬들로 옮겨갔다. 하와이의 조류 종들 가운데 90퍼센트 이상이 완전히 고립된 채, 마침내 그 섬에서만 볼 수 있는 형태들로 진화했고 지구의 다른 많은 지역에서 몰래 기습 공격을 하는 포식동물들을 두려워할 필요가 없게 되면서 많은 종이 비행 능력을 잃었다.

마모는 하와이 제도에서만 발견되었을 뿐 아니라, 그 제도에서 가장 커서 오늘날 흔히 '큰 섬'(Big Island)으로 부르기도 하는 하와이(Hawai'i)에 국한된 종이기도 하다. 마모들은 주로 꽃병 모양의 로벨리아 꽃 깊숙한 곳에서 나오는 즙을 먹고 살았다(이 꽃은 하와이 제도의 다른 많

---

16 대부분의 하와이 사람들 사이에서는 미국의 주를 언급할 때 '하와이'라는 명칭을 사용하는 것이 관례다. 폴리네시아 사람들은 일반적으로 그 제도에서 가장 큰 섬을 지칭할 때 '하와이'라는 명칭을 사용한다.

은 식물들과 마찬가지로 조류만큼 독특한 형태로 진화했다). 그 결과 마모의 부리는 길어졌고 마치 왁스로 만들어져 있어서 새 주인이 마모의 부리 끝에 불꽃을 바짝 갖다 대고 열을 가한 것처럼 끝부분이 아래쪽으로 살짝 굽어지게 되었다. 마모의 노래는 구슬픈 휘파람소리로 기억되며 이 묘사는 하와이 전통 속담인 "나는 실망을 뒤에 남겨두고 멀리 날아간다"를 떠올리게 한다. 그 새의 울음소리는 기록된 적이 없고 앞으로도 결코 알 수 없을 것이다. 하와이마모는 멸종했다. 심지어 마모의 가죽이나 박제조차 찾아보기 힘들다. 단지 11개의 모형만이 전 세계 박물관 이곳저곳에 흩어져 있는 것으로 알려져 있다.

하와이는 사람이 살 수 있는 가장 가까운 육지로부터 거의 2,000마일(약 3,220킬로미터) 떨어진, 지구에서 가장 외딴 섬이다. 최초의 이주자들은 기원후 1250년이라는 비교적 늦은 시기에 그곳에 도착했는데 지금으로부터 거의 800년도 채 안 된 시기다. 이 가운데 카누를 타고 별, 태양, 파도, 바람 그리고 바다동물들의 행동에 대한 해박한 지식을 토대로 바람의 방향을 읽으며 항해한 최초의 폴리네시아 항해자들은 아마도 100명가량 되었던 듯하다. 그들은 생존을 위한 모든 것을 배에 싣고 다녔다. 카누는 그들의 문화를 모두 실은 일종의 노아의 방주였다. 그들이 새로 발견한 땅은 그들이 가지고 온 돼지, 개, 코코야자나무, 바나나나무, 타로토란, 약용식물들—모두 합해서 40종이 넘는 이 생물들은 초기 폴리네시아인들에 의해 그 섬으로 들어온 것으로 알려져 있다—의 서식지가 되었다.

그들의 유입은 즉각적인 영향을 미쳤다. 과거에 침전된 퇴적물 층에서 발견된 뼈들을 연구한 결과 폴리네시아인들의 정착 이후 얼마 지나지 않아 60종의 조류가 멸종했다는 사실이 밝혀졌는데, 멸종한 많은 새들은 덩치가 크고 날지 못하며 짐작건대 맛도 좋았을 것이다. 그와 같은 시기 동안, 바다거북과 몽크바다표범 같은 식량으로서 이상적인 종들도 급격하게 개체 수가 감소했다. 그것은 이주자들의 사냥 탓만은 아니었다. 폴리네시아인들의 돼지, 개 그리고 배에 몰래 타고 들어온 쥐들 역시 새와 새둥지들을 파괴하고 자신들의 안식처와 번식지에서 잘 살아가고 있던 물개들을 겁먹게 만들었으며 토종 식물들과 나무들의 씨앗을 먹어치웠다. 그 섬들의 저지대에 자리 잡고 있던 숲들은 많은 토종 식물이 이른바 '카누 식물들'에 가려지면서 빠르게 모습이 변해갔다. 이윽고 원래의 숲을 이루고 있던 구성요소들이 완전히 사라져서 그곳이 원래 어떤 모습이었는지 아무도 자신 있게 말하지 못할 지경에 이르렀다. 현재 하와이의 높은 산에서만 자라는 것으로 알려진 나무들과 식물들이 과거에는 해안선에서 발견되었다는 증거들도 있다. 고지대는 이 종들의 진짜 서식지라기보다는 그들의 마지막 피난처일지도 모른다.

인류 역사의 일반적인 양상은 다음과 같았다. 우리는 왔다. 우리는 보았다. 우리는 깊은 상흔을 남겼다. "인간들의 별로 대단하지 않은 영향마저도 생태계에 의미심장한 흔적을 남긴다"라고 하와이 대학교의 해양생물학자 앨런 프리들랜더(Alan Friedlander)는 말한다. 새로운 땅 하와이 제도를 발견한 폴리네시아 항해자들은 이후로 100~200년 동안 그 제도와 다른 남태평양의 섬들 사이를 오가는 대담한 여정을 계속했을 것이다. 그 뒤, 아직 아무도 명쾌하게 설명하지 못하는 어떤 이유들 때문에 그들은 그 모험을 멈췄다. 적어도 500년 동안 하와이 사람들은 완전히 고립된 채 살았다. 그들은 생활필수품들을 자급자족하면서 바깥세상과 교역하지 않았다. 가장 가까운 언덕 꼭대기까지 걸어가본 섬 사람들은 하와이의 풍부한 천연자원의 한계가 어디까지인지 볼 수 있었을 것이다. 사실상 그들은 거대한 우주공간으로 둘러싸인 작고 허약한 행성에서 살고 있는 것이나 마찬가지였다.

그렇게 오랫동안 고립된 상태에서 호젓하게 지내는 사이에 뭔가 특별한 일이 일어나기 시작했다. 생물들의 멸종 속도가 극적으로 느려졌다. 폴리네시아인들이 도착한 뒤 처음 몇 세기 동안 남획으로 인해 산호도가 감소했지만 그 후 안정적인 시기로 접어들었고 바다거북 같은 생물들도 초기에는 감소했지만 어느 정도 회복된 것으로 보였다. 많은 지역은 인간들의 손에 아주 약간씩 훼손되긴 했지만 그 상태 그대로 남아 있다. 믿기 힘들지만 동시에 인구도 증가해 최소 40만 명에 달했고 어쩌면 80만 명에 육박했을 수도 있다. 그것은 오늘날 하와이 인구 140만 명과 큰 차이가 없는 수치다.

당시 새의 깃털은 권위와 위엄의 상징이었지만 조류들도 지속적으로 개체 수를 유지해나갔다. 그 가운데 가장 매력적인 깃털을 갖고 있었던 하와이마모도 여전히 수가 많았다. 그 새들은 유럽인들이 최초로 하와이 제도에 모습을 나타낸 20세기 초에 이르러서야 사라졌다. 여기서 우리가 그 새에 대해 가장 주목하지 않을 수 없는 점은 그 종이 결국 멸종했다는 사실이 아니라 그 새가 아주 오랫동안 생존했다는 사실이다. 마모 이야기가 주는 교훈은 아쉬운 점만 보지 말고 잘된 점도 봐야 한다는 것이다.

20년 전 캐나다의 환경철학자이자 한때 어부였던 레이 로저스(Ray Rogers)는 멸종(extinction)과 절멸(extirpation)에 관심을 두기 시작했다. 대부분의 경우 한 식물이나 동물을 잃는 것은 그 종과 인간의 관계가 끝났음을 의미한다는 사실을 그는 깨달았다. 예를 들어 유럽 전역에서 곰이 사라졌을 때, 2월 초에 그 동물들의 동면이 끝난 것을 축하하던 샹드루르스(Chandelours) 축제—이 단어의 뜻은 '곰의 노래'다—역시 사라졌다. 그와 유사하게 19세기와 20세기에 야생동물의 개체 수가 사라졌을 때, 흑기러기·후미거북·들소 혀·올림피아 굴 같은 야생 식품들과 함께 '마켓 헌팅'(market hunting, 고기와 가죽을 목적으로 하는 상업적 사냥업)이라는 직종 역시 사라졌다. 각각의 재료로 만든 음식들은 한때 북아메리카의 저녁 식탁과 레스토랑 메뉴판에서 흔히 볼 수 있었다.

로저스는 사람과 자연의 연관성이 끊어진 것을 '이중 소멸'(double disappearance)이라고 일컬었다. 이것은 다시 말해 지구에서 살아가는 다른 모든 생물과 우리 인간들 사이의 공동체 의식을 몰아내기 위해 오직 특정 부분의 기억만을 도려내듯 없애버린 환경에 관한 기억상실이라고 할 수 있다.[17] 우리는 우리의 사회연결망에서 생물들을 잃고 있었다.

---

17 로저스는 이 '이중 소멸'이라는 개념을 대니얼 파울리(Daniel Pauly)의 '기준선 이동 증후군'(shifting baseline syndrome)이나 피터 칸(Peter Kahn)과 바트야 프리드먼(Batya Friedman)의 '환경적 기억상실'(environment amnesia)보다 1년 앞선 1994년에 발표했다. 사실, 우리가 과거의 자연 세계를 잊어버렸다는 생각은 주기적으로 다시 일깨워지곤 한다. 1989년 생물학자 레이먼드 다스먼(Raymond Dasman)은 다음과 같이 말했다. "그러나 우리는 환경에 있어서 서서히 감소하는 변화들에 적응하여 그 변화들을 정상적인 것으로 받아들이기 시작한다. 스모그 속에서 성장하는 젊은이들은 과거에는 환경이 더 좋았고, 그래서 어떤 조치들이 취해진다면 미래에 더 좋아질 수 있을 거라는 사실을 받아들일 만한 기준이 없다. 비정상적인 것이 정상적인 것으로 받아들여지고, 그것이 미래의 변화를 측정하는 기준이 된다." 낙관론자는 드디어 그 생각(우리가 과거의 자연 세계를 잊어버렸다는 생각)을 다시 해볼 때가 된 거라고 말할 것이다. 반면에 비관론자는 우리 인간들은 우리가 잊어버렸다는 사실조차 잊어버릴 것이라고 말할 것이다.

오늘날 많은 사람에게 자연과 사회가 관계를 맺는다는 생각은 마치 우리가 바다사자를 디너파티에 초대하거나 타조와 이메일을 주고받을 수 있다는 소리와 마찬가지로 터무니없이 들릴 것이다. 그렇지만 인간이 아닌 생물들과 우리의 개인적인 접촉 또는 단절은 세계의 모습을 계속해 만들어가고 있다.

2010년에 뉴욕 퀸스 대학교의 생물학자 존 월드먼(John Waldman)은 미국에서 물고기들의 산란 양이 계속 감소하고 있다고 주장했다. 미국 동부 연안은 비단 환경적인 위기뿐만 아니라 사회적으로도 계속 몰락의 길을 걸어왔다. 한때 장어, 연어, 청어 그리고 '에일와이프'(alewife, 맥줏집 안주인)라 불리는 '강 청어' 같은 그 지역의 주요 어종들은 깜짝 놀랄 정도로 풍부했다. 그래서 그 시절 사람들은 '청어 구이'(shad bake) 같은 전통음식을 만들었고, 뉴욕의 스터전 풀(Sturgeon Pool, 철갑상어 저수지) 같은 이름을 가진 장소에 모여 연어들이 폭포 위로 뛰어오르는 광경을 구경하면서 자연의 풍요로움을 만끽했다. 댐과 남획으로 인해 물고기들이 급격하게 감소하자, 생계나 식량을 그 어종들에 의존하던 사람들 또는 단순히 그 물고기들을 좋아하던 사람들이 종종 불만을 제기하기도 했다.

그러나 이중 소멸은 계속되었다. 어부들은 다른 직업을 구했고, 대체로 사람들은 물고기들에 관해 잊고 살았다. 그 사이에 마을사람들은 이내 농업으로 돌아서거나 멀리 떨어진 곳들에서 수입한 것들을 먹고 살게 되었다. 개울과 강에서 물고기들이 사라지자 사람들은 강물을 깨끗한 상태로 유지하는 것에 신경을 쓰지 않게 되었고, 얼마 지나지 않아 강은 하수나 폐수를 그대로 흘려보내거나 유독성 폐기물을 매립하는 등 다른 용도로 사용되었다. 오늘날 동부 연안의 청어구이 요리에는 더 이상 청어를 쓰지 않고, 스터전 폴에는 철갑상어가 살지 않는다. 사실 해안지방에 사는 두 종류의 철갑상어 가운데 단비철갑상어는 멸종위기에 처해 있고, 대서양 철갑상어 어장은 적어도 2040년까지는 폐쇄되어 있을 것으로 예상된다. 그 지역의 다른 수산자원들도 90퍼센트 이상까지 감소되었다.

"생물들이 사라질 때, 그 생물들은 사회와의 관련성을 잃는 동시에 자신들의 경쟁상대를 지지하는 기반까지 잃게 되면서 한층 더 빠르게 감소하게 된다. 우리는 과거에 그들과 맺고 있던 연결고리를 되살려야만 한다"고 월드먼은 말한다.

하와이는 지구에서 그 연결고리를 되살릴 수 있는 최적의 장소들 가운데 하나다. 그곳은 문명과 자연이 완전히 한데 얽혀 있는 소우주다. 유럽의 탐험가들이 최초로 방문하기 전까지 하와이의 섬들은 수백 년 동안 왕정국가였다. 그 땅을 처음에는 지역들로 나누고, 그 뒤로는 '아후푸아아'(ahupua'a)라 불리는 공동체들로 나누어 왕족들이 다스렸다 (아-후-푸-아-아, AH-hoo-poo-ah-ah, 이 단어에서 아포스트로피는 성문 폐쇄음, 즉 하이픈으로 표시된 uh-oh에서처럼 후두음을 의미한다). 생존에 필요한 모든 먹거리를 지역 내에서 생산·재배·교환하는 상호의존적 체제를 이룬 아후푸아아는 오늘날 하와이 사람들이 "마우카(산)에서 마카이(바다)까지"라고 말하듯이 대부분 고지대에서 바다로 뻗은 땅의 쐐기형 부분에 있었다. 그리고 그 공동체들은 대체로 전체 배수시설 또는 개울이나 민물 샘의 분수계(分水界)[18]를 둘러싸고 있었다. 그러나 그 경계선을

---

18 물이 서로 다른 수계로 흘러가는 유역의 경계 – 옮긴이.

결정짓는 가장 중요한 요인은 각 공동체가 그 범위 내에서 자급자족할 만큼의 자원을 공급받을 수 있느냐 하는 것이었다. 하나의 아후푸아아 내에서 땅을 관리하는 것만큼 하와이 사람들이 살아가는 데 생존과 확실하게 직결되는 것은 없었다. 자기 마을의 땅이나 바다를 생각 없이 마구 사용한다고 해서 이웃 마을사람들이 와서 도와줄 리 만무했기 때문이다.

"만일 당신이 이 섬에서 뭔가 잘못을 저질렀다면, 전체 시스템은 그 사실을 정말로 빠르게 느낄 겁니다. 반면에 한 대륙의 체계 내에서 당신이 뭔가 잘못을 저질렀을 경우, 사람들이 그 영향들을 실제로 느끼고 인식하기까지는 오랜 세월—아마도 몇 세대—이 걸리겠지요. 우리 선조들이 생각해낸 것들은 당신이 메콩 델타든 나일 강이든 미시시피 강이든 지구의 어떤 분수계에 가든지 간에 그대로 들어맞습니다. 그곳들은 모두 같은 곳에서 나온 하나의 분수계니까요." 카우아이 섬의 북쪽 해안에 있는 미국 국립열대식물원(U.S. National Tropical Botanical Garden)의 분원인 '리마훌리 정원과 보호구역'의 원장 카위카 윈터(Kawika Winter)는 말한다.

리마훌리 계곡에는 더 이상 나눌 수 없을 만큼 작은 공동체가 살고 있는데, 이는 대대로 이어져온 몇 안 되는 아후푸아아 가운데 하나다. 800피트(약 250미터) 높이의 폭포에서 떨어져 계곡 안으로 쏟아져 들어가는 개울과 나선을 그리며 올라가는 파릇파릇한 삼림이 자리 잡고 있는 그곳은 빼어난 경관을 자랑한다. 계곡 발치의 연안 평야 위로는 마카나 섬이 희미하게 솟아 있다. 그 산은 마치 고전영화 「남태평양」(South Pacific)에 나오는 '발리 하이'라는 가상의 섬처럼 모든 이국적인 것의 아이콘이다. 그곳은 고지대에서 해안까지 2마일(약 3킬로미터)에 불과한 마을로 뉴욕의 센트럴파크보다도 작지만 한때는 2,000명이나 되는 많은 사람들이 살던 마을이었다.

전통적으로 산주름 사이에 숨어 있는 계곡의 가장 높은 지점들은 와오 아쿠아(wao akua), 즉 신의 영역이었다. 그곳은 영성이 강하게 깃든 장소였기 때문에 희귀한 깃털을 찾는 새 사냥꾼들—오래된 사진들에서 보면 그들은 대체로 숱이 많고 부스스한 곱슬머리에 눈빛이 매섭고, 거칠어 보이는 남자들이다—이외에는 거의 아무도 들어갈 수 없었다. 이 신성한 삼림지대에는 엄격한 규칙들이 있었다. 경우에 따라서 100피트(약 30미터)까지 높이 솟아 있는 오래된 오히아 레후아(ohiʻa lehua) 나무를 단 한 그루라도 베려면 사람을 제물로 바쳐야 했다. 사람들은 폭포 아래의 숲에서 더 많은 자유를 누렸다. 그들은 그곳에서 단단한 목재—그 섬들에는 광물자원이 없었다—부터 의식에 사용할 꽃, 식용 작물과 약용작물에 이르기까지 많은 산물을 채집했다. 비옥한 땅은 농사를 짓기 위해 남겨두고 집들은 주로 암석 지반 위에 지었다. 하와이 원주민들은 리마훌리 강이 바다로 다다르는 아래쪽에서 양어장을 만들어 관리했다. 아후푸아아는 그게 다가 아니었다. 마을마다 암초와 연안 어장도 배당되어 있었다.

와오 아쿠아(신의 영역)에서 새를 잡던 사냥꾼들은 오늘날 조류생물학자들로 대체되었지만, 리마훌리에서는 지금도 여전히 전통적인 채집인들을 발견할 수 있을 뿐만 아니라 테라스식 밭과 양어장도 볼 수 있다. 아후푸아아는 생태학적인 관점으로 봤을 때 매우 합리적인 제도였다. 고지대의 보호림들은 생물의 다양성을 유지하고 토양이 침식하지 못하게 막아주며, 해면처럼 물을 빨아들여 건조한 시기에 천천히 물을 내보낸다. 더 아래쪽에 '아스아우와이'(asʻauwai)라고 알려진 수로가 농작물에 물을 대고 나서 그 개울의 흐름을 우회시켜 남은 절반의 물을 천연 운하로 다시 흘려보낸다.

카우아이(kaua'i)에 있는 단 두 개의 개울 가운데 하나인 이 천연 수로에는 모두 다섯 종의 토종 민물고기들[19]이 살고 있다. 때때로 이 섬에 거센 폭풍우가 올 때면, 별로 단단하지 않은 땅에서 흘러내린 토사가 카우아이의 연안을 황토색 진흙탕으로 만들고 암초에 의지해 살고 있는 생물들을 질식시켜 죽이려 든다. 하지만 리마훌리 계곡의 삼림들은 흙이 휩쓸려 내려가지 않도록 단단히 붙잡아주고 있다. 그리고 개울로 흘러내려온 토사는 우선 경작지들에 스며들어 땅을 비옥하게 만든 다음 양어장으로 흘러들어가 해조류가 풍부하게 자랄 수 있도록 영양을 공급한다. 이후 숭어들과 젖빛물고기들은 이 해조류를 먹고 잘 자라게 된다. 이 강물이 바다에 다다를 즈음이면 그곳에 사람들이 살지 않았을 때보다 오히려 물이 더 맑아져 있다.

"인간들은 생태계의 일부입니다. 이것이 바로 우리가 취하는 접근방법입니다. 생태계에 관해서 인간들은 그 방정식의 일부분일 뿐입니다"라고 윈터는 말한다.

사람들이 자연의 일부라는 생각이 무분별하게 제기될 때가 종종 있

---

19 이 물고기들은 망둥어류로 다섯 종 가운데 네 종은 빨판이 된 배지느러미와 입을 이용해 빠른 물살에도 휩쓸려가지 않고 제 자리를 지킬 뿐만 아니라 폭포를 거슬러 올라가기도 한다.

다. 마치 우리가 탄소를 근간으로 한 생명체라는 사실이 판다나 미국 삼나무처럼 자연환경에 대해 도덕적으로 책임지지 않아도 된다는 것을 의미하며 우리가 자연에 끼치는 어떤 해악도 거의 '자연스러운' 것이라는 듯이 말이다. 하와이 전통문화에서 '자연스러움'의 개념은 훨씬 까다롭다. 쿠물리포(Kumulipo) 구전시가—성서의 창세기에 해당하는 하와이의 천지창조신화—에 따르면, 최초의 생물은 암초의 기본 구성요소인 아주 작은 생물형태, 즉 산호충이다.[20] 생물은 산호충에서부터 점점 가지를 쳐나가서 인간들로까지 확장된다. 이는 진화론과 깔끔하게 일치하는 세계관이다.

그렇지만 하와이의 우주관에서는 인간을 자연 진화의 절정이라고 선언하기보다는 존경받는 원로들 사이에 새롭게 나타난 신참들로 본다. 예를 들어, 하와이 제도에서 칼로(kalo)라고 알려진 타로토란은 특히 하와이 사람들의 오빠로 밝혀졌다. 인간들은 타로를 돌보라는 요청을 받았고, 타로는 그의 여동생을 계속 살아 있게 해야 할 의무가 있었다(즉 하와이 사람들이 신참들이라면, 타로토란이라는 하와이 토종 식물은 인간들을 돌보는 원로라는 의미다). 포이(poi)라고 불리는 탄수화물이 많은 타로 뿌리를 갈아 만든 반죽요리는 지금도 하와이 원주민들이 즐겨 먹는 음식이다.

유럽 사람들이 그 군도에 다다르기 전에, 하와이에는 400가지 이상의 다양한 타로 식물이 있었다. 오늘날에는 그 가운데 약 70종이 남아 있으며 대부분 리마홀리의 테라스식 밭에서 찾아볼 수 있다. 이 다양하

---

20 성경에서 최초로 창조된 생물은 풀이다.

고 풍부한 식물 덕분에 하와이 사람들은 홍수나 가뭄을 겪었을 때 다양한 기후조건에도 음식을 만들어 먹을 수 있었을 뿐만 아니라 생물다양성에 대한 이해력도 높아졌을 것이다. 물론 그건 그 누구도 정확히 말할 수 없다. 그러나 분명한 것은 하와이 사람들이 수많은 종류의 야생동식물들을 믿을 수 없을 정도로 소중히 여겼다는 사실이다.

그 가운데 어떤 것들은 경건한 힘의 화신으로, 어떤 것들은 의식이나 공예를 위해, 또 어떤 것들은 식량으로써, 그리고 또 어떤 것들은 단순히 아름답기 때문에 소중하게 생각했다. 그 관계는 '기브 앤드 테이크'(give and take)에 속했다. 달리 말해 그 관계는 '사회적'이었다. 다양한 생물이 자기가 할 수 있는 일을 다하면, 그 보답으로 동맹을 맺은 인류가 그 종들의 생존뿐만 아니라 풍요를 지원했다. '책임'과 '특권'의 중간쯤에 해당하는 의미를 지닌 하와이 단어 쿨레아나(kuleana)는 이러한 상호연관성을 잘 말해준다. 한 친구가 당신에게 도움을 청했다고 상상해보라. 당신은 그 요청에 응해야 할 의무가 있다. 그러나 그 의무는 또한 자부심이기도 하다. 당신의 친구는 '당신'에게 부탁하고, '당신'을 믿었다. 그 부름에 응하는 것은 바로 당신의 쿨레아나, 즉 당신의 의무이자 명예다.

하와이 전통문화 가운데 현대인들이 가장 받아들이기 힘든 것은 카푸(kapu), 즉 금기 제도다. 이 제도는 일상생활을 지배했는데, 만일 어기면 그 벌로 즉시 사형에 처해질 수도 있었다. 유럽인들이 하와이에 관한 글을 쓰던 당시 하와이의 평민들 대부분에게 카푸 제도가 폭압으로 느껴졌던 것은 확실해 보인다. 그래서 1819년 하와이 왕정이 그 제도를 폐지하자 많은 금기는 빠르게 사라졌다. 최초로 깨어진 금기는 남자와 여자가 함께 음식을 먹지 못하게 하는 것이었다. 그러나 카푸는 그 섬의 풍요로운 자연을 유지하는 데 중요한 역할을 하기도 했다. 제철이 아닐 때 낚시를 하거나 식수로 사용하는 연못에서 목욕을 하는 것은 일종의 범죄로 사형에 처해질 수 있었으며 그런 규칙들이 당연한 것처럼 받아들여졌다는 사실은 어쩌면 충격적으로 들릴 수도 있다. 하지만 현대인들이 고속도로에서 역주행을 하는 것과 마찬가지로 그런 행위들은 그들의 생존을 지키기 위한 기본 조건들을 심각하게 위협했을 것이다.

오래전 동쪽 마우이 섬의 왕이었던 후아(Hua)의 이야기에 대해 생각해보자. 700년 전의 그 전설은 1888년에 데이비드 칼라쿠아(David Kalakua) 왕이 쓴 대로, "하와이에서 전해져 내려오는 신들이 진노해 내린 가장 무시무시한 신벌 가운데 하나"였다. 이 이야기에는 여러 가지 버전이 있지만, 나는 동물행동학 박사이자 하와이 전통문화와 풍습의 통과의례에 관한 논문으로 박사학위를 받고 호놀룰루에서 환경보호운동가로 활동하고 있는 샘 오후 곤(Sam 'Ohu Gon) 3세가 내게 들려준 대로 이야기하겠다. 그와 나는 어느 쇼핑몰의 주차장 안에 비치되어 있는 야외 테이블에 앉아 대화를 나눴다.

후아는 퇴폐적이고 낭비벽이 심한 왕이었다. 그래서 그는 절제를 미덕으로 생각하며 초연하게 살아가는 제사장이 항상 못마땅했다. 해안에서 '슴새'라 불리는 갈매기처럼 생긴 새들을 사냥하지 못하게 하는 카푸(금기)가 있다는 것을 알고 있던 후아 왕은 자신의 새잡이들에게 산으로 가서 슴새를 잡아오라고 명했다. 그러나 게으른 그의 사냥꾼들은 해안에서 덫으로 슴새들을 잡아, 화산 비탈에서 잡은 것처럼 보이게 하려고 새들의 깃털에 화산재를 문질러 발랐다. 그리고 나서 사냥꾼들은 그 새들을 먼저 제사장에게 가져갔다. 제사장은 그들의 술수를 알아차리고 새 한 마리의 배를 갈랐다. 그 새의 배 속에 해초와 물고기가 들어 있는 것을 본 제사장은 사냥이 금지되어 있는 그 야생 조류들을 압수했다. 카푸를 어긴 죄로 죽음을 면치 못하게 될 것을 안 사냥꾼들은 후아에게로 가서 자신들이 왕을 위해 잡은 새들을 제사장이 가로챘다고 모함했다. 자신의 적수를 꺾을 기회가 온 것을 알아차린 후아 왕은 제사장을 반역죄로 사형에 처했다. 그러자 즉시 오랜 가뭄이 시작되었다. 사람들이 죽어나가기 시작했다. 결국 후아 왕은 자신의 왕국에서 달아날 수밖에 없었다. 그러나 가뭄은 그가 가는 곳마다 따라왔다. 그래서 그는 자기를 묻어줄 사람이 하나도 남지 않은 상태에서 마침내 죽음을 맞게 되었다. "후아의 뼈들이 햇빛에 달그락거린다"는 하와이 속담에도 그의 이야기가 남아 있다.

"모든 사람들이 그 대가를 치렀습니다." 플라스틱 의자에 앉은 샘 오후 곤이 몸을 뒤로 젖히며 말했다. "금기를 깨뜨린 새잡이들만이 아니라 모든 사람들이 죽었습니다. 제사장이 죽었습니다. 왕이 죽었습니다. 왕국의 모든 사람들이 그 금기 때문에 죽었을 정도로 카푸가 절대적이라는 생각은 사실 그런 종류의 법을 따르는 것이 근본적으로 얼마나 중요한 것인지를 말해줍니다."

하와이 제도가 유럽에 이어 미국의 식민지가 된 이후, 토착 하와이 문화는 붕괴되고 억압되었으며 아후푸아아의 공유지들은 주로 외국의 개인 자산가들이 서로 나누어 가지면서 조각조각 흩어지게 되었다. 오늘날 레오폴드가 제창한 전통적인 대지 윤리는 얼마 되지 않는 지역들에서만 겨우 명맥을 유지하고 있다. 지난 2세기 동안 심하게 변한 그 땅 자체는 옛날의 사고방식을 해독하기 위한 유일한 단서인 경우가 많다. 윈터는 자기가 때때로 조상들의 눈을 통해 리마홀리 계곡을 보려고 애쓴다는 사실을 인정한다. 예를 들어 "바다의 건강은 산의 건강에 달려 있다"라는 옛말이 있다. 그 이유는 분명하다. 물은 해안을 향해 아래로 흐른다. 그렇지만 산의 건강은 바다의 건강에 달려 있다는 말도 있다. 윈터는 그 말이 무슨 뜻인지 이해하지 못하다가 2006년에 멸종위기에 처한 두 종의 바닷새들, 즉 하와이슴새(Hawaiian petrel)와 뉴웰슴새(Newell's shearwater)가 리마훌리 계곡의 언덕에서 번식하고 있는 것을 발견하고 나서야 비로소 그 말뜻을 이해할 수 있었다고 한다. 오늘날 하와이에는 어류의 남획으로 인해 바닷새들의 먹이가 현저하게 줄어들었고, 그 새들의 가장 중요한 영역인 둥지는 연안 쪽 섬들에 있거나 외래 쥐들로부터 새알과 새끼 새들을 보호해주는 담장 너머에 있다. 리마훌리 계곡에 숨겨져 있는 둥지들을 보면, 먼 옛날 슴새류의 거대한 서식처들에서 슴새, 알바트로스, 군함새, 열대새, 부비새들이 절벽들을 가득 채우며 높은 곳에 땅을 파 둥지를 만들고, 그 새들의 똥이 파도에 휩쓸려온 바다의 영양분과 함께 그 지역을 하얗게 뒤덮었으리라는 것을 짐작할 수 있다.

"그것이 바로 우리 선조들이 세상을 보았던 방식입니다. 우리가 그 시스템을 활용하고 그 체제와 소통하고 그 체제를 쉼 없이 유지해나가려면 어떻게 해야 할까요? 그것은 다른 사고방식입니다. 우리가 나무 한 그루, 덩굴 하나, 덤불 하나, 작은 새 한 마리를 잃을 때마다 하나의 단어, 하나의 명칭이 우리의 어휘에서 사라집니다. 우리는 더 이상 그것에 관해 이야기할 수 없게 되는 거지요." 윈터는 말했다.

하와이의 호젓함은 1778년 1월 18일, 레졸루션(Resolution)호와 디스커버리(Discovery)호를 지휘하는 영국 해군 제임스 쿡(James Cook) 선장이 북서항로를 찾기 위해 항해하던 중 그 제도를 우연히 맞닥뜨리면서 끝이 났다. 쿡 선장은 어떤 면에서는 자신의 문화와 몹시 비슷한 하와이 문화를 접했다. 신앙심이 깊고 왕과 여왕이 나라를 통치하며 노동자 계층인 농부와 어부를 통해 식량을 공급받는 문화. 당시 하와이 사람들은 근근이 생계를 이어갈 정도로 처참한 상태에 놓여 있지 않았던 게 분명하다. 그들은 영국인들이 교환하자고 제시한 음식물들에는 전혀 관심을 보이지 않았고, 그 대신 금속 못 같은 실용적인 물건들과 신분이 높은 사람들의 치장을 위한 구슬 같은 물건들에 관심을 가졌다. 카메하메하 왕은 9개의 쇠 단검과 깃털 망토 한 벌을 교환했던 듯하다. 많은 하와이 사람들은 인간의 아름다움을 찬양하고, 항해술을 연구하고, 경쟁 파벌들과의 전쟁에 대비하고, 춤과 조각 같은 예술을 즐기고, 레이(lei)라고 알려진 의식용 꽃 화환을 만드는 데 시간을 바칠 만큼 여가시간을 충분히 누렸다. 어떤 이들은 서핑이나 절벽 다이빙 그리고 나뭇잎이 수북이 쌓인 산언덕에서 나무썰매를 타고 산비탈을 향해 돌진하는 홀루아(holua) 같은 자극적인 스포츠를 즐기기도 했다. 오늘날까지도 하와이를 찾는 사람들은 구세계와 유사한 하와이를 느낄 수 있다. 예를 들어 어떤 하와이 토착민들에게 남아 있는 왕정에 대한 향수 어린 애정, 또는 원초적인 자연의 흔적이 거의 남아 있지 않은 지역에 대한 뿌리 깊은 애착.

최초의 폴리네시아 사람들이 정착해 살면서 일어난 변화들은 쿡이 그곳에 도착한 이래 일어난 대변동과 함께 희미해졌다. 오늘날 차를 몰고 하와이의 고속도로를 달려보라. 그 군도에서 옛날부터 대대로 서식해온 식물군의 숲은 고사하고 식물이나 나무 한 그루도 보기 힘들 것이다. 그곳에서 가장 흔한 조류들—홍관조, 구관조, 아름답게 지저귀는 흰허리샤마까치울새—은 대부분 외래종이다. 그리고 길고양이, 돼지, 쥐, 개, 닭, 몽구스는 외딴 지역에서도 흔히 볼 수 있었다. 외래종들은 또 다른 외래종들에게 자리를 내어주었다. 최초의 폴리네시아 사람들과 함께 이 군도에 들어왔던 태평양쥐는 훨씬 더 탐욕스러운 유럽의 곰쥐와 시궁쥐로 대체되었고 폴리네시아닭들은 아시아에서 들어온 다양한 종들의 맹공격에 개체 수가 급격하게 줄어들었다. 하와이에는 한때 엄청나게 다양한 달팽이도 있었다. 숲속의 보석 같은 달팽이들이 약 1,500종에 이르렀다. 하와이 제도에는 지금도 여전히 달팽이들이 살고 있지만, 1955년 이후로 토종 달팽이들을 멸종시킨 담홍늑대달팽이를 포함해서 대체로 외래종이다. 당신이 그곳에서 만날 수 있는 뱀, 도마뱀, 꿀벌, 개미도 전부 외래종이다. 하와이는 과거와 매우 달라져서, 중국에서 들어온 하와이무궁화가 실질적으로 하와이를 상징하는 꽃이 되었을 정도다. 공식적인 주화(州花)인 노란 히비스커스(노란 무궁화), 즉 마오하우 헬레(ma'o hau hele)는 한때 하와이의 모든 섬에서 광범위한 면적을 차지하고 있었으나, 현재는 거의 잊힐 정도로 심각한 멸종위기에 처해 있다.

이러한 변화의 물결 가운데에서 하와이마모가 마침내 사라졌다. 쿡 탐험대의 박물학자들은 마모들을 보고 총을 쏘아댔다. 그리고 이들은 하와이의 새들에 대해 애정 어린 어조로 글을 썼다. 그 가운데 한 사람은 "그곳의 숲은 세상에서 가장 아름다운 깃털을 갖고 있고 아주 감미롭게 지저귀는 새들로 가득 차 있었다"라고 말했고, 어떤 이는 그 새들이 "우리가 여행하는 동안 본 것 가운데 가장 아름다운 것이었다"고 공언했다. 그 새들은 오직 하와이 사람들이 세심하게 돌봐주었기 때문에 계속 살아남을 수 있었던 것이다. 하와이의 새 사냥꾼들은 스튜를 끓이기 위해—마모는 맛이 좋았다고 전해진다—새들을 잡았을 뿐만 아니라 잡았다가 놓아주는 방법을 사용하기도 했다. 사냥꾼들은 마모의 발에 토종 라텍스 나무의 수액을 발라 횃대에 붙여놓은 다음 화려한 깃털들을 뽑고 나서 발을 깨끗하게 씻겨준 뒤 새를 다시 날려 보내기도 했다.

쿡의 박물학자들은 하와이에서 가장 화려한 새들에 대해서도 기록했다. 그 새들은 주변에서 쉽게 볼 수 있을 만큼 흔했기 때문에, 선원들은 그 새들을 하와이 사람들에게 산 채로 사기도 했다. 그 이후로 이 가운데 20여 종의 새들이 멸종했다. 그 새들 가운데 가장 최근에 사라진 것은 하와이 말로 포오울리(po'o-uli)라는 이름을 가진 검은 얼굴의 꿀먹이새다. 되새류처럼 생긴 이 새가 멸종한 것은 지금으로부터 얼마 되지 않은 2004년이었다. 1826년에 대형 범선에 싣고 온 식수에서 부화된 듯한 모기들이 하와이에 유입되어 조류 말라리아가 퍼진 것을 비롯해 생태계에 일어난 다양한 충격적인 요인이 멸종의 원인이었다.

마지막 포오울리가 사라진 무렵, 마모가 사라진 지는 이미 한 세기가 넘어 있었다. 마지막으로 포오울러가 목격된 것은 1899년 헨쇼(H.W. Henshaw)라는 사람이 그 새들 가운데 한 마리를 총으로 쏘았을 때로 알려져 있다. "그 새는 치명상을 입었습니다. 그래서 잠시 동안 나뭇가지에 매달린 채 머리를 아래로 떨구고 있었죠." 헨쇼는 후일 그 당시의 일을 떠올렸다. "마침내 그 새가 2~3미터 아래로 떨어졌다가, 정신을 차리고는 그 나무에 앉아 있는 다른 새에게로 날아갔습니다. 아마도 그 새의 어미거나 짝이었겠지요. 그리고 잠시 후 완전히 사라졌습니다." 그 당시 헨쇼는 위대한 수집가였던 영국의 세계적인 생물학자 월터 로스차일드(Walter Rothschild) 남작을 위한 표본채집가로 일하고 있었다. 후일 하와이의 어떤 조류안내서에 있는 마모를 비롯하여 멸종된 하와이 새들을 훌륭하게 묘사한 삽화들은 로스차일드가 자기가 잡은 새들을 보고 그린 그림이라고 소개되었다.[21]

리마훌리 계곡은 왠지 역사의 고통에서 벗어난 은밀한 낙원이었을 거라고 상상하고 싶다. 그러나 실제로는 카우아이 섬에 마모들이 살았던 적은 없다. 대신 그 섬에는 고유한 왕실 조류가 살고 있었다. 거의 마모만큼 밝은 노란색 깃털을 가진 오오('o'o)라는 새가 바로 그것이다. 마지막 오오가 발견된 것은 1985년이었다. 리마훌리 계곡 사면의 숲들은 오늘날 외래종 수목들이 장악하고 있다. 그 종들이 들어서기 전에 있었던 토종 나무들 가운데 하나는 라텍스 나무로, 옛날에 새잡이들은 이 나무를 이용했다.

많은 곳에서 사라진 또 다른 토종 식물은 영국어로는 통칭이 없는 사이드락스오도라타(Psydrax odorata)라는 관목이다. 이 나무의 하와이 이름인 알라헤에(alahe'e)는 대략 '문어 향'으로 번역되지만, 이 식물에서 피어난 하얀 꽃다발에서는 얇게 저민 달콤한 오렌지 향이 난다. 밝혀진 바에 따르면 알라헤에는 과거의 생태계를 떠올리게 하는 추억의 이름이다. 즉 알라헤에 꽃들이 숲에서 자라면서 매일 아침과 저녁에 향기를 풍기면 마치 문어가 암초 속의 구멍을 미끄러지듯 들락거리는 것

---

21 로스차일드는 30만 마리의 새 가죽, 20만 개의 새 알, 225만 마리의 나비, 3만 마리의 딱정벌레, 그리고 수많은 포유류, 파충류, 어류의 가죽, 뼈, 박제를 포함해 한 개인이 수집한 것으로는 가장 방대한 자연사 표본을 소장하고 있었다. 그는 런던에서 4마리의 얼룩말들이 끄는 마차를 타고 찍은 사진과 실크해트를 쓴 채 갈라파고스땅거북을 타고 있는 사진으로도 유명하다.

처럼 향기가 그 계곡 사이로 은은하게 드나든다는 의미에서 그런 이름
이 붙은 것이다. 그러나 하와이에서 그 특이한 향긋함을 내뿜는 땅은
이제 찾아볼 수 없다. 지금은 그런 것을 더 이상 경험할 수 없다. 마모,
오오, 알라헤에의 불가사의한 향기. 그것은 이중 소멸 이후의 이중 소
멸이다.

해마다 작업반들이 리마홀리의 외래종 숲을 몇 제곱미터씩 개간하고
그 땅에 토종 식물들을 옮겨 심는다. 그들은 원래의 삼림지대를 그대로
재현하려는 것이 아니다. 수백 년 동안 작은 달팽이부터 날지 못하는 거
위에 이르기까지 수십 종의 동물들로 형성된 옛 숲의 멸종은 공상과학
의 왕국으로 들어가지 않고서는 결코 되돌릴 수 없는 것이기 때문이다.
또 다른 이유는 모든 외래종을 완전히 뿌리 뽑는 것이 불가능하기 때문
이다(인간들이 들어온 이후로 하와이에 도입된 1,000종이 넘는 생물들이 현재 야
생에서 자유롭게 살고 있다). 그러나 외래종 지역들과 복원된 지역들을 구
분하는 경계선은 엄연히 존재한다. 지피식물들이 거의 사라진 채 돌 더
미만 무성한 곳에 솟아 있는 우중충한 나무둥치들과 맨땅이 드러난 외
래종 숲은 마치 뼈대처럼 보인다. 반면에 토종 삼림지대가 시작되는 곳
은 깜짝 놀랄 만큼 생명력이 분출해서 나무꼭대기부터 숲의 바닥에 이
르기까지 온통 초록으로 우거지고, 밝은색이 겹겹이 층을 이루며 하늘
을 뒤덮고 있다. 새로운 하와이와 옛 하와이를 각기 다른 곳으로 묘사
하는 것은 잘못된 것이다. 비록 복원된 숲이 옛 하와이의 가치를 인정하
고 있다 해도, 그 둘 모두 새로운 것이다. 리마홀리의 목적은 과거에 사

는 것이 아니라, 과거와 현재가 서로 싸우는 것을 끝내는 데 있다.

'모쿠보이'(Mokuboy)라는 별명으로 더 많이 불리는 카히모쿠 푸울레이-챈들러(Kahimoku Pu'ulei-Chandler)는 복원 작업반에서 일했던 사람들 가운데 하나다. 그는 순박하기 그지없는 거인 같은 인상을 풍기는 젊은이로, 야성적인 아프로 헤어스타일—과거에 아주 위험했던 하와이 고지대에서 작업했던 새잡이들을 연상시키는 스타일—을 하고 있다. 그렇지만 모쿠보이는 새 사냥꾼 집안의 자손이 아니다. 그는 신성한 불꽃을 책임지던 가문에서 태어났다.

과거에 카우아이 섬은 하와이 제도 전역에서 불을 던지는 의식으로 유명했다. 그리고 리마홀리 계곡이 바다와 만나는 지점인 마카나 산의 정상은 그 섬에서 그 의식이 행해진 단 두 곳 가운데 하나다. 마카나 산 아래에는 문자 언어를 사용하지 않았던 이들의 역사, 신화, 족보를 후대에 전하는 노래와 춤, 그 외 의식을 전수하는 학교가 있었다. 지식 전수자들이 졸업하는 특별한 시기가 되면, 불 던지는 사람들이 한밤중에 창 길이로 자른 나무 막대 꾸러미를 짊어지고 아무도 모르는 길로 마카나 산으로 올라갔다. 정상에서 그들은 불을 피우고 바람을 부르는 노래를 불렀다. 그러고 나서 마침내 불 던지는 사람들은 나무창들에 불을 붙여 허공으로 던졌다. 그러면 그 창들은 마카나 산의 맞은편으로 으르렁거리는 소리를 내며 날아갔다가 빙글빙글 원을 그리며 불꽃들과 함께 바닷속으로 떨어졌다. 오아히('oahi)라고 알려진 그 옛 의식은 1920년대에 중단되었다. 모쿠보이의 할아버지는 그 의식을 마지막으로 치렀던 사람들 가운데 하나였다. 그 의식이 사라진 것은 무엇보다 가슴 아픈 일이었다. 그것은 기억을 기리기 위한 하나의 전통이 잊히는 것이었다.

모쿠보이는 리마홀리의 위쪽 협곡으로 나를 데려다준 안내인이었다.

그 계곡은 그의 집안이 대대로 살아온 아후푸아아이다. 현재 그와 그의 아버지는 그곳에서 식물원 직원으로 일하고 있다. 모쿠보이는 많은 면에서 전형적인 현대의 젊은이다. 여가 시간의 대부분을 서핑을 하고 음악을 듣고 아이패드로 사진을 찍으면서 보낸다. 그러나 한편으로 그는 어느 보호림으로 들어가는 거친 길을 앞장서서 안내하다가 잠시 쉬어 가자는 내 말에 전혀 불평하지 않고, 우리 두 사람이 500만 년 전 바다 밑에서 솟아오른 이 지역에서는 단지 허약하고 일시적인 방문객에 지나지 않는다는 사실을 알려주는 노래를 불러주기도 한다. "집에 온 것처럼 편안한 기분이 드세요?" 그가 나를 뒤돌아보며 말했다. "저는 여기 오면 정말로 편안한 기분이 들어요."

자기 조상들이 불 던지는 사람들이었다는 사실을 알기 전에도 모쿠보이는 마카나 산의 정상에 올라가고 싶어 했다. 마침내 그는 혼자서 그 산을 올라갔지만, 어떤 비탈이 너무 위험하다는 것을 깨닫고는 발길을 돌려야만 했다. 그렇지만 그는 자기가 다다른 지점에서 정상으로 올라갈 수 있는 다른 루트를 찾아냈다. 2011년 새해가 시작되기 바로 전날, 모쿠보이와 그의 아버지 그리고 친척 한 명이 함께 그 정상으로 올라갔다. 이번에는 나무껍질 조각들을 꾸러미로 만들어 각자 등에 짊어지고 갔다. 그들은 산 정상에서 해가 지기를 기다렸다.

그날 밤 그들이 그 산에 짊어지고 간 나무는 바다히비스커스(sea hibiscus)라고도 알려진 하우(hau)였다. 그것은 참으로 놀라운 식물로 이 관목은 서로 뒤엉켜 집채만큼 큰 더미를 이룰 수도 있고, 피기 시작할 때는 붉은색, 활짝 폈을 때는 노란색 그리고 수천 개의 꽃잎이 개울 위로 떨어지면서 수면을 장식할 때는 다시 붉은색으로 변하며 눈부신 꽃을 피운다. 역사적으로 하우는 훌륭한 불꽃용 불쏘시개로 여겨졌지만,

최고로 좋은 불쏘시개는 아니었다. 최고의 불쏘시개는 빠빨라(papala) 다. 영어로는 한 번도 이름이 붙여진 적 없는 식물인 빠빨라 나무는 속 이 비어 있기 때문에 아주 가벼워서 쉽게 옮길 수 있고 바람 속에서 다 루기도 쉽다. 그리고 한쪽 끝에 불을 붙이면 그 불꽃이 구멍을 통과해 반대편 끝에서 불꼬리가 나타난다. 하지만 오늘날 빠빨라는 멸종위기 에 처해 있다.

리마훌리 계곡에서 한참 더 올라가 신의 왕국으로부터 폭포가 떨어 지는 곳에 다다른 모쿠보이는 특별할 것 없는 작은 초록색 나무 옆에서 걸음을 멈췄다. 그는 뭔가 말을 꺼내면서 그 나무의 넓적한 타원형 잎 하나를 잡았다. 그와 그 나뭇잎은 마치 손을 잡고 있는 오누이 같았다. 그 식물은 바로 복원 작업반들이 리마훌리에 심은 여러 식물 가운데 하 나인 빠빨라였다. 모쿠보이는 빠빨라가 언젠가 풍성해져서 꼭 자기가 아니더라도 자기 자식들이나 손자들이 마카나 산을 다시 올라갈 수 있 기를 바란다고 내게 말했다.

그는 100년 만에 처음으로 카우아이 섬에서 불꽃 의식이 예고 없이 일어났다고 말했다. 그들은 한밤중에 불을 밝히고 바람에게 말을 한 다 음 불타오르는 창들을 던졌다고 한다. "아래쪽에서 사람들이 소리를 지 르고 있었습니다. 그저 야성적인 광경에 소리를 질러대는 거였지요." 모 쿠보이가 말했다. 운 좋은 몇 사람만이 그 광경을 보았다. 바다와 하늘 의 암흑 속을 가로지르며 날아가는 그 불꽃들과 불똥들을. 그것은 옛 것을 재연하는 것이 아니라 기억을 되살리는 의식이었다.

잃어버린
섬

섬들은 언제나 우리와 지구의 관계를 전체적으로 생각해볼 수 있는 이상적인 장소였다. 섬들은 저마다 그 자체로 하나의 세계며, 세계는 궁극적으로 하나의 섬이다. 섬들은 하와이의 경우처럼 지구의 미래에 유용한 혜안을 제공해줄 수 있다. 섬들은 또한 만일 우리가 자연과의 관계를 변화시키지 못한다면 우리에게 어떤 일이 닥칠지에 대해 준엄하게 경고를 하기도 한다.

이스터 섬의 이야기는 그런 경고성의 이야기 가운데 가장 유명하다. 대도시처럼 길을 잃을 염려가 없는 작은 이스터 섬은 세상에서 가장 외딴 지역들 가운데 하나다. 남태평양에서 튀어나온 그 섬은 사람이 살지 않는 인근의 섬과 약 1,000마일(1,600킬로미터) 가량 떨어져 있고 가장 가까운 육지와는 약 2,000마일(3,200킬로미터)이나 떨어져 있다. 하와이처럼 그 섬 역시 폴리네시아인들이 최초로 이주해 살았다. 이처럼 두 곳의 이야기가 비슷하게 시작되지만, 이야기의 결말은 서로 많이 다르다.

폴리네시아인들의 인구가 증가하자, 이스터 섬의 숲—수백만 그루의 나무들—이 감소하기 시작했다. 천연자원이 점점 줄어드는 것을 본 사람들은 자연을 보호하기 위해 영적 세계에 의지했다. 그들은 한 번 보면 쉽게 잊을 수 없는 움푹 들어간 눈을 하고 있는 사람 얼굴 모양의 석상인 모아이(moai)를 세우는 데 전념했다. 이 조각상들 가운데 가장 큰 것은 높이 40피트(약 12미터)에 무게는 거의 100톤에 달한다. 이 두상들은 이스터 섬의 불가사의일 뿐만 아니라 고대 세계의 불가사의를 상징하게 되었다.

이 섬에는 거의 1,000개에 달하는 모아이가 세워졌는데, 하나같이 먼 바다 쪽이 아니라 대륙 쪽, 사람들이 있는 쪽을 응시하고 있었다. 통나무 컨베이어 벨트에 실어 굴리면서 초원지대를 가로질러 옮겼다고 전해지는 모아이의 숫자가 증가하자 삼림지대들은 점점 더 빠르게 황폐화되어 갔다. 아마도 그들의 역사에서 가장 오래 기억에 남아 있는 이미지는 이스터 섬에서 마지막으로 남은 나무의 모습일 것이다. 상식적으로 생각하면, 그렇게 계속 모아이를 만들어대다가 어느 시점에 이르러 이스터 섬 사람들은 자신들의 섬에 마침내 단 한 그루의 나무밖에 남아 있지 않은 것을 보게 되었을 것이 틀림없다. 그러나 이미 제정신이 아니었던 그들은 그 나무마저 잘라버렸다. 그리하여 한두 세대도 채 지나지 않아서 그 섬에 숲이 있었다는 것은 믿기 어려운, 적어도 상상 속에서나 가능한 얘기가 되었을 것이다. 아이들은 의아해했을 것이다. 하늘에 닿을 정도로 높이 자라는 식물들이 있었다고?

해피엔딩은 없다. 점점 더 황량해지는 그곳에서 살아남으려 발버둥치던 이스터 섬 사람들은 파벌싸움, 부족 간의 전쟁, 인간 제물 같은 것에 서서히 빠져들었다. 인육을 먹는 풍습은 흔했다. 인류학자들은 오늘날까지도 이스터 섬의 어떤 곳에는 "네 어미의 살코기가 내 이빨 사이에 끼어 있다"(즉, "네 어미 고기는 질기기만 하고 맛이 없다"라는 뜻)는 욕이 있다는 사실에 주목하고 있다. 1774년 쿡 선장이 유럽 선장들 가운데 세 번째로 그 섬에 잠시 머물렀을 때 그와 함께 항해하던 박물학자가 추정한 바로는, 그 섬에는 불과 700명의 주민들이 살고 있었으나 그들 모두 삶을 근근이 연명했고 그들의 카누는 파도에 떠밀려온 나무조각들을 주워 엮은 것에 지나지 않았다. 한 사회로서 이스터 섬은 몰락했다.

그것은 낯설지 않은 이야기다.

이와 대립되는 이야기가 있는데 이 두 번째 이야기는 어쩌면 더 미묘하고 으스스한 메시지를 담고 있다. 최근 연구에 따르면, 처음 그곳에 도착한 폴리네시아 사람들이 자신들이 가지고 온 작물을 심기 위해 그 섬의 나무들을 베어버렸을 가능성이 높다. 그러나 삼림지대가 사라진 것에 대한 책임이 오직 그들에게만 있는 것은 아닐 수도 있다. 그 섬의 나무들은 야자 술의 원료로 사용되는 칠레의 각종 야자나무들—100피트(약 30미터)가 넘게 자랄 수 있고, 세계에서 가장 둥치가 큰 나무들—과 비슷했다. 그러나 이 커다란 나무들은 곡물을 먹는 설치류들에게 취약했다. 물론 인간이 등장하기 전에는 이 설치류들이 그 섬에 살지 않았다. 만일 외부에서 유입된 쥐들이 그 숲들을 피폐하게 만든 결정적인 요인이었다 하더라도, 그 섬의 마지막 나무는 단순히 늙어서 썩었을 수도 있고 폭풍에 쓰러졌을 수도 있다. 묘목 한 그루조차 남기지 않고.[22]

십중팔구는 이스터 섬 사람들 스스로 다른 생물들의 소멸에 주도적

---

22 멸종한 야자나무를 이스터 섬 사람들이 롱고롱고 목판에 사용한 나무모양의 룬 문자에서 찾아볼 수 있다. 이스터 섬 사람들은 초기 폴리네시아 정착민들이 가져온 어떤 관목으로 만든 나무판에 이 롱고롱고 문자를 새겨놓았다. 하지만 현재 살아 있는 사람들 가운데 롱고롱고 문자를 해독할 수 있는 사람은 아무도 없다.

인 역할을 한 듯하다. 그 섬에서 적어도 20종의 주요 삼림식물과 6종의 육지 새 그리고 여러 종의 바닷새들이 폴리네시아 시대 동안 멸종했다. 그러나 현재 조사에 따르면, 그 사회는 전혀 몰락하지 않았던 듯하다. 오히려 그 섬의 사람들은 점점 더 황폐해지는 환경에서 적응하며 살아나갔다. 고고학자들이 이스터 섬 사람들이 뭘 먹고 살았는지 알아보기 위해 버려진 동물 뼈들을 연구한 결과, 그 가운데 60퍼센트가 외부에서 유입된 쥐들의 뼈라는 사실이 밝혀졌다. 또한 섬사람들은 '돌부리 덮개', 곧 일종의 암석 정원이라고 알려진 농법을 개발했다. 그들은 어린 식물들이 자라날 수 있도록 조금씩 영양분을 배출하는 용암을 이용해 나무가 없는 지역의 척박한 토양에서 오늘날의 오클라호마, 콜로라도, 스웨덴, 뉴질랜드 같은 곳들과 비슷한 인구밀도를 유지하기에 그럭저럭 충분한 식량을 생산해냈다.

식량 문제를 해결한 그 사람들은 남는 시간을 이용해 돌을 잘라내 모아이를 조각하고 공동체 제의를 위한 큰 제단들을 만들었다. 그 섬에 최초로 등장한 유럽인들—1722년 네덜란드 탐험가 야코프 로헤베인(Jacob Roggeveen)의 원정대 대원들—의 보고에 의하면, 그곳에는 2,000~3,000명의 주민들이 살고 있었는데 그들은 매우 인상적이었다고 한다. 폴리네시아어로 라파 누이(Rapa Nui)라 불리는 이스터 섬 사람들은 비교적 안락하게 살았던 것으로 보인다. 그래서 그들은 음식이나 다른 어떤 물건보다 모자를 위한 교역을 더 갈망했고 심지어 거짓으로 속여서 모자를 빼앗기도 했다(그들이 모자를 그토록 좋아한 이유는 아직 정확히 밝혀지지 않았다). 당시의 이스터 섬 사람들의 유골들을 조사한 결과를 보면 그들은 오히려 동시대 유럽인들보다 영양실조에 덜 걸렸던 듯하다.

"라파 누이는 비극적이고 참담한 실패 사례가 아니라 불가능을 이겨낸 믿을 수 없는 성공 사례다." 1990년대 후반부터 이 섬에 대해 연구하고 있는 하와이 대학교의 인류학자 테리 헌트(Terry Hunt)와 칼 리포(Carl Lipo)는 말한다. 이 학자들은 이스터 섬의 생물들이 사라지고 섬이 황량해졌을 때 섬사람들이 인간의 독창성과 인내력을 동원해 문화를 지속했다는 사실에 주목한다.

정말로 이스터 섬에서 어떤 일이 일어났는지에 관한 의문은 현재 이스터 섬의 몰락을 주장하는 사람들과 섬의 회복을 주장하는 이론가 사이의 격렬한 논쟁으로 이어지고 있다. 만일 생물 다양성이 훨씬 줄어들고 개체 수도 감소한 자연계를 향해 이대로 계속 내리막길을 달리게 된다면 지구 전체의 문화가 다다르게 될 종착점은 다음과 같은 두 가지일 것이다. 첫 번째 종착점은, 자연과 인류의 운명이 서로 뒤얽혀 있어서 사회적이고 생태계적인 재앙이 닥쳤을 때 모두 다 쓰러지게 된다는 것이다. 두 번째로는, 인간들과 인간이 아닌 생물들은 서로 다른 길을 가는 것이다. 지구의 생태계는 파멸을 향해 가지만 지구의 사람들은 자신들의 신을 숭배하고 미친 듯이 석상들을 만들면서 이스터 섬 사람들의 쥐고기와 암석 정원에 해당하는 미래의 어떤 것들로 계속 목숨을 부지하며 살아나갈 것이다.

그런데 한 가지 의문이 남는다. 만일 쿡 선장과 그의 선원들이 목격한 것처럼 자연계의 쇠퇴로 인해 이스터 섬이 비참한 상태에 빠져 있지 않았더라면 어땠을까? 이 질문에 대한 답은 매우 익숙하다. 쿡이 도착했을 무렵 그 섬사람들은 4년 전 스페인 선박이 방문한 이후로, 그리고 로게벤이 50년 전에 그 섬에 잠시 들렀던 이래로 유럽의 질병들 때문에 치명적인 전염병을 겪고 있었다. 셋 중 둘이 죽을 만큼 많은 사람이 죽어나가면서 이스터 섬의 사회는 결국 쇠락의 길을 걷기 시작했다. 언젠가 전 세계적으로 퍼져 나가는 어떤 치명적인 유행병이나 외계 생명체가 옮긴 전염병이 현재 우리가 살고 있는 지구 사회 전체를 혼돈으로 몰아넣을지도 모른다. 그 누가 알겠는가. 그러나 만일 당신이 인류와 자연의 걱정스러운 관계를 변화시켜야 한다고 사람들을 설득하기 위해 어떤 생태계의 위기를 기다리고 있다면 당신은 아주 오랫동안 기다려야 할 것이다.

이스터 섬에는 여전히 사람들이 살고 있다. 섬 원주민의 후손들도 그곳에서 계속 살아가고 있다. 어쨌든 그들은 결코 멸종하지 않았다. 그들이 계속 살고 있다는 사실은 인간의 정신력이 매우 강하다는 것을 증명한다. 그렇지만 그 섬의 자연계는 오로지 몰락의 길을 달리고 있다. 닭을 제외한 조류는 현재 완전히 자취를 감추었다. 그 섬의 양과 염소들은 식물들을 보는 족족 뜯어먹고 있고 외래 잡초 종의 수는 토종식물들을 훨씬 능가한다. 지금 이스터 섬을 찾아가보라. 그곳에서 자유롭게 살고 있는 가장 눈에 띄는 야생생물들은 벼룩과 파리 같은 몇몇 외래종뿐임을 눈으로 확인할 수 있을 것이다.

작은 이스터 섬이 오늘날의 상태가 되기까지는 수백 년이 걸렸고, 우리 인간 종이 전체적으로 지구를 변화시키기까지는 수천 년이 걸렸다. 설령 우리가 갑자기 이 세상을 더 야생적인 상태로 만들려고 노력하면서 지금부터 흐름을 뒤바꾼다 할지라도, 첫 성공을 거두기까지는 아주 오랜 세월이 걸릴 것이다. 우리가 오늘날 알고 있는 지구의 모습에 근거하여, 대부분 도시에 살면서 흔히 자연경관보다는 가상공간에서 더 많은 시간을 보내고 모든 가능성을 고려하더라도 자연에 다가가본 경험이 전혀 없는, 자연에 대한 개인적인 기억이 거의 전무한 사람들 사이에서 지구를 야생화하는 일을 대체 어디서부터 시작해야 할지 감조차 잡을 수 없다.

그래서 우리는 어떤 섬에서 시작해보려 한다. 그냥 아무 섬이 아니라 지구상에서 아직 발견되지 않은 마지막 주요 지형. 그 섬은 생물들이 풍부하고 땅이 비옥하며, 수만 명의 사람들이 살아갈 수 있을 만큼 면적이 넓지만 아직 인간들이 점령한 적이 없다. 물론 그런 곳은 상상 속에서나 존재한다. 그러니 그곳을 '잃어버린 섬'(Lost Island)으로 부르기로 하자. 수자원 연구원들이 한 병의 위스키를 서로 돌려가며 마시는 곳이나 현장 생물학자들이 늦은 밤까지 모닥불 주위에 둘러 앉아 있는 곳이라면 어디든 '잃어버린 섬'은 나타난다. 또는 내 개인적인 경우를 말하자면, 이상할 정도로 아무런 생물도 살지 않는 텅 빈 지역에 서서 이곳에 생물들이 가득 차 있었을 때는 어땠을지 궁금해할 때마다, '잃어버린 섬'은 어렴풋이 모습을 드러낸다.

그리스 사람들이 만들어낸, 아주 멀리 떨어져 있어서 질병도 없고 나이도 들지 않는 상상의 섬 '히페르보레아'(Hyperborea)부터 '아틀란티스'(Atlantis)를 찾아가려는 탐색까지, 우리는 언제나 그런 환상의 섬들을 필요로 했다. 쌍돛대 어선을 뜻하는 이름의 버스 섬(Buss Island)에 직접 가봤다고 주장한 사람들은 그곳을 '비옥하고' '나무가 울창한' '이상적인 지역'으로 묘사했다. 버스 섬은 북대서양의 지도에 300년 동안 표시되어 있었는데 그 좌표에서 발견할 수 있었던 것이라고는 깊고 차가운 바다와 그 위를 뒹구는 파도뿐이었다.

이러한 환상의 섬들은 지금도 우리를 놀라게 한다. 2011년에 인공위성이 보내온 사진들을 면밀히 분석한 결과, 전 세계에서 알려진 섬들의 수가 657개로 늘어났을 뿐만 아니라 스웨덴과 핀란드 사이에 있는 보트니아 만 같은 곳들의 바다에서는 완전히 새로운 지형들이 나타나고 있었다. 이 지형들은 빙하기의 얼음들이 녹은 뒤 해저가 계속 서서히 융기하면서 드러난 곳들이다. 우리가 그런 장소들에서 찾고자 하는 것은 빈 서판[23]이다. 그것을 통해 우리는 그곳의 과거 모습이나 미래의 모습을 상상해볼 수 있다. 아니면 그 두 가지 모두를 상상해보거나.

———

우리가 바다를 통해 '잃어버린 섬'에 접근한다고 가정해보자. 아마도 육지에 가까워지고 있다는 최초의 징후는 과거에 스페인 연안에서 100마일(160킬로미터)이나 떨어진 곳까지 퍼져나갈 수 있었던 로즈마리 꽃 향기일 것이다. 그래서 영국의 수필가 존 이블린(John Evelyn)은 스모그로 가득 찬 런던의 공기를 정화시키기 위해 식물들을 키우자고 제안했다. 이것은 1661년에 있었던 일이다. 곧 바닷새들이 육지에서 해안까지 긴 궤적을 그리며 왔다갔다 선회하는 모습을 볼 수 있다. 바다거북들—그들이라고 왜 안 되겠는가?—은 알을 낳기 위해 해변으로 꾸준히 나아가고 있고 어린아이가 신발을 바닷물에 조금도 적시지 않으면

---

23 '백지 상태'를 뜻한다. 인식론에서 사람은 마음이 '빈' 백지와 같은 상태로 태어나며 출생 이후에 외부 세상의 감각적인 지각활동과 경험을 통해 서서히 마음이 형성되어 전체적인 지적 능력이 형성된다는 개념 – 옮긴이.

서 파도 너머로 돌차기 놀이를 할 수 있을 만큼 바다거북의 등껍질들이 빽빽하게 들어차 있는 것이 보인다. 오랜 항해 끝에 마침내 보이는 육지가 수평선 위에 희미하게 한 점 얼룩처럼 나타날 즈음, 열 지어 날아가는 새들이 구름 속에 모여든다. 그럴 때면 새들의 울음소리 너머로 말소리를 알아듣기 위해 때로는 고함을 질러야 하고, 비처럼 꾸준히 쏟아지는 새똥 세례를 피하기 위해 재빨리 갑판 밑에 숨어야 한다.

깊은 바닷물을 시커먼 그림자로 뒤덮는 굶주린 포식자들의 압박을 받고 곳곳에서 작은 물고기 떼들이 수면으로 올라올 때 바다는 쉭쉭 소리를 내며 끓어오르는 것처럼 보인다. 한때 어부들이 말했듯이, 그것은 '생명수'다. 여기서는 물고기를 미끼로 유혹할 필요가 없다. 물고기들은 눈앞에 나타나는 것이라면 뭐든 덥석 물 테니까. 다른 한편으로, 항해는 까다로워진다. 마치 바다 밑에서 군중이 수천 개의 화사한 우산을 일제히 펼친 것처럼 암초들은 형형색색 화려한 빛깔들을 터뜨린다. 암초들은 물론 섬 주위에서도 흔히 볼 수 있다. 그러나 이곳의 암초들은 세월이 흘러도 변함없이 들쭉날쭉한 굴곡을 이루고 켜켜이 쌓여 있는 조개류 층들 속에서 낯선 형태를 이루면서 높이 솟아오른다. 그리고 그 암초들 주위에서 바다표범들과 바다사자들이 물결을 타고 오르락내리락한다. 고래들은 썩은 생선 비린내를 풍기며 허공에 숨을 내뿜는다.

해안에서 보면 그 섬이 바위와 먼지로 이루어진 덩어리인지 아니면 그 자체로 어떤 거대한 생물인지 판단하기는 쉽지 않다. 아침부터 저녁까지 불협화음을 이루는 새 소리는 끊이지 않는다. 마치 나무로 만든 배들이 가득 정박해 있는 항구의 전선줄과 종(鍾) 사이로 돌풍이 불고 있는 것 같은 불협화음이다. 내륙으로 가는 것은 놀랄 만큼 쉽다. 야생동물들의 발자취가 숲을 뚫고 나아가 초원들을 지나간다. 전체적으로 보면, 야생이라기보다는 초자연적인 느낌이 드는 풍경이다. 현대의 고고학자들이 비버들이 흙으로 만든 둑과 고대에 사람들이 만든 보루를 때때로 분간하지 못해 애를 먹는 것처럼, '잃어버린 섬'은 그곳에 살고 있는 다양한 동식물이 함께 어우러져 만들어낸 결과물이다. 새들은 둥지를 짓기 위해 나뭇가지들을 모으면서 필요 없는 가지들을 잘라낸다. 두더지와 멧돼지는 땅을 파헤쳐 일군다. 헤엄을 치는 큰 짐승들은 잡초가 우거진 습지 사이로 길을 낸다.

물론 매머드와 검치호랑이, 자이언트낙타, 자이언트도마뱀, 자이언트 앵무새, 자이언트거북도 있다. 오늘날 사람들이 야생 공간에서 흔히 느끼는 자유를 '잃어버린 섬'에서는 느낄 수 없을 거라는 사실을 유의하자. 당신은 상어가 두려워서 암초들 사이를 헤엄칠 수 없을 것이고, 혼자서 땅 위를 즐겁게 걸어갈 수도 없을 것이다. 당신은 갈대숲에서 마치 손으로 흑판에 부드럽게 글씨를 써나가는 것 같은 뱀의 소리를 듣거나 최악의 경우 송곳니와 발톱을 가진 뭔가가 이리저리 돌아다닐 때 갑작스럽게 숲속에 감도는 정적을 알아차리는 법을 빠르게 터득할 것이다. 당신의 발밑에는 분주한 벌레들의 도시가 있을 테고 대기는 모기들이 윙윙거리는 소리로 가득할 것이다. 맙소사, 모기라니. 그러나 초기 탐험가들이 세계의 다른 외딴 지역들에 관해 알려준 내용을 미루어보자면 모기도 모기지만 '잃어버린 섬'의 '흡혈파리들'은 너무도 끔찍해서 그 파리 떼들의 공격을 피해 개들이 땅에 몸을 파묻고, 말들은 죽자사자 달리며 그곳을 찾아간 사람들은 불을 피워 연기 속에서 지내야 할 정도다.

그러나 모기는 잠자리, 올챙이, 개구리, 치어, 박쥐, 칼새, 제비들의 먹이기도 하다. 19세기 미국의 자연보호론자 마시는 100여 년 전 이런 말을 했다. "자연에 필요 없는 것은 하나도 없다."

———————

우리가 '잃어버린 섬'에 발을 들이는 그 순간부터 그곳은 더 이상 그 이전과 같은 곳이 아니다. 시간을 되돌려 어떤 곳을 과거와 완전히 똑같은 상태로 만들어놓을 수 없는 것처럼 어떤 곳의 자연을 특정 시간에 멈추어놓을 수 있는 방법도 없다. 우리는 단지 새로운 의문을 자문해볼 수 있을 뿐이다.

어떻게 하면 우리는 더 야생적인 세계에서 살 수 있을까? 그리고 우리가 살 수 있는 가장 야생적인 세계는 어떤 것일까?

인류가 가장 먼저 하고 싶은 일은 하나의 기준선을 정하는 것이다. '잃어버린 섬'에는 어떤 것들이 살까? 그들의 개체 수와 관계는 어떠할까? 총 생물량은 얼마나 될까? 이 야생의 장소가 우리의 감각, 신체, 정신에 어떤 흔적을 남길까? 광대무변의 긴 시간(deep time)[24]을 배경으로 할 때, 이 기준선은 변화의 오랜 역사에서 단지 하나의 스냅샷에 지나지 않을 것이다. 그렇지만 인간의 시간을 척도로 할 때 이 기준선은 변화를 가늠하고 상실을 인식하며 손상을 복원하기 위해 의존하는 북극성과도 같을 것이다. 무엇보다도 하나의 기준선은 어떤 것이 가능한 것인지에 대한 기록이며 미래의 어느 때고 필요할 때를 대비해 자연이

————————————————————————

24 다윈의 기념비적 개념 덕분에 발견된 지질연대의 개념. 시간이 충분히 주어진다면 극소수 또는 하나의 생명체로부터 무수한 형태들이 진화할 수 있다는 개념이다. '긴 시간' '깊은 시간' '오래된 시간'으로도 번역된다 – 옮긴이.

얼마나 풍부하고 다양할 수 있는지를 기억하는 것이기도 하다.

우리는 그 유산을 전부는 아니라 할지라도 약간이나마 영원히 보호할 수 있기를 바란다. 그 이유를 종교에서 찾든지 미학적 정서 또는 관리의 차원에서 찾든지 아니면 다른 생물들에 대한 도덕적 책임에서 찾든지 간에 그것은 한 생물 종으로서 인류가 늘 필요로 했던 일이다. 우리는 인간과 자연을 구분할 게 아니라, 오히려 자연 안에 우리 자신의 뿌리를 내려야 한다. 그리고 지구에서 생명이 시작된 이래 엄청난 시간 동안 존재했던 자연계—인간이 없는 자연계—를 오늘날의 우리가 눈으로 볼 수 있는 보호구역들을 만들어야 한다(바로 그것을 위해 우리는 자연이라는 유산을 영원히 보호해야 하는 것이다). 우리가 살아가기 위해서는 살아 있는 지구가 필요하다. 보호하고자 하는 욕망을 외면한다면 정말로 인간의 종말이 시작될 것이다.

아마도 불가능해 보이는 것에 무모하게 도전해서 상처를 입는 것이 인간의 본성인 듯하다. 그래서 우리는 제약들에 쉽게 굴복하지 않는다. 세계적으로 가장 야심찬 자연보호협약인 생물다양성협약(Convention on Biological Diversity)은 지구에서 적어도 육지의 17퍼센트와 바다의 10퍼센트를 보호구역으로 보전할 것을 목표로 하고 있다. 이 협약은 더 나아가 각국에 다양한 종류의 숲과 초원에서부터 툰드라·사막·맹그로브·습지·연안선과 심지어 외해(外海)에 이르기까지 각 유형의 생태계를 보호할 것을 요구한다. 그러나 그것은 아직 요원한 목표로 남아 있다.

'잃어버린 섬'에서 우리는 이러한 목표 달성에 확실히 동의할 수 있었다. 자그마치 육지와 바다의 12퍼센트가 영원히 보호를 받게 되었다. 옛날 같았으면 우리는 여기서 조금, 저기서 조금, 이렇게 패치워크식으로 보호구역을 정했을 것이다. 그렇지만 섬 효과를 이해한 이상, 우리는 가능한 한 가장 크고 근접한 보호구역을 만들어 생물들이 바다와 육지를 자유롭게 지나다닐 수 있도록 야생의 통로를 그 구역들과 연결할 것이다.

그러고 나면 힘든 일이 찾아올 것이다. 우리가 남은 88퍼센트에서 어떻게 살아야 할지를 생각하는 것이 바로 그것이다.

우리가 정말로 '잃어버린 섬'을 개발하지 않고 그대로 둘 거라고 생각하는가? 오늘날의 계몽된 사회가 훼손되지 않은 아름다운 그런 곳들을 그대로 내버려둘 거라고 생각하는가? 북극의 어떤 섬들은 어떤 의미에서는 '잃어버린 섬'이다. 캐나다의 최북단 섬들인 퀸엘리자베스 군도의 일부분에서는 놀랄 만큼 추위를 잘 견디는 생물과 특정 계절에만 눈에 띄게 풍부한 종이 살고 있다. 지난 수백 년 동안 거의 변하지 않았으며 앞으로 수십 년 동안 단 한 번도 인간의 발자취를 목격하지 않고 살아갈 수도 있다. 그러나 오늘날 지구온난화로 인해 우리는 북극에 더 쉽게 접근할 수 있게 되었고, 따라서 우리가 그 기회를 포기할 가능성은 거의 없다. 자원 러시는 현재 진행 중이다. 특히 기름과 가스를 찾아 사람들이 북극으로 몰려들고 있다. 이것은 씁쓸한 역사의 아이러니 가운데 하나일 것이다. 북극은 세계에서 기후변화가 가장 없던 곳들 가운데 한 곳이었으나 기후가 재앙 수준으로 변화하면서 가장 먼저 재앙을 불러온 화석연료를 더 많이 추출해낼 수 있게 되었으니 말이다.

'잃어버린 섬'에는 다른 곳과 비교할 수 없을 만큼 자원이 풍부하다. 그곳의 원시림과 수자원은 오늘날 세계 최고라고 알려진 그 어떤 곳들보다 훨씬 더 풍부하다. 그러나 우리는 과거보다 자연에 더 많은 신경을 쓰면서 앞으로 나아갈 수도 있다. 현대를 살아가는 사람들이 지구의 지표면에서 사냥을 하거나 자연 상태의 것을 채집해 먹을 수 있는 것은 거의 없다. 우리 선조들이 이런 결과를 보았더라면 세상에 종말이 왔다고[25] 생각하지는 않더라도 해괴하다고 생각했을 것이다. 그러나 이것은 우리가 선택한 결과가 아니다. 우리는 세월이 흘러 이 시점까지 떠내려 왔을 뿐이다.

요즘 내가 사는 곳에서 멀지 않은 곳에는 계절에 따라 모습이 변하는 호수가 있다. 평소에도 작지 않지만 봄이면 50제곱마일(약 12만 9,500제곱미터)에 이를 정도로 면적이 넓어진다. 이 호수는 한때 지역 원주민에게 산업적 규모의 와파토(wapato) 수확물을 공급했다. 와파토는 밤과 감자의 중간쯤 되는 맛을 가진 수생 덩이줄기식물로 댕기흰죽지(북미산 들오리)가 좋아하는 먹이이기도 하다. 이 오리들은 한때 북아메리카의 저녁 식탁에서 인기 있는 메뉴였다. 호수에서 댕기흰죽지들은 계절별로 다른 수많은 야생 조류와 한데 어울렸고, 그 오리들의 첨벙거리는 발밑에는 연어들이 팔딱거리며 수중을 헤엄쳐 달렸다. 또한 수많은 울리칸(oolichan)[26] 가운데 빙어는 기름이 아주 풍부해서 말린 빙어를 세우면 양초처럼 불을 밝힐 수 있을 정도였다. 그리고 지류 위로 첨벙거리며 튀어 오르는 라운드송어들은 사람이 손으로 잡을 수 있을 만큼 살집이

---

25 전해지는 바에 따르면, 식민지 시대 초기에 백인들이 사슴 대신 돼지나 소를 먹는 것을 보고 원주민들은 사람이 그런 동물들을 먹으면 결국 그런 동물들을 닮게 될 거라고 생각하면서 우려했다. 현대인들의 비만율을 생각해볼 때, 그들의 우려는 어느 정도 타당한 것이었다.

26 바다빙엇과의 작은 식용어. 울라큰이라고도 함 - 옮긴이.

두툼했다. 산란을 마치고 죽은 라운드송어들은 말 한 마리 정도의 무게가 나가는 철갑상어의 먹이가 되었다.

야생의 자연이 이토록 풍요로웠지만 원주민들은 초기 유럽 이주민들을 '굶주린 자들'(Xweilitum)이라 불렀다. 이들은 19세기 식민지 개척자들로, 대부분 이미 자연과 심하게 단절된 곳들에서 온 사람들이었다. 그들은 낯선 지역을 밭과 농장으로 밀가루와 소금, 설탕과 커피를 파는 잡화점으로 바꾸고 싶어 했다. 1920년대 무렵, 어떤 이들은 이 호수를 식품저장고로 생각하며 소중히 여겼지만, 결국 호수는 농경을 위해 남김없이 자리를 내주게 되었다. 그 이후로 한동안 새로 생긴 밭의 늪지에서는 농부들의 쟁기질에 철갑상어가 산 채로 발견되곤 했고, 산란을 하기 위해 돌아온 물고기들은 호수의 물을 근처의 강으로 모두 퍼올린 펌프실로 모여들었으며, 물새 떼는 마치 그곳이 여전히 개빙구역이라도 된다는 듯이 지면에 내려앉았다. 그리고 호수에 의존하던 원주민들은 그곳이 물질적으로나 외관상으로나 아무 쓸모가 없게 되었어도 그 흔적은 그대로 남아 있다는 듯이 그 지역의 지도에 그곳을 계속 호수로 표시하고 있다. 만약 그렇게 하지 않았더라면 이전에 그곳에 호수가 있었다는 사실은 잊히고, 호수의 흔적은 과거의 모습을 기억하지 못하게 만드는 관목들 아래 더 깊이 묻혔을 것이다. 현재 그곳에서 살고 있는 사람들은 차를 타고 슈퍼마켓으로 가서 먹거리를 구해온다. 그 호수에서 물을 빼내어버린 것 때문에 우리는 문명이라는 미명 아래 야생을 잃은 것이 아니라 우리가 먹고 살 또 하나의 수단을 잃어버린 것이다.

오늘날도 우리는 그때와 같은 결정을 내릴 것인가? 아니면 미래의 자연이 어떤 모습일지 이해하고 모든 생물이 함께 살아가는 전체적인 생태계와 오로지 우리 인류만 살아남은 생물량이 극심하게 감소한 지역 사이의 균형을 도모할 것인가? 오늘날 대부분의 사람들이 먹는 야생에서 잡은 먹거리는 생선과 조개류뿐이다. 어떻게 하면 '잃어버린 섬'에서 그 외의 많은 것들을 얻을 수 있을까? "앞으로 50년 동안 사람들이 해산물을 먹을 수 있는 온당한 기회를 얻으려면 이런 것들을 이해할 필요가 있다"고 브리티시컬럼비아 대학교 수자원연구소의 피처(Tony Pitcher)는 말한다. 전 세계 바다에 수산자원이 얼마나 풍부했는지 알 수 있는 모델을 개발한 사람은 아무도 없었기 때문에, 우리가 그 오염되지 않은 바다들에서 남획을 하지 않고서 얼마나 많은 물고기를 잡을 수 있는지는 알 수 없었다. 그러나 그 연구를 위해 전 세계를 돌아다녔던 피처는, 만일 기적적으로 지구의 수산자원을 원래대로 풍부하게 돌려놓는다면 생태계의 균형을 해치지 않는 선에서 매년 물고기의 10퍼센트를 잡을 수 있다고 추산한다. 그의 계산에 따르면, 그 물고기 양은 오늘날 전 세계 연간 어획량의 40~60퍼센트에 맞먹을 것이다. 오늘날 어장의 절반을 잃는다는 것은 분명히 충격적인 일이며 식량 공급량에 있어서 그 간극을 메우기 위해서는 혁신과 적응이 필요할 것이다. 그러나 우리의 현재 어업 행위가 전 세계에서 마지막으로 남은 주요 수산자원을 격감시키고 있기 때문에 미래를 위해서는 훨씬 더 많은 노력이 필요하다. 그러나 긍정적인 측면도 분명 있다. 우리의 연안과 대양에 생물이 급증하는 동안 해산물의 공급량이 감소되는 일은 결코 일어나지 않는다는 사실이다.

우리가 크고 작은 도시, 농장, 광산, 항구 등과 같은 과시물들을 세우면서 '잃어버린 섬'의 자연 속에 우리 자신을 붙박아 넣으려 애쓸 때, 우리가 해결하기 위해 노력해야 할 종류의 문제들이 생긴다. 그리고 그 해결책들은 익숙하지 않을 것이다. 어쩌면 '잃어버린 섬'에는 야생 들소 무리가 아직도 있을 것이고, 우리는 들소 고기를 소고기보다 훨씬 더 많이 먹을 것이다. 어쩌면 우리는 밀과 야생화 구근을 둘 다 수확해야 할 것이다. 그리고 어쩌면 우리는 알락돌고래, 바다표범, 고래의 맛을 다시 즐기게 될지도 모른다. 아마도 우리는 명금류에 속하는 새들의 맛을 알게 될 것이고, 그 답례로 우리는 불도저와 쟁기로부터 더 많은 숲과 초원을 구할 수 있을 것이다.

———

만일 '잃어버린 섬'의 목표가 다양하고 풍부한 야생생물과 더불어 사는 것이라면 그곳에서는 오늘날 흔히 일어나는 인간의 행위가 자행되지는 않을 것이다. 현재 원시림에서 행해지는 대규모 벌목 행위가 수천 년 묵은 삼림지대를 그루터기만 남은 허허벌판으로 만들고 있지만 '잃어버린 섬'에서는 그런 일이 일어나지 않을 것이다. 그리고 바다 밑바닥으로 그물을 끌고 다니면서 깊은 곳에 사는 물고기를 싹쓸이하는 저인망 조업도 행해지지 않을 것이다.

그 밖의 행위들도 과거보다 훨씬 더 신중하게 이행될 것이다. 예를 들어, 세계의 큰 하천계들 가운데 무려 3분의 1에서 댐 건설로 인해 민물과 바닷물 사이로 주요 어류가 이동하지 못하게 되었다. 우리는 수로를 통해 유독성 폐기물이나 폐수를 하천으로 무단 방류하지 않을 것이고, 지구에서 가장 풍부한 생태계에 속하는 몇몇 강어귀들에 도시를 세우지도 않을 것이며, 성가시다는 이유만으로 늪지들을 매몰시키지도 않을 것이다. 터널을 뚫기보다는 아예 산을 깎아서 지표면에서 엄청난 면적을 억지로 제거해버리는 작업이나 그 외 온갖 형태의 채굴 작업들은 가급적 하지 않을 것이고, 설사 그런 작업을 한다 해도 정말로 불가피한 환경에서만 실행할 것이다. 특별히 생물 다양성이 높은 지역들에서는, 아마존 분지 일부분에 대해 에콰도르가 계획하고 있듯이 수백만 달러의 화석연료를 파내지 않고 땅 속에 그대로 내버려둘 것이다. 경제적으로 엄청난 손해가 생긴다 해도 초원이나 숲을 완전히 밀어내고 끝도 없이 펼쳐지는 산업적 농지로 만드는 것은 아예 생각도 하지 않을 것이다. 오로지 부자들의 별장을 위해 바닷새 서식지, 바다거북의 둥지 영역, 어류가 산란하는 해안, 바다표범들의 물 밖 쉼터들을 없앤다는 것은 도저히 생각조차 할 수 없는 일일 것이다.

환경에 심각한 영향을 미치는 인간의 행위는 불필요하게 수용되었으며 손쉬운 작업이었다. 모든 경우마다 더 많은 사람을 고용하거나 더 효과적인 재료나 세련된 방법들을 사용해 자연에 손상을 훨씬 덜 입히면서 요구들을 충족시킬 수 있는 대안들은 이미 존재했다. 그렇지만 우리는 지금 세계에서 가장 강력한 기업들과 그 주주들이 이미 자제력을 잃었다는 얘기를 하고 있다. 그래서 문제에 대처하기는 어렵지 않지만 해결하기가 점점 더 어려워지고 있다. 거의 300종에 가까운 해양생물들의 소화기관에서 플라스틱이 발견되었다는 사실과 분해되는 플라스틱에서 나오는 독성화학물질이 세계 전역에서 채취한 바닷물 샘플에 녹아 있다는 사실을 알았을 때, '잃어버린 섬'에서 우리는 어떻게 플라스틱을 다뤄야 할까? 모든 고속도로에 야생동물들을 위한 고가 생태이동통로와 지하 생태이동통로를 만들 것인가? 그리고 전체적으로 도로를 더 적게 만들 것인가? 우리가 만드는 밝은 불빛이 철새들을 위협하고 어떤 식물들이 꽃을 피우지 못하게 만들며 어떤 동물이 철이 아닌데도 짝짓기를 하게 만들고, 박쥐들을 굶겨 죽이며 반딧불이들이 자신의 짝에게 신호를 보낼 수 없게 만든다는 사실을 알게 됐을 때, 우리는 불빛이 없는 어두운 도시에서 살아야 할까? 우리가 기분 전환을 위해 '잃어버린 섬'의 야생에서 하이킹을 하려면 무장한 경호원이 최소한 다섯 명은 필요할 거라는 사실을 받아들일 수 있을까? 가령, 대부분의 새가 자외선 스펙트럼에서 빛을 볼 수 있고, 비둘기가 지진이 일어나기 전에 우웅거리는 초저주파 불가청음을 들을 수 있으며, 곰이 우리가 빈 방 안에서 작은 핀 하나가 떨어지는 소리를 들을 수 있는 것만큼이나 예민하게 냄새를 맡을 수 있다는 사실을 인정할 때, 우리 자신의 감각을 넘어서서 생각할 수 있을까? 우리는 그 모든 모기를 없앨 것인가?

'잃어버린 섬'에서 살다보면 우리가 진정으로 과거에서 살 수 없다는 것을 금방 납득하게 될 것이다. 우리는 언제나 오로지 현재에서만 존재한다. 가장 크고 가장 오염되지 않은 보호구역들 안에서 거대동물군은 여전히 안전한 울타리 주변에서 당당히 돌아다닐 것이다. 그러나 대부분의 지역들은 그것보다 더 미묘하고 불완전할—더 인간적일—것이다. 하나의 생물 종으로서 살아온 역사 속에서 인류는 대체로 자연을 재창조하면서 지구적 규모에서 통제되지 않은 실험을 해왔다. 그러나 성공으로 가는 길은 실험을 멈추는 것이 아니라, 더욱 신중하고 의식적으로 계속 실험해나가는 것이다. 우리는 선택하지 않겠다고 선택할 수 없다.

우리 주변에는 공룡 시대 이래로 거의 변하지 않고 생명을 이어온 평범한 생물들이 있다. 가령 바퀴벌레나 악어, 쇠뜨기라고 알려진 초본식물들이다. 다른 행성에서 온 가죽 여행가방처럼 생긴 투구게는 인간들보다 수천 배 더 오래 지구에서 살아왔고 다섯 번의 대멸종에서도 살아남았다. 그렇지만 어느 한 종보다 더 중요한 것은 우리를 만들어낸 시스템, 즉 그 뿌리가 30억여 년 전으로 거슬러 올라가는 자연계다. 심지어 수백만 명이 사는 도시 한복판에서도, 심지어 광물을 캐내고 있는 광산이나 심해 굴착장비가 설치된 곳에서도, 우리는 살아 있는 지구를 위해 더 많은 것을 할 수 있다.

우리가 지구 환경의 미래를 결정할 힘과 필요성이 있다는 사실을 인식하는 것은 고무적이다. 어쩌면 자유롭게 느껴지기까지 한다. 그러나 우리는 인간들과 다른 생물들이 분리될 수 있는 다소 불가능한 세계를 만들려고 시도해왔다. 우리의 가장 큰 실험—인류가 모든 재능을 발휘할 수 있고, 그럼으로써 자연 역시 모든 재능을 온전히 발휘할 수 있는 세계를 만들고자 하는 것—은 여전히 미결 상태다. 우리의 '잃어버린 섬'은 산업혁명 이전이나 콜럼버스 이전 또는 인류가 지구 위를 걷기 이전의 삶이 아니라 아직 개발되지 않은 존재방식, 즉 과거에 충실하면서도 이전에 보았던 어떤 세계와도 다른 세계다.

인간의 오만함에 관한 몇 마디.

1820년경, 유럽 선원들은 뉴질랜드와 남극 대륙 사이의 남극해 표면에 얼어붙은 눈물 한 방울처럼 매달려 있는 맥쿼리 섬에 고양이를 들여왔다. 나무 한 그루 없이 춥고 눅눅한 이 섬에도 고유한 새들이 살고 있었다. 그 새들 가운데에는 맥쿼리아일랜드앵무새라는, 마치 잘못된 장소에 와 있는 것처럼 보이는 화려한 빛깔의 작은 앵무새도 있었다. 이미 당신은 이 이야기가 어떻게 끝날지 짐작할 수 있을 것이다. 고양이들은 날지 못하는 그 앵무새들을 멸종의 위기로 몰아넣었다. 그러나 이 이야기는 거기서 끝나지 않는다.

고양이들의 수가 서서히 늘어나자, 앵무새들은 키 작은 녹색식물의 가지 속에 둥지를 틀고 해안선을 따라 무리를 지어 달리면서 먹이를 찾아 먹고 살았다. 1872년, 펭귄과 바다표범을 잡기 위해 그 섬에 상주하던 사람들은 웨카(weka)[27]라 불리는 뉴질랜드산 엽조를 들여왔다. 웨카뜸부기는 앵무새를 포함해서 거의 모든 것을 먹었지만, 그 작은 앵무새들은 계속 생명을 이어나갔다. 맥쿼리아일랜드앵무새들은 영리한 생존자들이었고, 그곳의 기후도 그 새들에게 유리했다. 매년 겨울이면 맥쿼리 섬에 사는 수백만 마리의 바닷새들과 펭귄들은 굶주린 고양이들과 웨카들을 놔두고 먼 곳으로 이주해갔다. 포식동물 개체군이 끝없이 증가할 만큼 충분한 먹이가 꾸준히 공급된 적은 한 번도 없었다.

그 뒤 1878년에 바다표범을 잡는 뱃사람들이 그 섬에 토끼들을 데려왔다. 그 토끼들의 수가 폭발적으로 증가하자, 갑자기 고양이들과 웨카뜸부기들이 먹을 식량이 풍부해졌다. 그 종들의 수는 급증했고, 10년도 지나지 않아 앵무새들이 절멸했다.

그로부터 100년 뒤로 급히 이동해가보자. 그 당시 맥쿼리 섬 전체는 살아서 숨 쉬는 토끼털 코트를 입고 있는 것이나 다름없었다. 토끼 수가 1제곱마일(2.6제곱킬로미터)당 2,500마리나 되었기 때문이다. 쉬지 않고 풀을 뜯어먹는 토끼들 때문에 그 섬에 살던 토종 식물군이 흔적도 없이 사라질 지경에 이르렀고, 그래서 야생동물 관리자들은 또 다른 생물을 새로 도입했다. 토끼에게 치명적인 바이러스를 퍼뜨리는 벼룩이 그것이었다. 토끼 개체 수가 감소하자 토종 식물들이 회복되기 시작했다.

---

27 날개가 퇴화한 흰눈썹뜸부기의 일종 – 옮긴이.

그러고 나서 생물학자들은 맥콰리 섬의 바닷새들이 빠르게 감소하고 있다는 사실을 알아차렸다. 범인은 토끼를 식량으로 의존하던 굶주린 고양이들과 웨카뜸부기들이었다. 포식동물들을 근절하기 위한 계획이 실행에 옮겨졌고, 그리하여 1989년 마지막 웨카뜸부기가 죽임을 당하고 2000년에는 마지막 고양이가 총에 맞아 죽었다. 그러나 고양이들과 웨카뜸부기들이 사라지자 토끼들이 다시 증가했다. 포식동물이 사라지고 나면 병을 옮기는 벼룩의 수도 줄어들어 토끼의 개체 수를 조절할 수 없기 때문이었다. 고양이들을 제거하고 난 뒤 얼마 지나지 않아 토끼 개체 수가 다시 증가해, 엄청나게 많은 토끼가 다시 한 번 식물들을 파괴했을 뿐만 아니라 바닷새들의 둥지 영역을 침범했다.

맥콰리 섬은 길이가 불과 20마일(52킬로미터) 정도밖에 되지 않는, 바다 한가운데에 솟아오른 하나의 바위로 이루어진 섬이다. 그러나 우리는 그 섬에서 인간의 행동이 어떤 결과들을 낳을지 예측하는 데 계속 실패했다. 포식자인 고양이와 웨카뜸부기를 견뎌냈던 앵무새들이 초식동물일 뿐인 토끼들이 유입되고 나서 도리어 사라지게 된 이유를 최초로 밝힌 생태학자 테일러(R. H. Talyor)는 미래의 새로운 야생을 위한 일종의 경문과도 같은 한 마디 말을 남겼다. "우리는 새로운 요인들이 나타나기를 기다려야 한다."

그런 요인들이 나타날 때까지 누가 계속 기다릴 것인가? '잃어버린 섬'에서 살아갈 사람들은 과거의 존재가 아니라 바로 우리들이다. 경우에 따라서는, 자연계가 쇠퇴하면서 우리가 겪은 손실들이 아직도 생생하다. 예를 들자면, 아프리카 남쪽에 있는 나라 말라위는 세계에서 가장 가난한 10개국의 리스트에 항상 오르내린다. 국민 대다수가 영양실조에 걸려 있고, 사람들은 고용주들이 저녁 식탁에서 남긴 음식을 훔치는 것과 같은 생계형 범죄들로 체포되어 범법자로 내몰리고 있다. 그렇지만 비교적 최근이었던 1980년대에, 아프리카에서 가장 큰 수역 가운데 하나인 말라위 호수에서 잡히는 참보(chambo)라고 불리는 야생 송어가 말라위 사람들이 다른 동물자원들로부터 1인당 얻을 수 있는 단백질 양의 두 배나 많은 단백질을 제공했다. 그러나 참보는 수십 년 동안 남획되다가 1991년 마침내 멸종하게 되었고, 그 이후로 다시는 개체수를 회복하지 못했다. 말라위는 과거와 마찬가지로 여전히 자연이 고갈된 국가다.

그러나 지구에서 가장 많은 특권을 누리는 사람들 가운데 많은 이들—나 역시 이들에 속한다—의 경우, 대부분은 지금까지 우리가 어떤 생태계의 상처들을 겪었는지 거의 기억하지 못한다. 세계의 대도시들 사이를 쉽게 날아가는 것. 지구 구석구석의 사람들 사이에서 이어폰을 꽂고 음악을 들으면서 약물로 감정을 조절한 채 분주한 거리들을 질주하는 것. 손가락 하나로 액정 화면을 터치해 지구를 가로질러 소통하는 것. 그런 것들은 야생만큼 신비롭게 느껴질 수 있고, 심지어 오늘날 자연계와의 가장 경이로운 만남만큼이나 신성하게 느껴질 수도 있다. 지금까지 대대로 도시에서 살아온 지구의 대다수 사람들은 자신들이 살고 있는 곳에서 진정한 집도 전통도 없이 그저 잠시 머무는 이방인, 일시적인 방문자인 경우가 대부분이다.

자연의 역사는 우리 인간들이 아주 엄청난 것을 망각했다는 사실과 이제는 기억을 상기하는 일에 참여할 수 있다는 사실을 우리에게 알려준다. 상어들과 함께 헤엄을 치는 아이에 상응하는 21세기의 등가물은 무엇일까? 또는 평생 동안 연구해온 과학자와 맞먹을 만큼 식물에 관해 잘 알고 있는 채집인에 해당하는 21세기의 등가물은? 또는 손가락에 페인트를 묻혀 능란한 솜씨로 선을 몇 개 쓱쓱 그어 들소의 얼굴에서 불확실성을 포착할 수 있는 화가, 또는 심지어 오해의 여지없이 거북이가 표현하는 기쁨의 감정까지도 알아볼 줄 아는 일반 선원에 해당하는 21세기의 등가물은? 이 질문들은 우리의 대답을 기다리고 있다. 더 야생적인 세계에서 살기 위해서, 자연계에 해를 입히지 않도록 조심하는 것이 우리 자신이나 우리의 가족과 공동체를 세심하게 보살피는 것만큼이나 자연스러워져야 할 것이다. 또 우리의 정체성에 자연을 엮어 넣을 수 있는 방법을 발견해야 할 것이다. 오직 이런 종류의 사람—우리는 이런 사람을 '생태학적 인간'이라고 부를 수 있다—만이 인간이 아닌 생물들과 우리의 걱정스러운 관계를 변화시키고 앞으로 이어질 변화들을 충분히 주의 깊게 관찰하며 우리의 삶에 다시 돌아온 야생을 진정으로 반기고 사랑하면서 자연과 공존할 수 있을 것이다.

아마도 어떤 이들에게 그런 변화는 불가능할 것이다. 자연과 너무 오랫동안 떨어져 살아왔고, 되돌아오기에는 너무 멀리 가 있기 때문이다. 하지만 이 세계는 누구나 세상을 지키는 수호자처럼 행동해야 한다고 강요한 적이 없다. 이 세계는 그저 충분하다 싶을 정도의 수호자들을 필요로 했을 뿐이다. 우리들 대부분—거의 모두라면 더할 나위 없겠고—은 새로 태어난 올빼미의 서투른 동작이나 한 송이 꽃의 복잡한 생김새에 여전히 기쁨을 느낄 수 있다. 지금 한 생물 종으로서 인류의 미래에 가장 중요한 것은 바로 이 능력이다. 이런 능력을 가진 우리는 단순한 조개 아크티카이슬란디카(Arctica islandica)[28]가 400년이나 되는

---

28 북아메리카 대서양에 서식하는 대합 – 옮긴이.

오랜 세월을 살 수 있다거나 은행나무가 2억 8,000만 년의 진화과정을 거치면서도 본질적으로 여전히 변하지 않았다는 사실, 그뿐만 아니라 어떤 곤충들은 음식을 먹을 입이 없이 태어나 아주 짧은 성년의 삶을 산다는 사실을 아는 것에서 경외감을 느낀다. 숲에서 파도처럼 쏟아져 나오는 새소리를 듣고 싶고, 산란을 하러 돌아온 물고기들이 폐수로 시커멓게 오염된 강물을 은빛으로 바꿔놓는 광경을 보고 싶고, 동물 무리가 사바나에 다져놓은 길을 걷고 싶은 사람이 우리들 내면에 있다. 그것은 고래가 수면 위에서 잠을 잘 때 내뿜는 깊은 숨소리를 들으며 형언할 수 없는 행복을 느끼는 사람, 단 하나뿐인 산의 깎아지른 비탈에 힘겹게 달라붙어 있는 지의류가 광활한 우주공간에서 단 하나뿐인 지구에 의존하고 있는 우리의 모습과 같다는 것을 이해할 줄 아는 사람과 같은 사람이다.

우리가 모르는 것, 우리가 아직 의문조차 가지지 않았던 것은 야생으로 되돌아간 지구에서 우리가 어떻게 살 수 있냐는 것이다. 그러나 흥미롭게도 우연히 일치한 수치가 있다. 하와이 섬 주민들이 세계의 다른 모든 지역으로부터 고립된 채 생존한 시기 동안 그곳의 인구밀도를 산정한 가장 신뢰할 만한 수치는 1제곱마일(2.6제곱킬로미터)당 125명이다. 지구의 현재 인구인 70억 또는 육지 1제곱마일당 123명이라는 수치를 그것과 비교해보라. 단, 다음과 같은 분명한 사실을 발견할 각오를 해야 할 것이다. 그 두 수치가 거의 정확히 일치한다는 것.

지구 대부분의 지역은 항상 비옥하고 따뜻한 하와이와 상황이 전혀 다르다. 또 한편으로는, 하와이 초기 토착민들에게는 금속이나 화석연료 에너지도 없었고 다른 국가들과의 교역도, 먼 바다로 나가 물고기를 잡아올 방도도 없었다. 그들은 지난 200년 동안 세계의 다른 곳들에서 일어난 일들을 전혀 겪지 않았기 때문에 그런 경험들에서 얻을 수 있는 교훈이나 식견도 없었다. 그들에게는 1초에 거의 2만 조를 계산할 수 있는 슈퍼컴퓨터는 말할 것도 없고, 지구상에 존재하는 7,000개 문화의 집단지성과 과학기술 같은 것도 전혀 없었다. 그리고 그들이 자신들의 성공을 토대로 앞으로 나아가도록 도와주거나 그들이 실패했을 때 그것을 극복할 수 있도록 도와줄 수 있는 존재도 전혀 없었다. 달리 말해서, 70억 명의 사람들—어쩌면 그보다 훨씬 더 많은 사람—이 이 지구에서 생존하는 것은 아마도 가능한 일이며, 자연계가 끝없이 쇠락하는 것이 중단될 뿐 아니라, 믿기 어렵지만 자연이 영속적인 생명력을 다시 지니는 것을 지켜보는 것까지도 가능하다는 이야기다. 그러기 위해서 필요한 것은 오직 우리가 더 야생적인 인간이 되는 것뿐이다.

에필로그

그러니 뜨거운 보도에서

발을 옮겨

잔디밭으로 가자.

아케이드 파이어(Arcade Fire)의 노래 「교외」(Suburb)

에필로그

내가 자라난 초원의 역사에서 그 무엇보다 내 마음을 사로잡은 것은 어느 한 생물이었다. 회색곰. 회색곰은 개척자들의 기억 속에 거대한 짐승으로 뿌리박혀 있다. 어떤 경우에는 탐사자를 앞발로 철썩 내리쳐 "마치 로켓처럼 허공으로 날려 보내는" 모습으로, 또 어떤 경우에는 소나무 숲속에서 사람을 물어 죽이고 "그 사람의 말을 절반쯤 먹어버리는" 모습으로. 그 지역에 살던 슈스왑 부족의 샤먼들은 회색곰의 발톱을 목에 걸고 있었다. 그리고 내 고향이 된 모피 교역지는 1800년대 중반에 회색곰의 공격을 15년 동안 무려 104차례나 받았다. 회색곰은 15센티미터 두께의 소나무를 한 입에 물어뜯을 수 있고 유리병 뚜껑을 민첩하게 열 수 있을 뿐만 아니라, 마라톤 풀코스를 한 시간 만에 주파할 수 있으며 300파운드(약 136킬로그램)의 무게를 입으로 들어올려 나를 수 있는 기념비적인 동물이다. 그러나 어린 시절의 나는 그 초원에 한때 회색곰이 살았다는 이야기를 단 한 번도 들은 적이 없다.

알래스카 주를 제외한 미 대륙의 48개 주에서 회색곰 서식지의 98퍼센트, 과거의 캐나다에서 그 동물이 살았던 지역의 적어도 4분의 1에서 완전히 사라져버린 회색곰은 현재 추운 산등성이의 초원이나 먼 북쪽 강 같은 곳들에서 주로 모습을 나타내는 것으로 알려졌다. 나는 야생에서 그 곰들을 보았다. 추운 산등성이의 초원에서, 그리고 먼 북쪽의 강을 따라. 나는 그 곰들이 자신들의 발톱에 박힌 선인장 가시를 뽑고 있는 모습을 안타깝게도 찍지 못했다.

몬태나 주 미줄라에서 활동하고 있는 『회색곰 성명서』(The Grizzly Manifesto)의 저자 제프 게일러스(Jeff Gailus)와 회색곰 역사가라고 해도 과언이 아닌 한 남자에게 연락을 취했다. 그는 매우 간단한 말로 내가 잘못 알고 있던 사실을 바로잡아주었다. "회색곰은 초원 동물입니다." 헨리 켈시(Henry Kelsey)라는 이름의 유럽 탐험가가 최초의 회색곰을 목격한 것은 1691년 캐나다의 곡창지대인 서스캐처원의 현재 프리스빌 부근—오늘날 가장 가까운 회색곰 서식지로부터 동쪽으로 600마일(약 1,000킬로미터) 떨어진 깊은 산속—에서였다. 1804년 미국 대통령 제퍼슨의 명령으로 미국 대륙을 종단해 태평양 앞바다에 도달했던 루이스(Lewis)와 클라크(Clark) 탐험대는 사우스 다코타의 대평원지대에서 최초로 회색곰의 발자취들을 보았다. 최초로 성체 회색곰과 가까이에서 맞닥뜨렸을 때, 클라크와 탐험대 대원 한 명이 그 동물에게 총알 열 발을 한꺼번에 쏘아댔다. 그러고 나서 그들은 그 동물이 헤엄을 쳐 미주리 강을 건너 하구의 모래톱으로 달아나는 모습을 지켜보았다. 달아난 지 다시 20분이 지나고 나서야 마침내 그 곰은 죽었다. "좀처럼 죽지 않는 회색곰을 보고 우리 모두는 겁에 질렸다." 루이스의 탐험일지에는 그렇게 쓰여 있었다. 그 탐험가들이 회색곰을 발견한 곳은 현재 밀밭으로 유명한 몬태나의 일부였다.

게일러스는 캐나다 앨버타 남서쪽의 초원을 성큼성큼 달리고 무리를 떠나 혼자 살기 때문에 더더욱 위험천만한 곰을 본 이후로 회색곰의 역사에 관해 연구하기 시작했다. 그는 그 시각적 충격을 "태양의 속임수이거나 피로로 인한 꿈"에 비유한다. 그 곰의 기억을 간직하고 있는 얼마 되지 않는 사람들은 그 초원 곰을 평원 회색곰으로 알고 있지만, 사실 그 곰은 다른 종이 아니었다. 평원 회색곰은 그냥 회색곰(공포의 곰, Ursus arctos horribilis)이었다. 사실 오늘날 로키 산맥에 살고 있는 그 곰들 가운데 어떤 것들은 들소가 절멸되고 그 땅이 경작지로 변했을 때 서쪽으로 밀려난 초지 곰의 후손으로 추정되고 있다. 탁 트인 지대에서 살던 그 곰들의 습성은 여전히 남아 있다. 즉 그들은 위험에 직면하더라도 기어올라갈 나무를 찾지 않는다. 어떤 상황과 마주치건 피하지 않고 정면으로 맞선다. 게일러스는 평원의 회색곰이 가시철망이 쳐진 울타리를 전혀 주저하지 않고 그대로 뚫고 지나가는 모습을 보았다고 한다.

나는 게일러스에게 내가 자란 지역처럼 회색곰이 돌아다니고 있는 광경을 여전히 볼 수 있는 곳—내 마음의 눈이 상상하지 못했던 것을 현실적으로 목격할 수 있는 곳—이 지구 위 어딘가에 있을지를 물었다. 나는 불가능한 것을 묻고 있다는 느낌이 들었다.

게일러스는 망설이지 않고 대답했다. "옐로스톤으로 가보세요."

미 서부를 가로질러 차를 몰고 가는 데만 16시간이 걸렸다. 나는 차창 밖으로 스쳐지나가는 숲과 평야들을 바라보면서 과거의 기억을 떠올렸다. 내가 본 큰 야생동물이라고는 새들이 전부였다. 매와 왜가리 몇 마리 그리고 외로워보이는 흰머리수리 한 마리. 그 넓디넓은 땅은 불가사의하게도 텅 비어 있는 것처럼 보였다.

하지만 몬태나 주의 가디너 마을에서 북쪽 입구를 통해 옐로스톤 국립공원에 들어섰을 때, 그 느낌은 완전히 달라졌다. 그로부터 반시간 동안 나는 들소, 엘크, 가지뿔영양 그리고 뮬사슴과 흑곰 한 마리를 보았다. 게일러스는 내게 이런 이야기를 들려주었다. 큰 육식동물들을 보려면 사람들이 북적거리는 곳을 찾아가세요. 곰, 늑대 또는 쿠거(퓨마)가 옐로스톤에서 발견되면 어김없이 그 일대의 도로가 순식간에 주차장으로 변하고, 제복을 입은 교통경찰들이 출동해 있으니까요. 저도 그렇게 사람들이 모여 있는 광경을 금방 발견했습니다. 망원경과 줌 렌즈를 통해 먼 저편을 흘금거리는 사람들 무리를 말이지요. 그 광경은 약간 우스꽝스러워 보였습니다. 포식동물들의 파파라치 같았습니다. 그렇지만 나무 아래 잠자는 늑대 한 마리를 멀리서나마 훔쳐보고 싶어 하는 그 모습에는 뭔가 가슴 뭉클한 것도 있었지요.

내가 그 공원의 북동쪽 구석에 있는 라마 계곡까지 갔을 때는 이미 땅거미가 지고 있었다. 그래서 나는 거기서 야영을 하고 그다음 날 동이 트자마자 회색곰을 찾으러 가야겠다고 생각했다. 라마는 경사가 완만한 산언덕들이 빙 둘러싸고 그 아래로 키 작은 산쑥이 강변을 따라 우거진 지대다. 내 어린 시절 고향과 거의 비슷한 복제품 같은 지형. 아니면 어쨌든 게일러스가 나에게 말해준 모습 그대로였다. 야영지 안으로 들어섰을 때 처음에는 깜깜한 어둠밖에 볼 수 없었다. 곧 헤드라이트를 켜고 자리를 찾아다녔지만 자리가 찼다는 표지판들만 눈에 띌 뿐, 빈자리는 하나도 발견할 수 없었다. 그러다가 마침내 슬라우크리크의 둑에서 다행히 빈자리를 발견했다. 내가 멈추어 섰을 때, 그곳을 예약했던 젊은 커플이 떠나기 위해 급히 짐을 꾸리고 있었다. 그들은 나를 보더니 자기들 자리에 어서 오라며 반갑게 맞이해주었다. 그러면서 하는 말이, 바로 그날 태어나서 처음으로 회색곰을 봤는데 곰이 돌아다니는 곳에서 더 이상 잠을 자고 싶지 않다는 거였다.

나는 곰들이 얼마나 무시무시한 공포를 불러일으키는지 잘 알고 있다. 나는 어머니에게서 그런 공포심을 물려받았다. 어머니는 소녀 시절 매일같이 사시나무와 단풍나무가 줄지어 늘어선 곳을 걸어서 학교를 다니셨다. 그곳을 걸어갈 때마다 어머니는 나무들 속에 곰이 숨어 있을까 봐 잔뜩 겁에 질려 있었다.

그건 말 그대로 공포 그 자체였다. 어머니는 과거에 북아메리카 대륙 중앙의 대초원이 북쪽 삼림에 자리를 내어주기 시작한 곳에서 자랐다. 하지만 어머니가 태어났을 무렵, 그곳에는 이미 농부들의 밭 외에 초원이라고 할 만한 것이 전혀 남아 있지 않았고 그저 나무만 몇 그루씩 드문드문 작은 수풀을 이루고 있을 뿐 삼림이라고 할 만한 곳도 찾아볼 수 없었다. 농가 마당 밖에는 동물도 별로 없었다. 어머니의 기억에 따르면 사슴, 특이한 코요테, 그리고 꼬리가 커다란 초원 개 정도가 있었던 듯하다. 한때 퓨마가 나타났다는 소문이 이 농가에서 저 농가로 퍼졌다. 어머니는 마침내 누군가가 그 퓨마를 죽였는지는 기억하지 못했지만, 두려움에 짓눌린 남자들이 그 동물을 잡으러 가던 모습을 지금도 또렷이 기억했다. 어머니는 그 퓨마가 달아났다고 믿고 싶어 했다.

어머니는 'arctolatry', 즉 곰을 숭배하던 민족이었던 핀란드 이주민 가정에서 성장했다. 핀란드 국민 서사시 칼레발라(Kalevala) 천지창조 이야기에는 "꿀손을 가진 신성한 곰"이 등장한다. 그리고 그들은 곰을 조상으로 여겼다. 이러한 전통으로 봤을 때, 어머니가 곰을 가족처럼 생각했어야 마땅하다. 그렇지만 어머니는 한 번도 그럴 기회를 갖지 못했다. 어머니가 자라던 시절, 초원 회색곰은 그 초원에서 사라졌을 뿐만 아니라 완전히 잊혔고, 흑곰도 멸종 직전에 있었다. 어머니가 곰을 두려워하는 것은 마치 유령을 두려워하는 것과 같았다. 진실이 아니라 전설에, 현실이 아닌 망상에 근거한 두려움. 그 후로 어느 날, 어머니 혼자서 두려워하던 그 세월은 기적적으로 보상을 받게 되었다. 흑곰 한 마리가 실제로 그 지역에 나타난 것이다. 어머니는 가족들과 함께 그 곰을 보러 갔다. 너무 새카매서 그 짐승과 그 그림자가 마치 한 몸인 듯 구분이 가지 않을 정도였다. 어머니는 그 곰이 들판 사이로 난 격자 도로를 걸어서 건초 더미 너머로 사라지는 모습을 지켜보았다.

어머니는 어른이 되어 아버지와 결혼하면서 서쪽으로 삶의 터전을 옮겼고, 그 이후로 자신을 억누르고 있던 곰에 대한 두려움을 다시는 느끼지 않게 되었다. 그러나 어머니는 자식들에게 자신의 두려움과 비슷한 것을 물려주었다. 어느 날 어머니는 나와 내 형 그리고 우리 친구들을 데리고 가까운 산으로 등산을 갔다. 그 당시 어머니는 고질적인 무릎 통증에 시달리고 있었기 때문에 마지막 몇 마일을 절뚝거리며 뒷걸음질로 걸어야만 했다. 특히 곰이 출몰하는 지역을 걸어갈 때 그런 걸음걸이는 불안하기 짝이 없었다. 그래서 어머니는 어떤 동물이라도 겁을 주어 근처에 얼씬도 못하도록 우리들이 노래를 부르도록 했다. 직접적으로 말한 적은 없었지만, 어머니는 곰과 만나게 되면 결국 우리가 곰의 뱃속에 들어가는 것으로 삶이 끝날 거라는 생각을 우리 마음속에 깊이 새겨놓으셨다. 그리고 그곳에 우리가 있었다. 배낭에 매단 종들을 딸그랑거리면서 뒤로 걸어가는 검은 머리의 예쁜 여자를 앞장세우고, 『백설 공주와 일곱 난쟁이』에 나오는 "하이-호"를 큰 소리로 합창하는 소년들.

그 이후로 내게 두려움은 매혹과 갈라놓을 수 없는 것이 되었다. 내가 처음 곰을 눈앞에서 마주친 것은 어릴 적 자전거를 타고 산의 야영지 주위를 빙 돌아서 가고 있을 때였다. 나는 겁이 나 달아났고 곰도 마찬가지였다. 그 후 동물들에 대한 나의 관점이 변하기 시작했다. 나는 이제 일일이 세기도 힘들 정도로 많은 야생 곰을 만나봤다. 그 곰들은 대부분 흑곰, 즉 우르수스아메리카누스였다. 이 흑곰은 개인주의적인 동물이다. 저마다 독특한 개성을 갖고 있고, 시속 30마일(약 50킬로미터)로 달릴 수 있으며, 고양이처럼 나무 위로 기어오르고, 힘이 아주 세서 태어난 지 1년만 되어도 300파운드(약 136킬로그램)가 나가는 바위를 가볍게 들어 올려 바위 밑에 숨어 있는 곤충들을 잡아먹을 수 있었다. 그렇지만 그들의 가장 큰 매력은 바로 노는 모습일 것이다. 곰들이 공중제비를 넘고, 높은 곳에서 다이빙을 하고, 속이 빈 통나무들 속으로 들락날락하면서 헤엄을 치고, 물구나무를 서고, 바위들을 던지고, 섀도복싱을 하고, 거꾸로 매달리고, 덩굴식물을 칭칭 몸에 감으며 돌고, 눈덩이를 만들고, 때로는 그저 조용히 앉아 다른 동물들을 지켜보는 장면이 목격되었다.

또한 1900년 이후로 흑곰들은 북아메리카에서 1년에 평균 1명 꼴로 사람을 죽였는데, 그 때문에 그들은 그 대륙에서 가장 위험한 대형동물로 낙인이 찍히기도 했다.[1] 몸집이 큰 육식동물들의 모든 것은 현대적인 우리의 생활 방식에 대한 하나의 도전이다. 그 동물들 대부분에게는 먹이를 찾기 위한 넓은 면적의 땅이 필요하다. 옐로스톤에 사는 암컷 회색곰은 평균적으로 약 350제곱마일(약 910제곱킬로미터)의 행동반경이 필요하고, 수컷은 1,400제곱마일(약 3,600제곱킬로미터)이 넘는 영역이 필요하다. 캐나다 북극지방의 북극곰(흰곰)들은 1년에 5만 제곱마일(약 13만 제곱킬로미터)을 돌아다니는 것으로 알려져 있다. 그것은 옐로스톤 국립공원의 거의 15배에 해당하는 면적이다. 포식동물들은 또한 인

---

1 비교하자면 미국과 캐나다 사람들이 흑곰에게 살해당할 가능성은 자동차 사고로 사망할 가능성보다 6만 분의 1도 되지 않는다.

간들이 침범하면 재빨리 사라지는 경우가 많다. 회색곰의 일종인 불곰들을 볼 수 있는 지역들을 표시한 분포지도는 북반구에서 아직 개발되지 않은 가장 외딴 지역들을 표시한 세계지도와 동일하다고 보면 된다. 심지어 쓰레기통을 뒤져 먹을 정도로 거리낌 없이 사람들이 사는 곳으로 내려오거나 과수원을 습격하는 성가신 아메리카흑곰도 인간이 자신의 영역에 자주 침범하게 되면 사라지는 경향이 있다. 그 외에 울버린 같은 포식동물들은 사람들이 자신들의 영역에 도로 하나만 새로 놓아도 넓은 영역을 버리고 떠나버린다.

물론 무시무시한 짐승들의 현존은 그들이 인류의 생명을 위협할 수 있다는 사실에 영향을 받기도 한다. 한편 심리학자들은 전 세계의 문명인들이 인위적으로 만들어진 환경보다 자연적인 환경을 더 좋아하는 경향이 있다는 것을 완벽하게 증명했다. 그리고 그것과 동일한 연구에서 다음과 같은 차이점들이 확인되었다. 우리는 사바나 같은 지역들을 좋아하는 반면 일반적으로 식물이 빽빽하게 들어찬 어두운 덤불이나 울창한 나무숲을 경계하기도 한다. 현대를 살아가는 우리는 자연과 유대관계를 맺고 살았던 선조들의 유산을 물려받았지만, 날카로운 이빨을 가진 굶주린 동물이 숨을 곳이 없는 자연을 더 좋아한다. 그 점을 고려할 때, 우리는 원하던 것을 얻은 셈이다. 생활이 점점 더 도시화되고 과학기술에 의존하면서 우리와 자연의 간극이 점점 더 벌어졌고 지구의 위험한 동물에 대해서는 단 한 가지 방법, 즉 사람들이 거의 살지 않는 곳으로 그 동물들을 내모는 방법만 남게 되었다.

우리에게는 항상 다른 선택사양들이 있었다. 전 세계의 많은 공동체는 오랜 세월에 걸쳐 곰, 늑대, 호랑이, 사자, 표범 들과 밀접하게 접촉하며 살아가는 방법을 발전시켰다. 심지어 사람을 잡아먹는 거대한 도마뱀이나 상어와도. 동남아시아의 말레이 군도에는 한때 그 지역의 마칸 부미(macan bumi), 즉 '마을 호랑이'에게 정기적으로 음식을 주면서 계속 살아가도록 도와주는 풍습이 있었다. 그 관계는 복잡미묘한 것이었다. 이는 아마도 현대사회에서는 거의 이해하기 힘든 관계일 것이다. 하지만 그런 관계를 유지해서 호랑이가 가축들에게 너무 가까이 다가가면 아이들도 호랑이에게 야단을 쳐 쫓아버릴 수 있었다는 보고도 있었다.

남아프리카 보츠와나의 코이산 부족들을 관찰한 인류학자들은 몇 명 되지 않는 사냥꾼들이 사자들이 잡아놓은 사냥감을 빼앗기 위해 사자 무리를 쉽게 쫓아내는 것을 보았다. 그 사자들은 고작 창으로 무장한 그 남자들을 간단히 물어 죽일 수도 있었지만 그렇게 하지 않았다. 그와 유사하게, 캐나다 동부의 초기 유럽 이주민들이 전한 바에 따르면, 그곳 원주민들은 퓨마가 자신들을 먹여 살리는 존재라고 생각했기 때문에—그들은 퓨마가 잡아먹고 남긴 고기를 먹었다—그 지역으로 새로 이주해온 사람들이 멋모르고 그 동물을 총으로 쏘았을 때 엄청나게 분노했다고 한다. 하와이 제도를 탐험한 사람들은 선박 밑으로 거대한 상어들이 지나가는데도 그곳의 섬 주민들이 유유히 헤엄을 치는 광경을 목격했다. 때때로 시커먼 상어 그림자가 물위로 올라와 헤엄치던 사람들이 그 무시무시한 동물의 주둥이에 부딪치곤 했는데, 그럴 때면 그 사람들은 알겠다는 듯 태연하게 상어들에게 길을 비켜주었다.

포식동물들은 사람들이 그들을 죽이거나 쫓아낼 수 있을 정도로 기술이 충분히 발달되고 널리 보급되어 있는 곳들에서도 수천 년 동안 끈질기게 버텨왔다. 사자들은 19세기 식민지 시대까지 북인도 전역에서 여전히 발견되곤 했으나, 그 이후로는 단 한 곳에서만 얼마 남지 않은 개체 수의 포식동물이 살고 있다. 그리고 비교적 최근인 1950년대까지도 중국 남부에는 수천 마리의 호랑이가 살고 있었다. 지구에서 가장 오래된 문명 가운데 하나인 터키에서는 최후의 카스피호랑이가 1970년에 총에 맞아 죽었다.

오늘날 우리는 그 협약 조건을 잊었다는 사실만을 말할 수 있을 뿐, 정확히 어떤 종류의 휴전 조약들 때문에 아주 많은 곳의 사람들과 포식동물들이 공존할 수 있게 해주었는지 그 누구도 알지 못한다. "각 세대마다 동물들과 인간들의 관계를 새롭게 협상해야 합니다. 점점 혼란스러워지고 있는 세계에서 우리는 동물들에게서 새로운 차원의 의미를 발견해야 합니다." 어느 곰 보호운동가가 내게 한 말이다.

세계 전역에서 "사람을 잡아먹는" 짐승들이 사라진 것에도 한 가지 놀라운 측면이 있다. 그 짐승들에게 목숨을 잃을지도 모른다는 우리의 두려움이 그들을 파멸로 이끈 것은 아니다. 그들 대부분은 한순간 마법처럼 펑하고 사라진 게 아니라 아주 서서히, 조금씩, 힘겹게 낑낑거리며 줄어들었다. 우리가 그 동물들의 서식지를 침범하고 파괴하고, 먹이의 씨를 말리고, 가죽이나 쓸개를 전리품이나 미신적인 치료약으로 팔아먹을 때마다 그들의 수는 줄어들었다. 19세기와 20세기의 현상금 전문 사냥꾼들의 경우와 마찬가지로, 대량 학살의 주목적은 가축들을 보호하는 것이었다. 어떤 포식동물이 희귀해지면 비로소 우리는 마치 그 짐승이 악의 화신이라도 되는 것처럼 그 동물을 절멸시키려는 경향이 있다. 그전까지 어머니의 건초더미 너머의 흑곰이나 어린 시절 나의 백일몽처럼 우리가 진정으로 두려워하는 것은 미지의 것이었다. 무시무시한 짐승들을 근절하도록 우리를 몰아가는 것은 두려움이 아니었다. 그러나 일단 그 짐승들이 사라지고 나면 그들을 다시는 돌아오지 못하게 만드는 것은 바로 우리의 두려움이다.

게일러스는 내가 꼭 가봐야 할 곳으로 나를 보냈다. 라마 계곡에 동이 텄을 때, 그날의 여명이 덤불을 이룬 다발풀을 가로지르며 물결쳤고, 래빗브러시[2]의 향기가 이슬과 함께 올라오고 있었다. 들종다리의 노랫소리, 풀잎들의 노래가 노란빛 발삼루트 꽃들 위로 크게 울려 퍼졌다. 형과 나는 어머닛날 꽃다발을 만들기 위해 그 꽃들을 꺾곤 했었다. 그 계곡은 내가 어릴 때 걸었던 그곳과 똑 닮아 있었다.

나는 내가 묵은 야영지에서 간선도로 쪽으로 차를 몰았다. 자동차 타이어 밑에서 녹지 않은 눈이 뽀드득거리는 소리를 냈다. 대부분의 파파라치들에게 그건 너무 이른 시각이었다. 그래서 나는 근시인 내 육안과 초점이 잘 잡히지 않는 쌍안경으로 그 지역을 훑어보아야 했다. 마침내 나는 홀로 서 있는 트럭 옆에 차를 댔다. 그 트럭의 운전자는 커다란 망원경으로 근처 산비탈 위의 시커먼 형체를 보고 있었다. "흑곰이에요. 아주 큰 녀석이에요." 그 여자가 말했다. 나는 그녀의 접안렌즈에 다가가서 눈을 찡그리고 보았다. 그건 검은색에 가까웠지만 흑곰이 아니라 메밀 꿀 빛깔의 갈색곰(불곰)이었다. 둥글게 불거진 어깨와 평평한 이마는 그 녀석이 그리즐리(회색곰)[3]라는 것을 분명히 말해주고 있었다.

그렇다면 기대하던 것이 이제 막 시작된 셈이었다. 초원의 그리즐리.

---

2 북미 서부산의 노란 꽃이 피는 국화과 식물 - 옮긴이.

3 회색곰 일명 그리즐리는 아메리카 불곰의 아종으로 다른 종보다 더 사납고 어깨 근육도 더 잘 발달되어 있다. 영어 명칭인 그리즐리(Grizzly)가 '공포스러운' '소름끼치는'이란 뜻인 형용사 grisly에서 유래했을 정도로 사납고 무시무시하다. 반면에 그리즐리보다 체구가 작은 흑곰은 그리즐리 영역 근처에는 얼씬도 하지 않는다 - 옮긴이.

나는 마음속으로 이미 이 경험을 어떻게 끝낼지 정해놓았다. 나는 그 큰 갈색곰이 오직 그리즐리만이 할 수 있는 방식으로 위풍당당하게 산쑥 지대를 밀어 헤치고 나아가는 광경을 목격할 것이고, 그 순간 어쩌면 내 어린 시절의 기억이 될 수도 있었을 그 전율과 경외감을 느낄 터였다. 내 생각에 그것은 일종의 귀향이었다. 나 자신의 과거를 더 진실하고 더 완전한 것으로 만드는 한 방법. 천사들은 천상의 트럼펫 소리를 울릴 것이고, 찬란한 햇살이 구름 사이로 빛을 비출 것이었다.

하지만 그런 생각을 비웃기라도 하듯, 나는 그 곰의 턱에서 피가 줄줄 흐르는 것을 보았다. 그 곰은 2, 3분마다 한 번씩 금방 잡은 어린 엘크의 배를 갈라 그 속에 머리를 디밀었고, 그동안 아마도 죽은 새끼의 어미인 듯한 큰 암놈 엘크가 불과 몇 걸음 떨어진 곳에 서서 그 끔찍한 광경을 지켜보고 있었다. 곰은 엘크의 내장을 잡아당기며 찢어 발겼고, 어미 엘크는 내가 한쪽 눈으로 들여다보고 있는 망원경의 가시범위 내에서 사라졌다 나타났다를 반복하고 있었다. 잔인한 폭력과 위험을 보여주는 그 냉혹한 광경은 나에게 낯설기만 했다. 그건 당연한 것이었다. 옐로스톤의 봄날은 풀밭을 뛰어다니는 새끼 여우들의 계절, 근심걱정 없는 어머니날을 위한 꽃다발의 계절이 아니라, 굶주린 곰과 곰의 공격을 경계하는 들소의 계절이었다. 봄은 매일이 공포로 얼룩진 삶과 죽음의 계절이었다.

시인들이 말한 것처럼 나는 그곳에 오래오래 서 있었다. 극적인 아침이었다. 산마루를 따라 엘크 무리가 늘어선 채, 죽은 새끼의 어미가 어떻게든 결단을 내리고 자신들과 합류하여 함께 이동하기를 기다리고 있었다. 어린 들소들은 계곡 바닥을 머리로 들이받았고, 가지뿔영양은 적갈색 풍경을 가로질러 지칠 줄 모르고 서로 앞서거니 뒤서거니하며 달리고 있었다. 그것은 마치 끝없이 반복되는 무성영화를 지켜보는 것 같았다. 이윽고 그 회색곰은 멀리서 보면 마치 아기의 발을 닮은 것 같은 뒷발을 드러내면서 먹은 것을 소화시키기 위해 뒤로 벌렁 드러누웠다. 바로 그때 한 무리의 늑대들이 고지대의 소나무들 사이에서 천천히 그리고 아주 조심스럽게 모습을 드러냈다. 우두머리 늑대는 크림색이었는데, 떠오르는 아침 햇살 아래에서 거의 황금빛을 띠고 있었다. 그것은 그 옛날 내가 고향에서 본 것과 똑같은 광경임에 틀림없었다. 그 광경은 장엄했고, 내 영혼을 휘저어놓았다. 그리고 나는 그곳에서 내가 이방인이라는 것을 알았다. 야생과는 거리가 먼 환경에서 자라기도 했지만, 단지 내 환경뿐만 아니라 내 내면에도 야생이 부재했다는 사실을 그 순간 깨달았다.

어렸을 때 나는 여기저기 마구 돌아다니다가 아무 곳에나 털썩 주저앉았고, 어느새 따뜻한 풀밭에서 깜빡 잠이 들었다가 화들짝 놀라 깨어보면 시간이 한 시간이나 지나 있었다. 하지만 그런 일은 곰 서식지에서는 절대로 일어나지 않을 터였다. 옐로스톤 같은 곳을 걸을 때면 나는 언제나 내가 죽을 수도 있다는 가능성, 어떤 야생동물이 나를 죽일지도 모른다는 약간의 가능성을 가볍지만 진지하게 의식하고 있었다. 나의 감각들이 살아난다. 나는 공기를 맛보고, 바람소리보다 더 가벼운 소리들을 듣는다. 갑자기 자연은 생명의 배경이 아니라 생명 그 자체가 되고, 나는 더 이상 나 자신이 아니라 자연 속의 내가 된다. 나는 아주 사소한 변화들까지도 주목하고 분류한다. 길을 가로질러 휙 지나가는 뾰족뒤지, 길게 갈라진 잎을 뒤틀며 올라오는 양치식물, 둥지를 만들기 위해 거미줄을 모으는 벌새. 빛과 형태가 더 선명해진다. 이런 감각들에 젖어들 만큼 시간이 충분히 주어진다면, 슬로모션으로 지나가는 호박벌을 지켜보는 순간에 한 그루의 나무의 모든 잎이 한번에 떨리는 것과 같은, 경계심 때문인지 환각인지 모르겠지만 착시현상이 일어날 것이다. 내 감각들이 외부로 향할 때, 나는 나 자신으로부터 아주 멀리까지 뻗어나간다. 세계가 확장된다. 그것은 사람이 새처럼 하늘을 나는 기분을 느끼는 것과 가장 비슷한 상태라고 할 수 있을 것이다.

동식물학자 존 리빙스턴(John Livingston)은 이런 마음상태를 '참여하는'(participatory) 마음상태라고 일컫고, 야생동물들에게 그것은 일상적인 의식형태일 것이라고 추측했다. 내 생각에도 그럴 것 같다. 물론 머릿속으로 일상의 근심걱정에 골몰하면서 마음의 문을 닫아걸고 야생지대로 휘청휘청 걸어 들어가는 것도 가능하다. 그러나 그것은 그 지대에서 살아남기에 그리 좋은 태도가 아니다. 동물들에게 자의식이 없다는 얘기가 아니라—그것은 원숭이, 돌고래, 까치, 심지어 문어 같은 종들과 관련된 실험들에서 잠정적으로 드러난 사실이다—그런 태도는 밖으로 향한 마음상태보다 덜 유용하다는 뜻이다. 다른 종들 사이에서 계속 살아가기 위해서는, 이 세계를 그 종들과 함께 사용하는 장소로 경험해야 한다. 리빙스턴은 "온전한 자아의 인식은 이성적인 것이 아니라 감성적인 것이다"라고 썼다. "그것은 딴 데 정신이 팔린 상태가 아니라 생생한 경험을 통해 주어지는 것이다. 그것은 의식적으로 깨닫는 것이 아니라 저절로 받아들이는 것이다. 그것은 성취로 얻어지는 것이 아니라 타고나는 것이다."

20년 전, 밴프 국립공원의 연구자들은 원격카메라를 이용해 곰들이 몸을 갖다 대고 비빈다고 알려진 나무들을 추적·관찰하기 시작했다. 그들은 곰뿐만 아니라 숲속의 거의 모든 포유류 역시 그 나무들을 찾아온다는 사실을 발견하고 깜짝 놀랐다. 사슴·무스·엘크·큰뿔양·산양·늑대·코요테·여우·스라소니·쿠거(퓨마)·울버린·담비·다람쥐·숲 쥐·호저, 심지어 사람들이 키우는 개까지. 그 나무들은 곳곳에 있었는데 적어도 그 가운데 42그루는 약 25킬로미터 길이의 하이킹 코스를 따라 늘어서 있는 것이 확인되었다. 동물들이 할퀸 흔적들과 사향, 머릿기름과 오줌에 남기고 가는 메시지들은 우리 인간의 언어로 번역할 수 없지만 분명히 중요한 것이었다. 야생은 그들만의 소통방법을 갖고 있었다.

우리들 대부분은 이 세상에서 그런 식으로 살아가는 경우가 아주 드 물다. 설사 그런 경우가 있다 하더라도. 여우들 사이에서 길러진 아이는 회색곰들 사이에서 길러진 아이와 다르다. 둘 중 어느 아이가 더 낫다고 쉽게 말할 수 없지만, 그 두 아이는 확실히 다르다. 회색곰 서식지에서 자라난 나는 어떤 아이였을까? 일상에서 불안을 더 많이 느낄까? 아니 면 덜 불안해할까? 중고차의 가격을 더 잘 흥정할 수 있을까 아니면 더 못할까? 성서가 하느님의 말씀을 그대로 옮긴 거라는 말을 더 쉽게 믿 을까 아니면 쉽게 믿지 못할까? 내가 만일 다른 부모에게서 태어났더라 면 어떤 사람이 되었을지 말하는 것보다 이런 의문들에 대해 대답하는 것이 훨씬 더 어렵다. 회색곰의 부재, 여우의 현존, 이런 결과는 그 누구 도 자신들이 이런 결과를 선택하고 있는 거라고 알아차리지 못했던 아 주 오랜 시간에 걸쳐 이루어진 것이다.

언젠가 나는 거의 30년 동안 회색곰 서식지에서 살았던 어떤 모녀와 얘기를 나눈 적이 있다. 그 딸이 태어나 자란 곳은 그곳에서 가장 가까 운 마을이 차로 12시간이나 걸릴 만큼 인적과 아주 멀리 떨어진 산속 오지였다. 그래서 나는 그녀에게 회색곰들이 돌아다니는 곳에서 자라는 것이 어떤 것이냐고 물었다. 그것은 마치 도시의 아이에게 붐비는 차들 사이에서 자라는 게 어떤 거냐고 묻는 것과 같았다. 그녀는 그 질문을 이해하지 못했다. 자기가 처음부터 전체적으로 알고 있던 것을 가다가 닥 나누어 생각할 수 없었기 때문이었다. 그것은 생태학적 망각과 반대되는 형태의 망각이었다. 인간은 '정상적인 상태'의 새로운 기준에서 언제나 한 세대 뒤쳐져 있기 때문이다.

그다음 나는 그 여자의 어머니와 대화를 나눴다. 샐리라는 이름의 그 어머니는 회색곰들과 함께 어린 시절을 보내지 않았다. 정말로 야생적인 곳에서 살아보고 싶다는, 누구나 한 번쯤 잠시 품어보는 갈망을 안고 남편과 함께 뉴멕시코를 떠난 것은 그녀가 완전히 성장한 이후였다. 야생지대를 찾아다니던 그들은 미국을 넘어 캐나다까지 가게 되었고, 그 후로 계속 북쪽으로 올라갔다. 마침내 그들은 브리티시컬럼비아의 외만 칠코틴 고원에 있는 타틀라요코 계곡을 발견했다. 그 계곡의 한쪽으로는 포테이토 레인지의 얼음으로 덮인 완만한 작은 등성이와 다른 한쪽으로는 들쑥날쑥한 산 정상들이 있었고, 그사이에는 아주 싸늘한 눈(眼) 같아 보이는 호수가 있었다. 타틀라요코는 정확히 해안성 기후가 산맥에서 바람이 불어가는 쪽으로 사라지는 경계선에 있었기 때문에, 항상 조용하지만은 않았다. 하늘이 맑게 갠 날에는 바람이 바다 위로 거세게 몰아치지 않고 수면을 작은 물방울들로 산산이 부수어 흩뿌리면서 한차례 퍼붓는 소나기처럼 그 작은 물방울들을 계곡 위로 끌고 올라간다.

샐리는 나에게 어떤 이야기를 들려주었는데, 나는 옐로스톤의 초원에 서 있을 때야 비로소 그 이야기를 완전히 제대로 이해하게 되었다. 그녀는 이렇게 말했다. "야생에서의 생활에 적응하기란 쉽지 않아요. 특히 성인일 때는 더더욱. 그래서 야생에서 살아가는 법을 배워야만 합니다." 그녀는 두 번이나 죽다 살아났다. 첫 번째로 회색곰을 보았을 때 그녀는 깜짝 놀라 앞뒤 가리지 않고 무조건 달렸다. 그것은 잘못된 행동이었다. 곰이 그녀를 쫓아왔다. 그 악몽은 가까운 도시에 나가 입양해온 그녀의 작은 개가 덤불에서 갑자기 뛰쳐나와 그 곰의 코를 물고 나서야 비로소 끝이 났다. 두 번째에도 어미 곰과 새끼들을 보고 깜짝 놀랐다. 이번에도 역시 그 곰이 덤벼들었다. 하지만 이번에 샐리는 제자리에서 꼼짝도 하지 않았다. 그 동물은 겨우 한두 발자국 떨어진 곳에서 멈췄다. 새끼들이 그 곰의 발 주위에서 소리를 질러대고 있었다. 어미 곰이 포효하자, 샐리는 전율이 위장을 뚫고 지나 뼈마디로 퍼져 나가는 것을 느낄 수 있었다. 이윽고 곰이 한 발을 들어 올려 겁을 주듯 휘둘렀고, 그로 인해 두 벌을 껴입은 그녀의 옷과 엄지의 살갗이 찢어졌다. 그것과 함께 그 어미 곰의 분노는 누그러졌다. 회색곰은 유유히 사라졌다. 삶과 죽음의 저울은 다시 균형을 이루었고, 느릿느릿 기어가던 시간도 다시 정상적으로 흘러가기 시작했다.

"그건 나에게 엄청난 영적·정신적 체험이었습니다." 샐리는 말했다. 그녀는 상대방이 쉽게 이해하지 못할 거라고 생각하면서 그 깨달음에 대해 아주 조심스럽게 이야기했다. 하지만 그 무시무시한 순간에 곰은 단지 자기가 해야 할 행동을 했을 뿐이며 그녀 역시 그러했고, 심지어 왕포아풀과 나무들, 땅과 하늘, 너무도 무한하고 오래되어서 설명할 수 없는 어떤 양식으로 굳어져버린 그 모든 것이 저마다 자기가 해야 할 일을 하고 있었다는 것을 깨달았다고 그녀는 말했다. 마침내 샐리는 그 느낌을 표현할 말을 찾았다. "그건 마치 집으로 돌아오는 기분이었어요."

감사의 말

내가 이 지면을 빌려 감사를 표하고자 하는 분들보다 더 많은 분이 이 책을 만드는 데 여러모로 도움을 주거나 영감을 주었다. 그들의 이름은 대부분 이 페이지나 인용문에 나타나 있다. 만일 당신이 그 가운데 한 사람이라면, 내가 당신의 기여에 대해 진심으로 고마워한다는 것을 부디 알아주기 바란다. 여러 사람들이 나를 대신해서 정말로 결정적인 역할을 해주었다. 제니퍼 자케는 나를 위해 역사생태학의 세계로 가는 길을 몇 번이고 열어주었고, 심지어 한 번은 그 길을 가는 도중에 내가 쉴 수 있도록 친절하게 침대를 내어주기도 했다.

책의 소재 가운데 어떤 것은 『익스플로러』『오리온』『더 월러스』에 게재된 것들이고, 『환경보존과 관리에 해양역사생태학을 적용시키기』(*Applying Marine Historical Ecology to Conservation and Management*)의 챕터로 실리기도 했다.

이 책을 편집해준 제임스 리틀, 앤드류 블레크먼, 제레미 킨에게 존경과 감사를 전하고 싶다. 그리고 캘리포니아 대학교 출판 기획을 위해 도움을 준 잭 키팅거, 로렌 맥키넌, 케린 제단, 루이즈 블라이트에게도 감사드린다. 앤 맥더미드는 언제나처럼 이 책을 처음부터 믿어주었다. 나의 편집자들인 앤 콜린스와 커트니 영은 중요한 부분들을 개선하도록 도움을 주었다. 늘 그런 것처럼 앨리사 스미스는 때로는 어둠 속을 지나가기도 하는 긴 여정을 처음부터 끝까지 나와 함께 걸어주었다.

• 제임스 매키넌

지은이 제임스 매키넌 *James Mackinnon*

저널리즘으로 많은 상을 받았다. '100마일 식단'이라는 개념을 세계에 알린 『플렌티』(*Plenty*)와 『나는 여기에 산다』(*I Live Here*)를 앨리사 스미스와 공동집필했고, 『천국에 간 죽은 사람』(*Dead Man in Paradise*)으로 캐나다에서 문학적 논픽션에 주는 상 가운데 가장 큰 상을 받기도 했다. 음식과 생태계에 대해 정기적으로 글을 쓰고 있는데, 이 글들은 몇 권의 책으로 출간될 예정이다. 현재 캐나다 밴쿠버에 살고 있다.

옮긴이 윤미연 *尹美蓮*

부산대학교 불어불문학과와 동 대학원을 졸업하고 프랑스 캉 대학교에서 공부한 뒤 전문번역가로 활동하고 있다. 르 클레지오의 『라가―보이지 않는 대륙에 가까이 다가가기』 『허기의 간주곡』을 비롯하여 카미유 드 페레티의 『우리는 함께 늙어갈 것이다』, 로맹 가리의 『마지막 숨결』, 클레르 카스티용의 『사랑을 막을 수는 없다』, 기욤 뮈소의 『구해줘』 등을 우리말로 옮겼다.